普通高等教育公共基础课系列教材

大学计算机素质教育实训教程

主　编　杨再丹　李纯虎　王新鹏

副主编　赵　煜　张福高　马　跃

李明明　张银芝

科学出版社

北　京

内 容 简 介

本书是大学计算机素质教育课程配套的实训教材。全书紧密围绕理论教学内容，突破传统实训教程的编写模式，以全国计算机等级考试二级 WPS Office 高级应用与设计的模拟试题为练习对象，按照工作导向的任务驱动方式精心安排实训。读者完成相关任务后，不仅能巩固理论知识，而且能对全国计算机等级考试二级的基本内容、方式、技巧等方面有深入的理解。

本书的主要内容包括计算机的选购与组装、生成式 AI 工具的使用、国产操作系统统信 UOS 的安装设置与应用、WPS 文字高级排版、WPS 表格及数据管理、WPS 演示文稿创作、附录等。

本书可作为高等院校大学计算机基础课程的实训教材，也可以作为全国计算机等级考试二级的培训资料，同时也是一本广大计算机爱好者的自学读本。

图书在版编目（CIP）数据

大学计算机素质教育实训教程 / 杨再丹, 李纯虎, 王新鹏主编. -- 北京 : 科学出版社, 2024. 9. -- (普通高等教育公共基础课系列教材).

ISBN 978-7-03-078796-5

Ⅰ. TP3

中国国家版本馆 CIP 数据核字第 2024GQ8658 号

责任编辑：薛飞丽 杨 昕 / 责任校对：王万红

责任印制：吕春珉 / 封面设计：东方人华平面设计部

科学出版社 出版

北京东黄城根北街 16 号

邮政编码：100717

http://www.sciencep.com

三河市中晟雅豪印务有限公司印刷

科学出版社发行 各地新华书店经销

*

2024 年 9 月第 一 版 开本：787×1092 1/16

2024 年11月第二次印刷 印张：14

字数：332 000

定价：52.00 元

（如有印装质量问题，我社负责调换）

销售部电话 010-62136230 编辑部电话 010-62138978

前　言

计算机技术是一门理论性和实践性都非常强的学科。通过大学计算机素质教育课程的学习，学生已经掌握了基本的理论知识，但仍须结合大量的上机操作才能进一步巩固知识和提高技能，并将其灵活应用到实际学习和工作中。因此，编者在总结实际教学经验的基础上，编写了本书，旨在强化计算机技术实践环节，帮助学生有目的、有针对性地进行训练，以达到培养学生的上机动手能力、解决实际问题能力以及综合运用知识能力的目的。

本书的上机及实验内容均以理论教学周次为单位组织，内容与课堂教学相辅相成，通过学习，学生能够明确每堂实验课的目标和意义，能够将课堂上学到的理论知识应用于实践，解决学生在实践课上“不知道做什么”和“不知道怎么做”的实际问题。

本书采用任务驱动、由浅入深的学习模式，学生先完成一些简单的、基础的实验，逐步建立起上机操作的兴趣，然后积极、主动地完成难度较高的综合性实验。

本书提供了丰富详尽的实训素材、操作步骤和参考结果，学生不仅能够在教师的课堂指导之下进行学习，还可以在课后独立自主地完成相关练习。

为方便教师的教学工作和读者的学习，本书提供配套的数字资源，可通过科学出版社职教技术出版中心网站（www.abook.cn）自行下载。

本书由杨再丹、李纯虎、王新鹏任主编，赵煜、张福高、马跃、李明明、张银芝任副主编。本书在编写过程中还得到了其他长期从事计算机相关教学一线教师的大力支持和帮助，在此一并表示诚挚的感谢!

由于编写时间仓促，加上作者水平有限，本书不足之处在所难免。为便于以后的修订，恳请读者多提宝贵意见。主编邮箱地址：393908668@qq.com。

目　　录

实训一 基础知识

计算机已成为人们日常学习、工作、社交、娱乐的必备工具。对于刚跨入校园的大学生来说，除了可以使用学校提供的公共计算机资源外，在经济条件允许的情况下，还希望拥有一台属于自己的计算机。因此，如何正确选购或组装适合的计算机，成为普遍关注的问题。本实训包括三个任务：选购与组装计算机、指法练习及汉字输入、练习使用生成式 AI 工具。

任务一 选购与组装计算机

任务要求

1. 掌握计算机硬件选购与组装的基本理论。
2. 完成虚拟购机及组装的操作。

任务解析

一、选购原则

计算机硬件是一个飞速发展的系统，硬件配置的更新与换代更是日新月异，因此在选择计算机硬件时须秉持严谨、理性的态度，不盲目追求时髦和主流，不相互攀比，应重点考虑以下几方面的内容。

- 用途：用计算机来做什么？
- 类型：台式计算机还是笔记本计算机？
- 预算：家庭消费水平属于哪个层次？
- 特性：有何特殊功能或用途？
- 外观：个性化还是大众化？

1. 用途

用途是选购计算机应考虑的首要因素，直接决定了计算机的性能和价格，计算机的用途通常分为以下三个场景。

（1）普通学习办公使用，如浏览网页、文档处理、编写程序及简单的视频播放等，一般可以选择中低端处理器、小容量内存和低端显卡甚至是集成显卡的计算机。台式计算机的价格一般为 2000～3000 元，笔记本计算机的价格一般为 3000～4000 元。如果具有一定计算机硬件常识，甚至可考虑购买二手计算机或组装计算机，成本可压缩至 1000 元以内。

（2）常规的多媒体处理，如视频剪辑、三维设计等，这类工作通常需要处理较大体量的数据和较复杂的图形，因此对计算机的性能要求会相对较高，可以选择中端处理器、大容量内存和独立显卡的计算机。此类配置的台式计算机的价格一般为4000～7000元，笔记本计算机的价格一般为5000～10000元。

（3）专业设计及大型三维游戏，由于涉及大量的浮点运算、图形绘制和渲染等任务，对计算机性能的要求极高，通常需要选择高端处理器、大容量内存和顶级显卡。此类配置的台式计算机的价格一般高于7000元，笔记本计算机的价格一般高于10000元。

2. 类型

个人计算机按结构通常分为笔记本计算机和台式计算机两大类。笔记本计算机是一种便携式个人计算机，适用于移动办公和娱乐。它具有体积小巧、便于携带的优点，但相对于台式计算机而言，其性价比低、扩展性差，不能个性化定制。台式计算机是指主机与外设分立的计算机，其优缺点恰好与笔记本计算机互补，按形式可分为品牌台式计算机、组装台式计算机两大类。品牌台式计算机俗称品牌机，适合于大批量采购，是各大计算机厂商制造安装好的整机，外观漂亮、色调一致，预装了操作系统及部分软件，质量有保证，而且还有较好的售后服务，但内部硬件可能定制生产，后续维护升级困难，与组装台式计算机相比，自由配置性较差，可能无法适应个性化的需求，自由度低。组装台式计算机俗称组装机，是自行购买配件进行组装的计算机，灵活性高，适合根据预算、性能要求进行单独配置，具有配置灵活、升级方便、价格相对较低、性能较为平衡、性价比高的特点，但有时各配件的颜色和风格难以统一，并且可能会产生软硬件不兼容的问题，需要使用者具有一定的计算机知识。

3. 预算

计算可承受的价格范围，最好留有一定的余地，以备不时之需，如可能需要购买额外配件或者未来进行升级等。除了考虑产品的价格外，还需要考虑产品的使用寿命和日后可能产生的维护费用等。

4. 特性

不同设计方案或不同配件组装的计算机可以满足用户的特殊需求，如接口多少，是否可以触摸屏操作，是否支持笔记本计算机的手写笔，是否支持面部识别或指纹识别，是否能联网通信等。

5. 外观

在购买计算机时，外观也是一个重要的考虑因素。有些人喜欢简约现代的外形，有些人喜欢独特的设计和灯效。计算机的外壳材质、颜色、灯效等都可以根据个人喜好来选择，使计算机更符合个人审美和整体装饰风格。

二、硬件常识

计算机是由若干部件组成的，这些部件的性能和单价直接决定了计算机的使用场合、性能和价格。因此，在选购或组装计算机之前，了解和掌握一定的硬件组成和对应参数是非常必要的。

（1）中央处理器（CPU）：CPU 负责整个系统运算和控制，是硬件系统中关键、核心的部件，同时也是选择和组装计算机时首先要关注的因素。目前，主要的计算机 CPU 品牌包括英特尔（Intel）的酷睿系列、超威半导体（AMD）的锐龙系列和国产的汉芯、兆芯系列等，每个系列又可分为若干阶段（即代数，一般数值越大生产工艺越先进、综合性能越高）和等级（如酷睿系列的 i3、i5、i7、i9，锐龙系列的 R3、R5、R7、R9 等，分别对应中低端、中高端、高端及超高端用户，一般情况下数字越大，代表 CPU 的性能越好，但也不是绝对的，如 i5 系列最强的处理器有可能会超过 i7 系列最差的处理器，具体还须参考 CPU 的相应参数）。具体选择什么样的 CPU，可根据自己实际使用的场景、结合预算并参考最新发布的 CPU 天梯图来决定。

（2）主板：主板是整个系统的连接中心和管理中心，决定了整个系统的稳定性和扩展性。一般情况下，当决定使用的 CPU 后选择什么样的主板也就相对固定了，因为不同型号的主板可以安装的 CPU 类型是不一样的，具体可以查阅相关资料。另外，在选择主板时还应重点考虑选择知名的品牌，如华硕、微星、技嘉、七彩虹、傲睿士（AORUS）、CY-Moon、金河田、华擎科技、影驰和铭瑄等。这些品牌的设计及生产制造技术相对成熟、工艺比较精湛，稳定性、兼容性和售后服务更好，当然价格也略高。

（3）内存条：内存条是系统的数据交换中心，计算机运行时的各种中间数据都保存在内存条中。因此，内存条的容量大小和读写速度也影响整个系统的性能。由于内存条在硬件配置中价格所占比例不高，因此在选购时应尽量考虑大品牌 4 代或 5 代、八核 32GB 的产品。

（4）显卡：显卡是计算机中专门用于处理图形的硬件设备，也称为图形处理单元（graphics processing unit，GPU）或显示适配器。显卡具备多种功能，包括加速图形渲染、支持高分辨率和高刷新率、实现三维图形加速、多显示器支持、物理加速、通用计算加速和虚拟现实支持等附加功能。显卡一般分为集成显卡和独立显卡两大类。集成显卡是指将图形处理单元的功能集成到主板或 CPU 中而不需要单独购买，因此可以极大地降低购机成本，但集成显卡性能相对较低，通常使用系统内存作为显存，因此在处理图形密集型任务时性能有限，仅适用于一般办公、网页浏览、视频播放、轻度游戏和图形处理等场合。独立显卡是指完全具备图形处理单元、配备专用显存、安装在主板 PCI-e 总线插槽上的独立部件。相比集成显卡，独立显卡通常具有更高的性能和更强大的图形处理能力，功耗较高，通常用在大型游戏、图形设计、视频编辑等场合。

（5）显示器：显示器主要的功能是将显卡输出的各种信息显示在屏幕上，其性能和价格主要由显示尺寸、分辨率、色彩深度、面板类型、刷新率和响应时间等因素决定，各参数的具体含义可以查阅相关资料。市场上显示器的品牌、型号众多，质量和价格也有较大的区别，用户在选购时要注意鉴别。

（6）硬盘：硬盘是计算机系统中最重要的外部存储设备，计算机运行时暂不用的各种程序（包括操作系统）、用户数据、文件等都保存在硬盘中。因此，硬盘的容量大小、读写速度、稳定性也是影响整机性能和数据安全的重要因素。计算机中的硬盘通常分为机械硬盘和固态硬盘两类。机械硬盘是一种使用旋转的磁盘和磁头来存储数据的设备，具有存储容量大、速度较快、价格便宜等优点，但体积较大、功耗较高、发热量大、抗振性差，通常用在需要保存大容量数据及工作位置相对固定的场合。固态硬盘是使用半导体集成电路作为载体的存储设备，相对于机械硬盘而言，速度更快、功耗更低、抗振性更高，但容量较小、价格较贵。在实际选购或组装计算机时，可以将两者结合起来，即安装一块小容量固态硬盘用于保存系统文件，再安装一块大容量的机械硬盘用于保存用户数据。

（7）声卡：声卡也称音频卡，是计算机多媒体系统中最基本的组成部分，可以实现数字音频与模拟音频之间的相互转换，即将计算机处理完成的二进制音频数据转换成模拟音频，再通过耳机、音箱等设备输出，或将来自话筒、外部线路的模拟音频转换成二进制信号在计算机上进行处理。现在绝大多数的主板上集成了较高性能的声卡，可以满足一般场合的应用，如果需要进行专业的音频编辑，则可考虑在计算机上安装更高性能的独立声卡。

（8）网卡：网卡是用于计算机系统连入网络的主要设备，数据能够通过网卡在计算机与网络设备之间进行有效传输，是实现网络互连和资源共享的关键接口设备。现在绝大多数的主板上集成了较高性能的有线网卡或无线网卡，可以满足一般场合的应用，如果计算机有较大的网络吞吐量需求，则应安装更高性能的独立网卡。

除了以上关键部件外，计算机还包含电源、机箱、键盘、鼠标、耳机、话筒、音箱等部件。这些部件结构简单、价格便宜、型号众多，用户可以根据自己的经济情况和个人喜好灵活选择。

三、选购方法

1. 笔记本计算机的选购

笔记本计算机是一种将各部件集成到一起的计算机设备，相对于台式计算机而言具有很多优点，特别适合刚进入大学的学生选购。在确定自己适合哪种类型的笔记本计算机之前，需要了解笔记本计算机的分类。

笔记本计算机按使用场景可分为轻薄本、商务本和游戏本三类，总体上来说三类之间的便携性依次下降，但性能逐步提升，如图 1-1-1 所示。

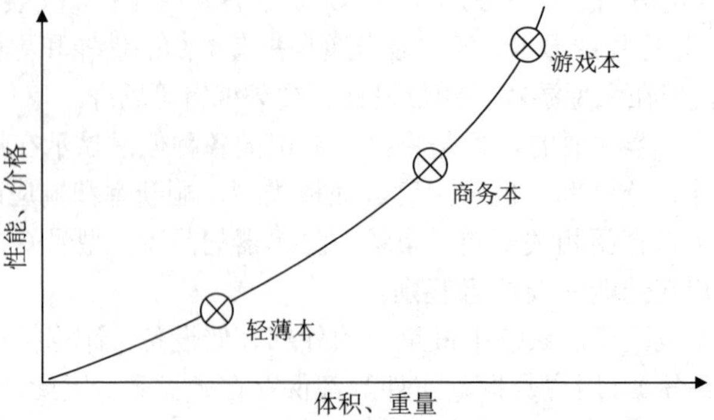

图 1-1-1　三类笔记本计算机比较

轻薄本：主打轻薄便携，多数价格便宜、电池续航能力强，但综合性能普遍较差，可用于日常学习、办公、影音、娱乐、简单图形处理、视频剪辑和单机游戏，较适合文科类大学生使用。

商务本：配置相对较高，配备有入门级的独立显卡，性能比轻薄本略强，但散热性稍差，高负载下风扇噪声较大，可用于视频剪辑、三维建模渲染、中度游戏，适合有专业需求的大学生使用。

游戏本：又称高端本，主要特点是配置高、性能强、价格贵、屏幕大、体积大、重量大，适用于专业的音视频处理及运行大型游戏。

在根据性能要求确定对应的笔记本计算机类型之后，接下来就要确定预算，因为即使是同一类型的笔记本计算机，也可以分为入门级、主流级和奢侈级等档次。

首先是轻薄本，2000～4000 元的预算可以考虑入门级的轻薄本，办公、影音、娱乐是完全够用的，可能配置上没有那么新，但是流畅使用完全没问题。4000～7000 元的预算可以选择性价比较高的主流级，这个级别有大量的一线品牌，在保证产品性能的同时还可以获得完善的售后服务，同时有不错的个性化外观。7000～10000 元的预算可以选择奢侈级，不仅能保证计算机轻薄性、移动性，而且可以达到或者超过商务本的性能，但其中的品牌溢价、做工和质感因素占了很大一部分成本，只建议部分有特殊需求的人群选择。

其次是商务本，8000～10000 元的预算可以选择性价比较高的高性能商务本，其做工和质感、硬件配置、售后服务都不错，能同时兼顾便携性与高性能。10000 元以上的高端商务本，虽然在某些方面略优于高性能商务本，但是不具备较高的性价比，所以一般不推荐。

最后是游戏本，5000～6000 元的预算可以买到一台非一线品牌的游戏本，性价比很高，可能遭遇售后、做工和质感等方面的问题，需要用户具有一定的专业知识，能自己解决在使用过程中的小问题。6000～7500 元的预算可以选择一线品牌的入门级产品，在兼顾性能的同时还可以获得优质的售后服务。7500～10000 元的预算可以选择一线品牌的主流级产品，体验优质的性能和服务。10000 元以上的就是奢侈级别的专属游戏价位段了，此价位段不仅可以得到极致的游戏体验，还可以兼顾很多特殊的需求，如超大屏幕、超高分辨率、体感反馈、炫酷外观、氛围光影等，但一般不推荐在校大学生购买。

2. 品牌台式计算机的选购

品牌台式计算机相对于笔记本计算机而言，具有更高的性价比，更加灵活、个性化的配置方案，但可移动性较差，选购方法基本与笔记本计算机相同，这里不再赘述。

在正式购买计算机之前，要综合分析市场近况，登录各大硬件厂商的官方网站（表 1-1-1），了解详细的硬件信息，具体的机型、配置、价格和渠道。同时还可访问各大硬件综合测评网站（表 1-1-2），了解用户测试与反馈。

表 1-1-1　主要计算机集成供应商及官方网站

序号	品牌名	网站网址
1	华为（Huawei）	https://consumer.huawei.com/cn/
2	清华同方（Tsinghua Tongfang）	https://www.tongfangpc.com/
3	方正（Founder）	http://www.founder.com/
4	长城（GreatWall）	http://www.greatwall.com.cn/
5	联想（Lenovo）	https://www.lenovo.com/cn/zh/
6	戴尔（Dell）	https://www.dell.com/
7	惠普（HP）	https://www.hp.com/cn-zh/
8	华硕（ASUS）	https://www.asus.com/cn/
9	宏碁（Acer）	https://www.acer.com/ac/zh/CN/content/home
10	神舟（Hasee）	http://www.hasee.com/
11	机械革命（MECHREVO）	https://www.mechrevo.com/
12	明基（BenQ）	https://www.benq.com/zh-cn/
13	东芝（Toshiba）	https://www.toshiba.com.cn/
14	海信（Hisense）	https://www.hisense.com/cn/
15	苹果（Apple）	https://www.apple.com/cn/

表 1-1-2　主要综合测评网站

序号	网站名称	网站网址
1	中关村在线	https://www.zol.com.cn/
2	太平洋计算机网	https://www.pconline.com.cn/
3	IT 之家	https://www.ithome.com/
4	ZAKER（扎客）	https://www.myzaker.com/
5	中华网	https://www.china.com.cn/
6	硬派推荐	https://www.hardcore.com.cn/
7	IT168	https://www.it168.com/
8	计算机之家	https://www.51pc.com/
9	太平洋游戏网	https://www.pcgames.com.cn/
10	IT 之旅	https://www.it.com.cn/
11	计算机爱好者	https://www.pceva.com.cn/
12	科技先锋网	https://www.techweb.com.cn/
13	中文硬件	https://www.chiphell.com/
14	中关村在线笔记本频道	https://nb.zol.com.cn/
15	机锋网	https://www.gfan.com/

四、需求分析

本任务以三位不同专业的大学一年级新生张三、李四、王五为对象，练习在不同的经济预算、不同的应用场景下，如何正确地完成计算机的选购。练习对象及需求分析如表 1-1-3 所示

表 1-1-3 练习对象及需求分析

项目	张三	李四	王五
专业	汉语言文学	新闻学	动画
用途	文案写作，信息查询，文本存储	新闻采编、剪辑	三维动画制作及渲染
预期增长	今后可能进行简单的视频制作	今后可能需要大量存储空间	可能需要定期更换高性能显卡
购买预算	2500 元	4500 元	7500 元
类型需求	台式计算机和笔记本计算机均可	笔记本计算机	台式计算机
特点需求	无	不要太沉，经常要背着外出采访	显示器要大，色彩要准确
外观需求	无	无	外观炫酷一些，如透明机箱，RGB 风扇等

五、填写预算表

请分别根据以上三人的具体情况，参考表 1-1-4，结合市场调查或各大电商平台，分别填写三张预算表（保留表格框架及结构，替换其中灰底部分的文字，用 WPS 文字重新制作并提交）。

表 1-1-4 预算表

演练对象（示例）						
台式计算机					笔记本计算机	
配件名称	配件型号	主要参数	参考价格	选择依据	主要参数	选择依据
CPU	锐龙 5600G	7nm 制程、3.9GHz 主频	829 元	搭载入门核心显卡、可不购买显卡	I5-12450H	老版本 CPU 更便宜、性价比更高
主板	铭瑄 B450M	英特尔的 M-ATX 主板、65W 功耗的 CPU 稳定供电、支持 DDR4、3200MHz 内存	359 元	能够兼容支持 CPU 及内存运行	—	—
内存条	金百达银爵	16GB、DDR4、3200MHz	229 元	容量适中价格便宜	16GB、DDR4、4266MHz	内存容量适中、上一代性能的性价比更高、速度比较快
显卡	—	—	0	—	核心显卡	核心显卡满足日常需求
显示器	HKC VG245	23.8 英寸、180Hz 刷新率、125%sRGB 广色域、IPS 面板	799 元	大小适中，刷新速率快；色彩空间高；面板质量较好；好的显示器可以最大限度保护视力	16 英寸屏幕、16∶10 显示比率、1920×1200 分辨率、45%NTSC	屏幕较大，适合办公使用；屏幕尺寸大，文本显示区更多；分辨率适中；色彩空间一般，但价格较低

续表

演练对象（示例）						
台式计算机					笔记本计算机	
配件名称	配件型号	主要参数	参考价格	选择依据	主要参数	选择依据
电源	GW-ATX200JD	200W 电源	99 元	本机配置只需要低功率电源即可；性价比高	65W 电源 42Wh 电池	一般电源功率，通用性较强，电池一般，价格便宜
机箱	大水牛（BUBALUS）牛仔 K	支持 M-ATX 主板	58 元	机器功率不高；无高散热需求；机箱价格便宜	—	—
固态硬盘	长城 GW3300	256GB、3300MB/S 读取速度	143 元	速度快，用于保存系统和常用程序	512G	可保存一定数量的教学文件
机械硬盘	希捷酷鱼	2TB、7200 转	429 元	容量大，可保存大量文件	—	—
鼠标	戴尔 MS116	—	19.9 元	能用、便宜	触摸板	—
键盘	宏碁	全尺寸键盘	19.9 元	能用、便宜	自带键盘	—
音箱	纽曼 BT55	—	29.9 元	能用、便宜	自带音响	—
其他	—	—	—	—	—	—
推荐品牌机型号及参考价格	戴尔（DELL）成就 3030S 4299 元	组装机价格合计	0		推荐品牌、笔记本型号及价格	荣耀 MagicBook X16 2849 元

六、学习组装台式机

计算机的组装是一个比较复杂的工程，涉及多个组件的安装和连接，需要一定的专业知识和技能。

具体的装机方法及要领可参考“大学计算机素质教育课程资源包”下的相关视频，相关内容可访问科学出版社网站（www.abook.cn）。

除此之外，如果希望实际体验装机各流程，可使用“个人计算机装机模拟”（PC Building Simulator）软件进行预先模拟演练，避免因装机失误损坏硬件而造成经济损失。

任务二　指法练习及汉字输入

任务要求

1. 以搜狗输入法 UOS 版、金山打字通为例，练习统信 UOS 下应用软件的安装方法。

2. 纠正不正确操作计算机键盘的习惯，掌握正确的指法。

3. 提高输入速度。

任务解析

一、安装搜狗输入法 UOS 版软件

在统信 UOS 应用市场下载并安装“搜狗输入法 UOS 版”软件，如图 1-2-1 所示。

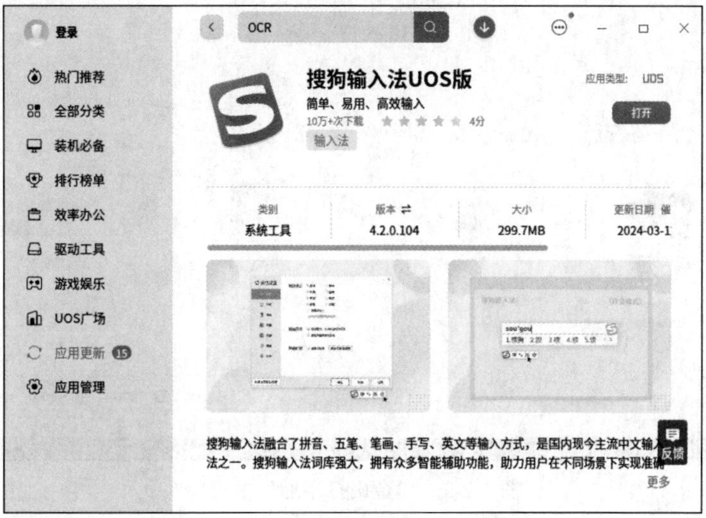

图 1-2-1　安装搜狗输入法 UOS 版

二、安装金山打字通软件并练习

（1）在统信 UOS 应用市场下载并安装“金山打字通”软件，如图 1-2-2 所示。

图 1-2-2　安装金山打字通

（2）英文指法及汉字输入练习。

① 在桌面上双击“金山打字通”图标，即可启动金山打字程序，打开主窗口，如图 1-2-3 所示。

图 1-2-3 “金山打字通”主窗口

② 单击“打字教程”按钮，打开“认识键盘”窗口，如图 1-2-4 所示。按照提示，完成相关内容的学习。

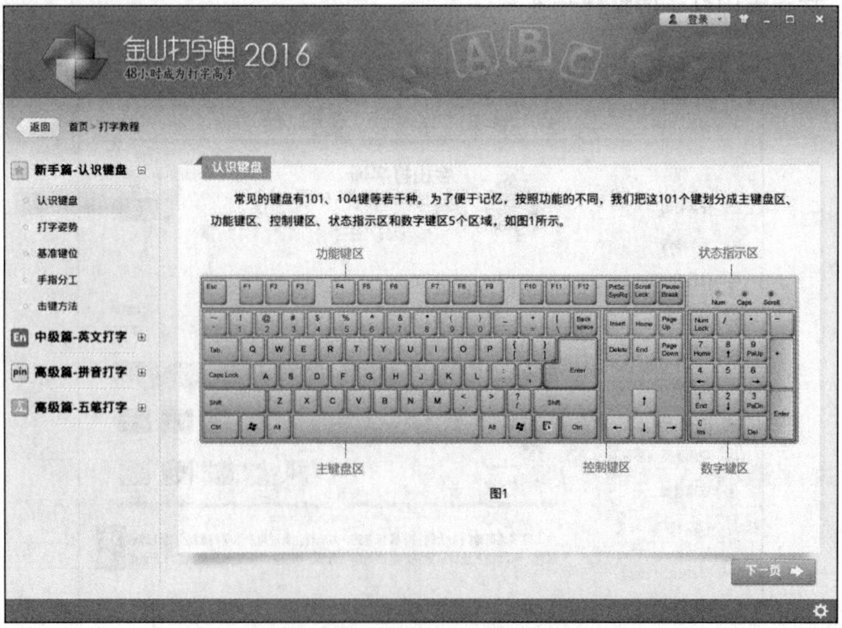

图 1-2-4 “打字教程-认识键盘”窗口

③ 返回主窗口，单击“英文打字”图标，打开“英文打字”窗口，如图 1-2-5 所示。

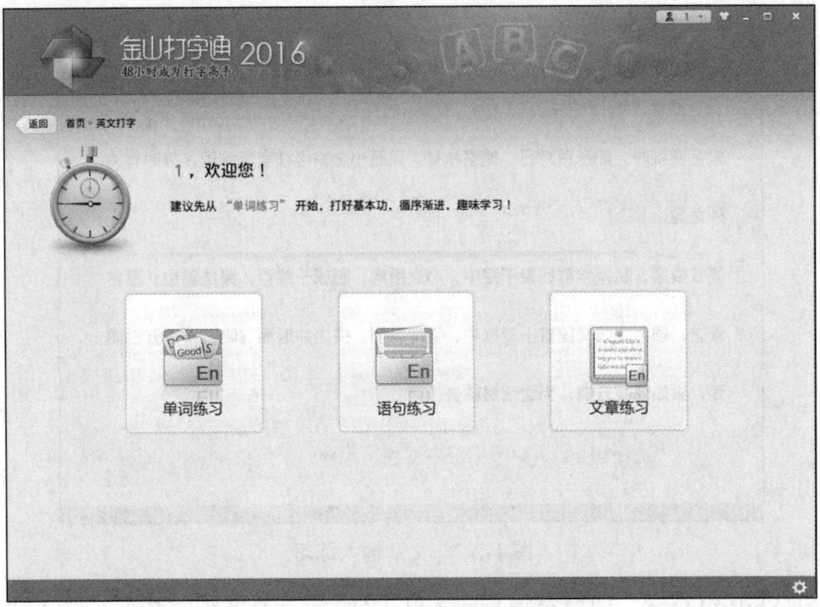

图 1-2-5 “英文打字”窗口

④ 可根据自己的基础水平选择“单词练习”“语句练习”“文章练习”模式。

⑤ 在熟悉键位后，为提高学习的兴趣和输入速度，可在主窗口中单击“打字游戏”按钮，打开“打字游戏”窗口，进行练习，如图 1-2-6 所示。

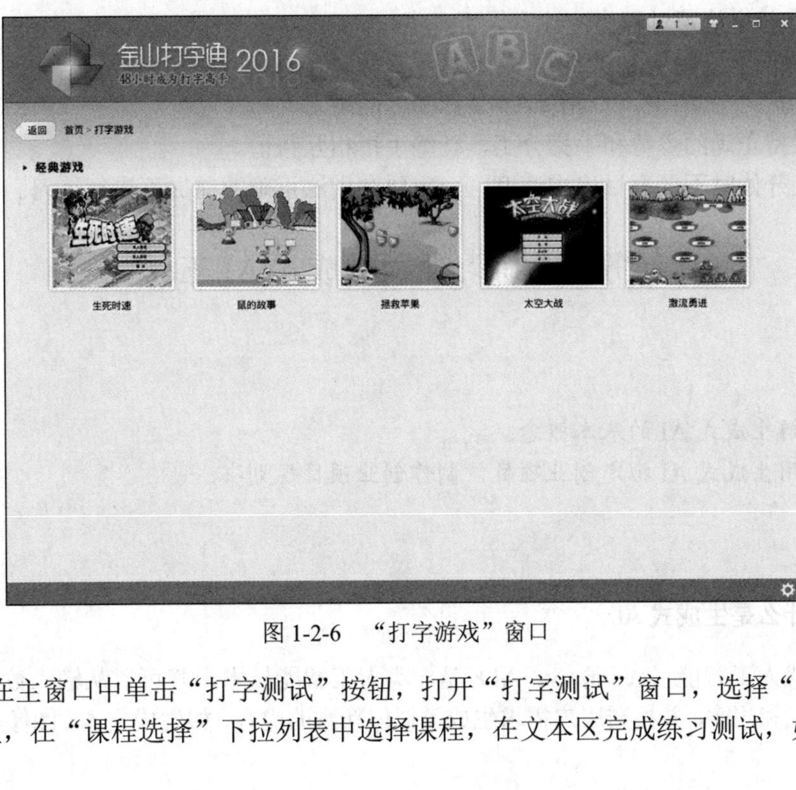

图 1-2-6 “打字游戏”窗口

⑥ 在主窗口中单击“打字测试”按钮，打开“打字测试”窗口，选择“拼音测试”单选按钮，在“课程选择”下拉列表中选择课程，在文本区完成练习测试，如图 1-2-7

所示。

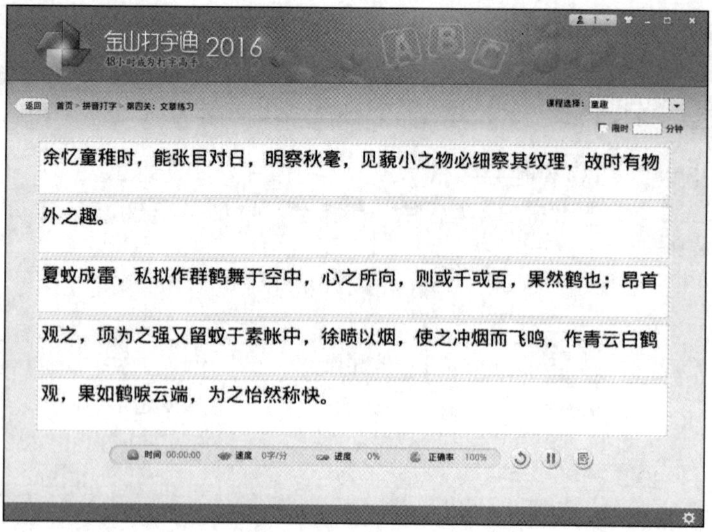

图 1-2-7 文章输入练习

按 Ctrl+Shift 组合键，切换至搜狗输入法 UOS 版。若系统安装多个输入法，则须不断按 Ctrl+Shift 组合键，直至切换至搜狗输入法 UOS 版。

搜狗输入法 UOS 版默认的翻页键是主键盘区的“减号（-）”与“等号（=）”，即输入拼音后，按等号（=）进行向下翻页选字，相当于 PageDown 键，找到所选的字后，按其相对应的数字键即可输入。

（3）在打字练习过程中应注意以下几点：

- 更正不正确的指法习惯，一切从零开始。
- 改正“一指禅”“二指禅”“二郎腿”的陋习。
- 保持正确的姿势和手指分工，杜绝手指相互帮忙。
- 刚开始时不要盲目追求速度，一定要在指法正确的前提下进行练习。

任务三 练习使用生成式 AI 工具

任务要求

1. 了解生成式 AI 的基本概念。
2. 利用生成式 AI 拟定创业项目，制作创业项目规划书。

任务解析

一、什么是生成式 AI

生成式人工智能（generative AI）是一类人工智能技术，其可以从输入数据中提取潜在的模式和规律，并根据用户需求生成类似但新颖的内容，如生成文本、图像、音频等。

生成式 AI 有很多不同的模型，其中比较知名的有生成对抗网络（generative adversarial network，GAN）、变分自编码器（variational autoencoder，VAE）、自回归模型等。

国内知名的生成式 AI 产品有百度的文心一言、月之暗面的 Kimi Chat（智能聊天机器人）、清华大学的 ChatGLM（中英双语对话机器人）、阿里的通义千问、讯飞星火认知大模型等；国外的生成式 AI 产品主要有 OpenAI 的 GPT 系列（如 GPT-4）、DeepMind 的 AlphaGo 等。

二、学习生成式 AI 技术的意义

目前 AI 技术已经或将会在各行各业开展广泛的应用，熟悉并掌握生成式 AI 技术对更好地了解未来科技的发展方向有重要意义，对提升跨学科思维和解决问题的能力有较大帮助，有助于提升竞争力，并有助于未来的职业发展。

三、生成式 AI 的安装与功能说明

以百度的文心一言为例。在搜索引擎文本框中输入“文心一言”，打开文心一言官方网站，单击“立即注册”按钮，注册百度账号，完成后输入账号并单击“登录”按钮登录文心一言。

文心一言窗口如图 1-3-1 所示。

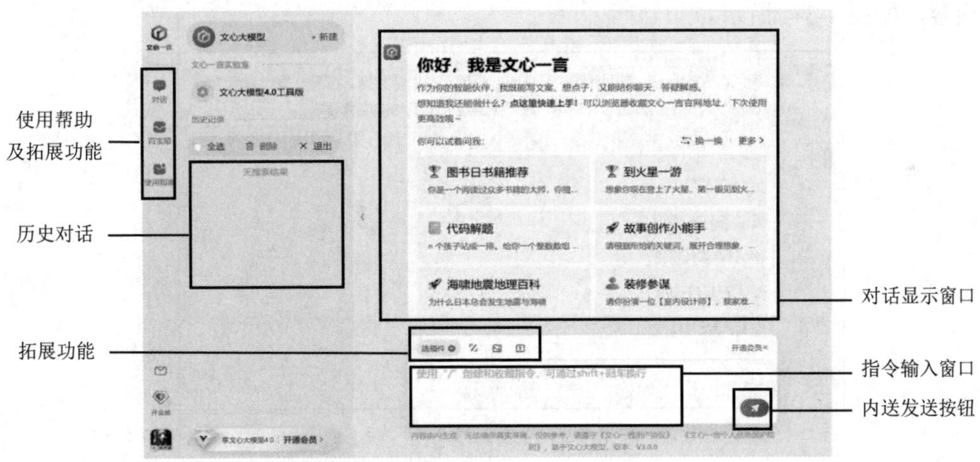

图 1-3-1 文心一言窗口

生成式 AI 由大模型驱动，具备理解、生成、逻辑、记忆四大基础能力，能够通过上一句话，预测生成下一段话，任何人都可以通过输入指令和生成式 AI 进行对话互动、提出问题或要求，让生成式 AI 高效地帮助人们获取信息、知识和灵感。

这里的“指令”其实就是文字，它可以是向生成式 AI 提出的问题（如解释什么是芯片），可以是希望生成式 AI 帮助完成的任务（如写一首诗/画一幅画）。一条完整的指令词由四部分内容组成，如图 1-3-2 所示。

参考信息：包含完成任务时需要生成式 AI 知道的必要背景和材料，如报告、知识、数据库、对话上下文等。

动作：需要生成式 AI 帮助解决的事情，如撰写、生成、总结、回答等。

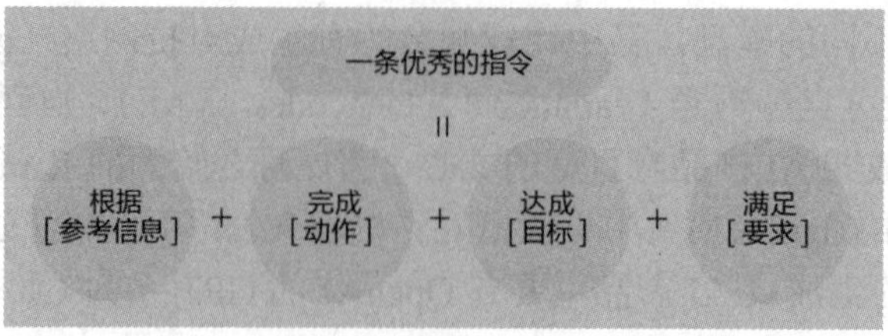

图 1-3-2 用户指令组成

目标：需要生成式AI生成的目标内容，如答案、方案、文本、图片、视频、图表等。

要求：需要生成式 AI 遵循的任务细节要求，如按××格式输出、按××语言风格撰写等。

一条完整的指令实例如图 1-3-3 所示。

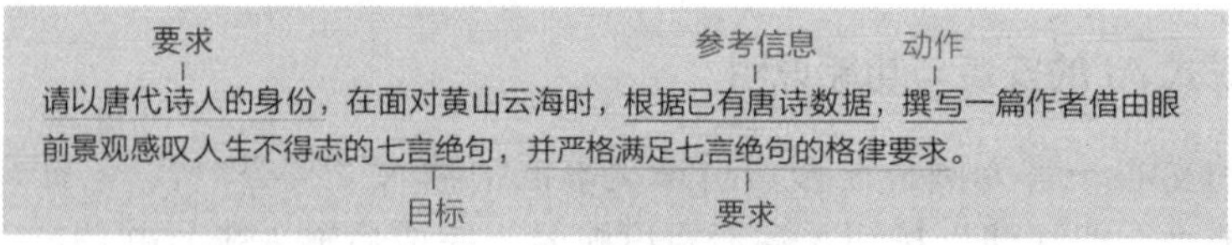

图 1-3-3 完整的指令实例

在“指令输入窗”输入上述指令，并单击“发送”按钮，生成式 AI 将根据要求生成内容，如图 1-3-4 所示。

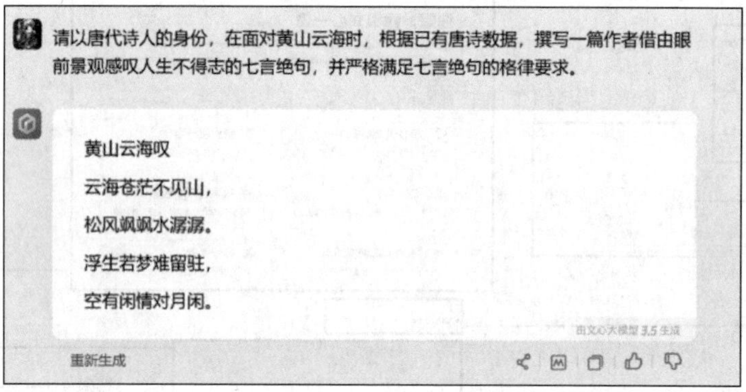

图 1-3-4 文心一言生成诗句

注意：生成式 AI 生成的内容会根据需求的细微变化、训练程度、训练内容偏向等发生变化，图 1-3-4 生成的内容仅为本书编写时的结果，下同。

根据对诗词的理解，可对“要求”“目标”“参考信息”等进行补充与修正，如在“指令输入窗”输入以下内容“还是用现代诗人身份，也可以加上宋词数据，改成七言律诗”，然后交由生成式 AI 重新生成，结果如图 1-3-5 所示。

除生成文字内容外，生成式 AI 还可生成图片、语音、视频等内容，如在“指令输入窗”输入以下内容“我想做一个贵州茅台的介绍视频，请你写一个关于介绍他的视频脚本，每一行字为一幕显示的字幕，总共 20 行即可。”交由生成式 AI 生成视频脚本，结果如图 1-3-6 所示。

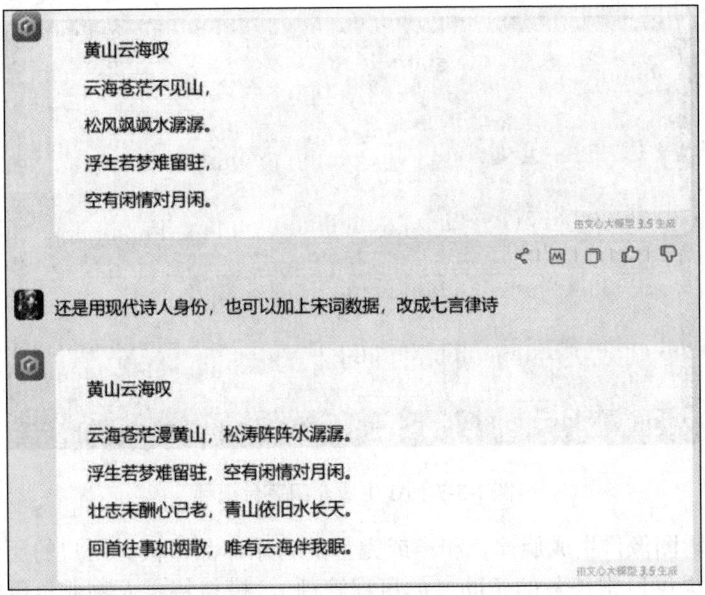

图 1-3-5　信息的补充与修改

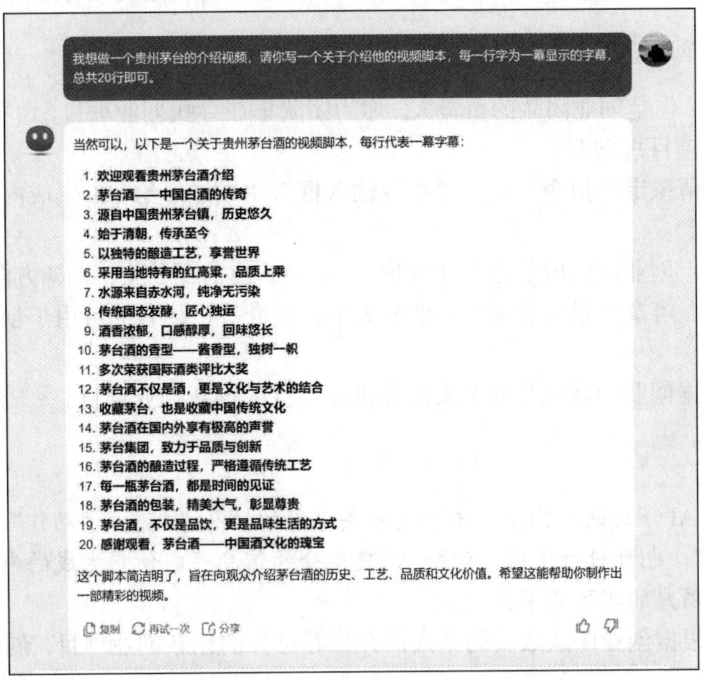

图 1-3-6　生成式 AI 生成视频脚本

再使用专门的 AI 视频生成工具（如 Stable Diffusion）或 AI 视频生成网站，由脚本生成 AI 视频，此处使用 DESIGNS 网站生成视频，由于视频的编辑剪辑需要专业知识，此处仅展示视频生成结果，如图 1-3-7 所示。

生成式 AI 的使用方式还有很多，如进行文本生成，帮助用户进行语言翻译，为长篇文章或文档生成简短的摘要，回答用户的问题，提供信息查询服务，自动生成编程代

图 1-3-7　AI 生成介绍茅台视频

码，创建或编辑图像，生成旋律、和声或完整的音乐作品，根据用户的历史行为推荐个性化的内容，提供日常任务的帮助（如日程管理），模拟特定人物或角色的对话风格，生成教学材料、练习题或模拟考试题等。限制生成式 AI 使用的只有用户的想象力！

四、拟定创业项目及制作创业项目规划书

情景背景：你是创业团队的负责人，你的团队正在寻找创业项目，请拟定创业方向，并制作《创业项目规划书》。

步骤 1：请拟定“指令”输入“指令输入框”，“发送”给 AI 生成内容，信息包含以下内容板块。

参考信息：创业团队成员姓名（代称）、年龄、性别、专业、兴趣方向、学历层次、每周工作时长、可拿出投资金额，其他相关个人简介等，已有的可用于创业的硬件、软件资产。

动作：根据创业团队成员的个人简介推荐可行的创新创业项目。

目标：空。

要求：空。

注意：给 AI 下达的“指令”不一定需要完整的“参考信息”“动作”“目标”“要求”，也可进行生成，但给 AI 更充分的信息可以使它生成的内容更容易贴合用户的实际需求。

例如，请根据创业团队成员的个人简介推荐可行的创新创业项目，创业团队成员有如下三人。

成员 1 是 A 老师，35 岁，男，电子信息科学与技术专业，研究生学历，每周愿意工作 10 小时，可以拿出 20 万元作为创业启动资金，喜欢车，对新奇事物有很高的兴趣，但是怕麻烦，不喜欢重复和无效工作。

成员 2 是 B 老师，50 岁，研究生学历，拥有丰富的计算机维修、汽车维修、功放维修等经验，每周愿意工作 80 小时，可以提供 3 辆车给公司使用。

成员 3 是 C 老师，40 岁，拥有比较丰富的管理经验，没有积蓄，每周可以工作 40

小时，酒量很好，拥有较多的人际交往经验。

其他资源：租用的场所 1 间（100 平方米）。

步骤 2：阅读 AI 生成内容，根据创业团队需要对“指令”进行修正与补充，或命令 AI 重新生成其他创业方向，直到满意为止。

步骤 3：根据选定的创业方向，拟定“指令”要求 AI 根据“步骤 1”中提供的内容及创业方向，生成《创业项目规划书》。例如，可根据上述对话，拟定《××××创业项目规划书》，并根据个人信息，安排工作职务与工作内容。

步骤 4：根据 AI 生成内容，拟定“指令”，修正、完善项目规划书的内容，最终完成 8000 字以上的项目规划书。

实训二　统信 UOS 操作系统

操作系统是安装在硬件上的第一层软件，为其他所有应用程序的安装和运行提供基础和平台，也为用户操作和使用计算机提供用户界面。

微型计算机可以安装很多不同类型的操作系统，如微软公司的 Windows 系列、苹果公司的 macOS 系列等。这些操作系统虽然应用广泛，但是存在信息安全、知识产权保护等诸多方面的问题。因此，大力发展和推进国产操作系统及相应生态环境的建设，对保障国家信息安全、实现软件产业自主可控、提高信息产业链的国际地位和竞争力等具有重要的意义。本实训项目以优秀的国产操作系统——统信 UOS 为例，学习操作系统的安装和使用方法。

任务一　安装与设置统信 UOS

任务要求

1. 了解统信 UOS 的运行环境。
2. 掌握统信 UOS 的安装和备份操作。
3. 熟悉统信 UOS 用户界面的组成及操作。
4. 管理统信 UOS 中的文件和磁盘。

任务解析

一、安装需求及准备工作

在安装操作系统之前，首先要检查操作系统的安装环境是否符合相关操作系统的基本要求，然后下载统信 UOS 镜像文件并准备一个 U 盘。

1. 配置要求

统信 UOS 兼容 x86、ARM、MIPS、SW 等多种 CPU 架构；支持七大国产 CPU 品牌：龙芯、申威、鲲鹏、麒麟、飞腾、海光、兆芯；支持目前市面上的大多数主机环境；其桌面操作系统有专业版、教育版、家庭版及社区版（deepin）四个版本。统信 UOS 专业版操作系统推荐安装配置如下。

- 处理器：2.0GHz 多核或主频更高的处理器。
- 内存：8GB 以上物理内存。
- 硬盘：64GB 以上可用硬盘空间，推荐安装于固态硬盘中。

- 显示器：推荐 1920 像素×1080 像素或更高的屏幕分辨率。

2. 下载统信 UOS 专业版镜像文件

在安装统信 UOS 之前，需要从统信官方网站上下载系统镜像文件，具体操作步骤如下：

（1）打开浏览器，在地址栏中输入 www.uniontech.com，按 Enter 键，打开统信官方网站。

（2）移动鼠标指针到“操作系统产品及应用”下拉按钮，在打开的下拉列表中选择“桌面操作系统”→“专业版”选项，打开统信桌面操作系统专业版申请下载页面（图 2-1-1），单击“申请下载”按钮，打开“资源中心-桌面专业版”窗口。

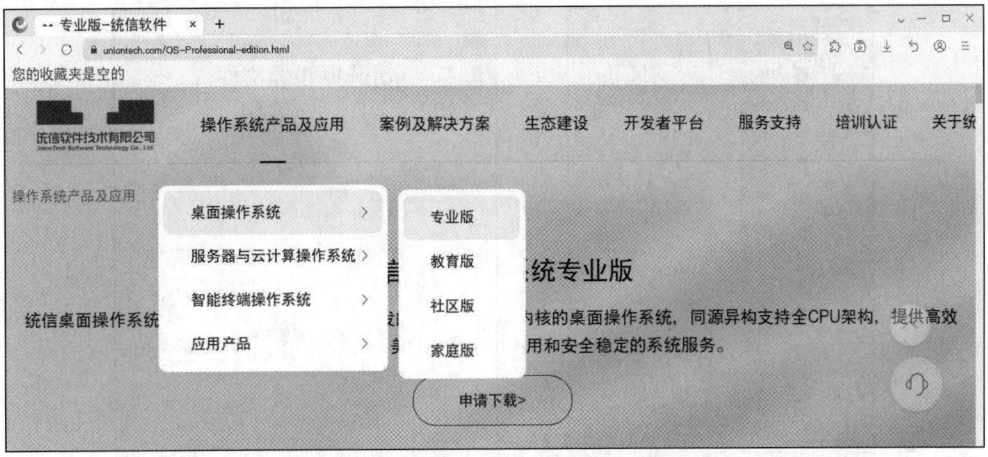

图 2-1-1　桌面操作系统及应用界面

（3）根据 CPU 品牌、型号选择镜像文件，单击“镜像下载”按钮，将镜像文件保存到本地硬盘，如图 2-1-2 所示。

图 2-1-2　下载统信 UOS 专业版镜像文件

3. 制作镜像启动盘

在一台已安装统信 UOS 操作系统的计算机上，使用统信 UOS 附带的“启动盘制作工具”制作 U 盘启动盘；或者在 Windows 操作系统中，使用浏览器打开网站 www.deepin.org/zh/download/，下载“深度启动盘制作工具”。

统信 UOS 附带的“启动盘制作工具”制作 U 盘启动盘的操作步骤如下：

（1）准备一个存储容量至少为 8GB 的 U 盘，插入主机的 USB 接口。

（2）单击“启动器”按钮，在打开的列表中选择“启动盘制作工具”命令，如图 2-1-3 所示。

（3）将下载的镜像文件拖到程序窗口，单击“下一步”按钮，如图 2-1-4 所示。

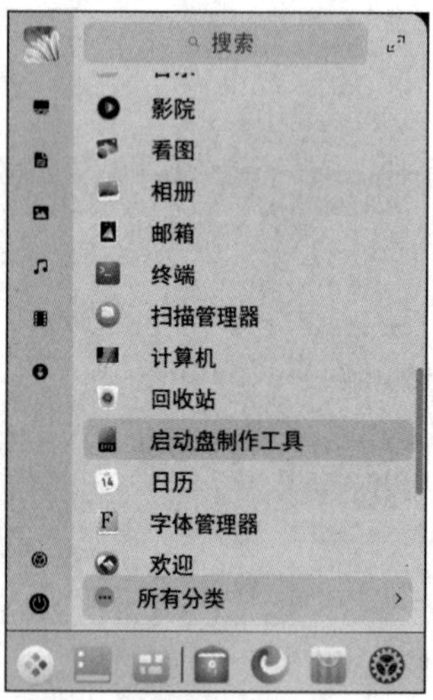

图 2-1-3 运行启动盘制作工具

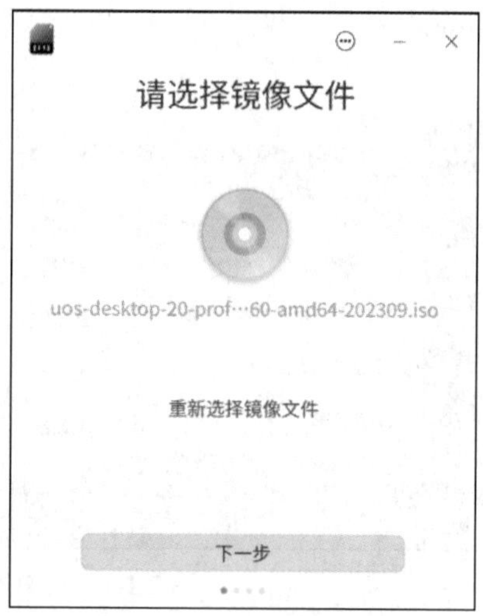

图 2-1-4 选择镜像文件

（4）选中 U 盘所在分区，并选中“格式化分区”复选框，单击“开始制作”按钮，在弹出的“格式化分区”信息提示框中单击“确定”按钮，如图 2-1-5 所示。

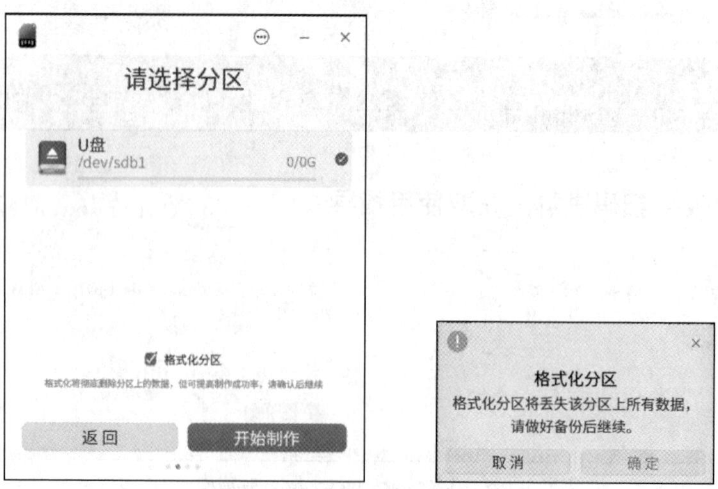

图 2-1-5 选中 U 盘并格式化

（5）此时U盘正式开始制作，等待制作进度到达100%，显示“制作成功”后，单击“完成”按钮，U盘启动盘制作完成，如图2-1-6所示。

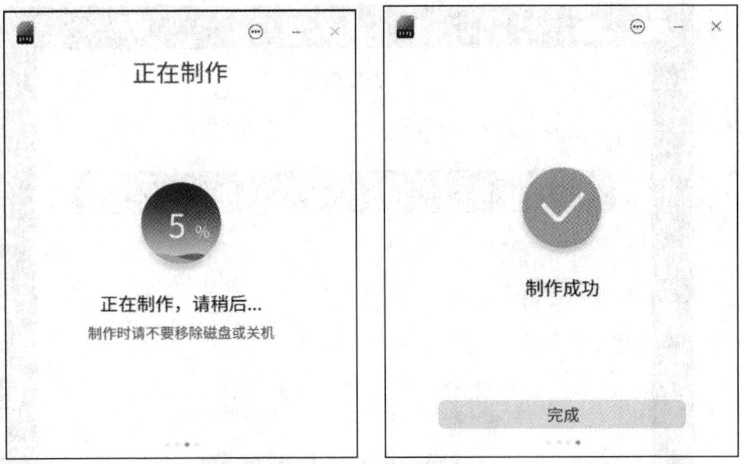

图2-1-6　完成U盘启动盘制作

二、系统安装及备份

1. 操作系统的安装

（1）将制作好的U盘启动盘插入主机的USB接口中，并设置BIOS程序中的第一启动项为U盘，保存BIOS设置后重启主机，打开如图2-1-7所示界面，在Boot menu（启动菜单）列表中选择Install UOS Desktop 20（安装UOS 20桌面版），然后按Enter键进入操作系统安装程序。

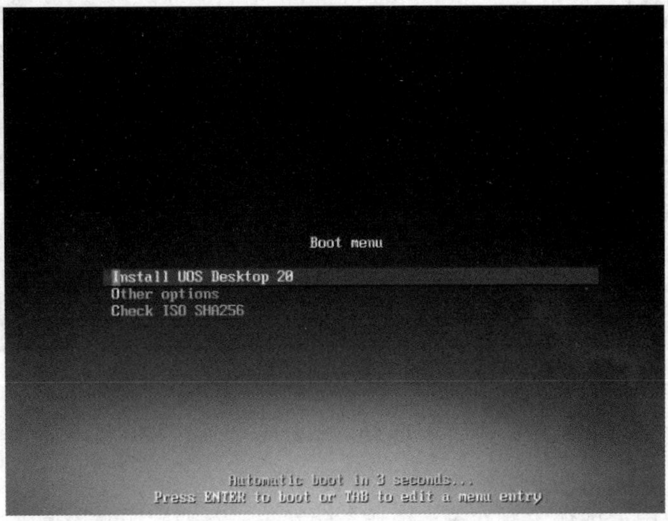

图2-1-7　启动操作系统安装

（2）选择语言，并选中“同意《统信操作系统用户体验计划许可协议》”复选框和

“我已仔细阅读并同意《最终用户许可协议》和《隐私政策》”复选框，单击“下一步”按钮，如图 2-1-8 所示。

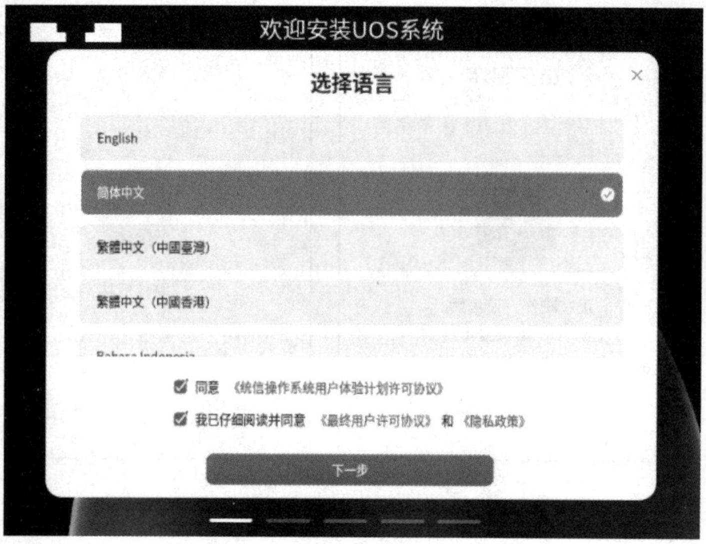

图 2-1-8　选择语言及许可协议

（3）为了保障系统安全性，不会安装被篡改过的 ISO 文件（即光盘的镜像文件），安装程序会校验镜像，等待校验镜像完成后，单击“下一步”按钮，如图 2-1-9 所示。

图 2-1-9　校验镜像

（4）选择安装方式，安装方式有两种：全盘安装（推荐）和手动安装，如图 2-1-10 所示。

（5）建议新用户选择全盘安装。选择系统安装，安装程序会根据硬盘的大小，自动划分分区，也可单击系统空间右侧 图标修改系统盘大小，如图 2-1-11 所示。如果选中“全盘加密”单选按钮，将对所选磁盘进行加密，防止磁盘数据被窃取，但可能会影响磁盘的性能；如果选中“启用系统扩容”单选按钮，将为系统使用逻辑卷管理（logical volume manager，LVM）分区，使系统具有分区扩容的能力，可以使用磁盘管理工具扩容分区；如果选中“保留用户数据”单选按钮，若之前安装过 UOS，与这次的安装配置相同，且没有使用全盘加密和 LVM 文件系统，那么可以保留磁盘的数据。

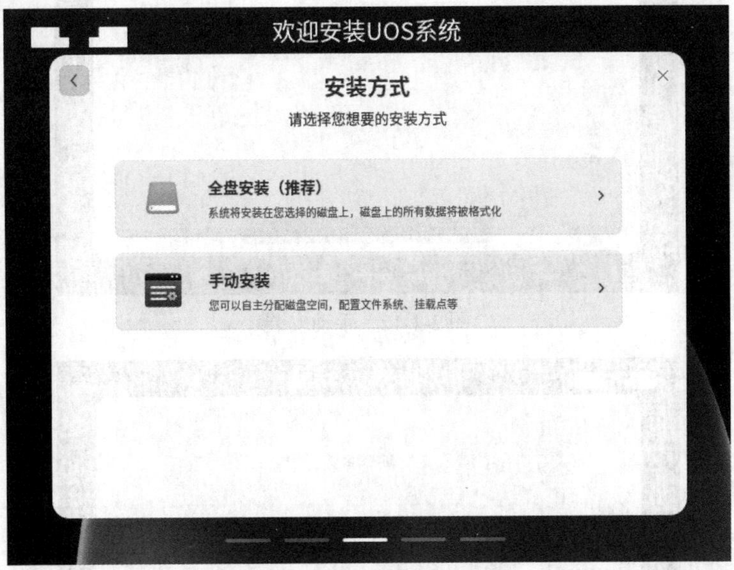

图 2-1-10　选择安装方式

图 2-1-11　全盘安装

（6）选择手动安装，可以自主分配磁盘空间，配置文件系统、挂载点等，如图 2-1-12 所示。

（7）单击⊕图标，打开“新建分区”对话框，手动安装可以仅创建操作系统需要的分区，首先建立 Boot 分区，如图 2-1-13 所示。

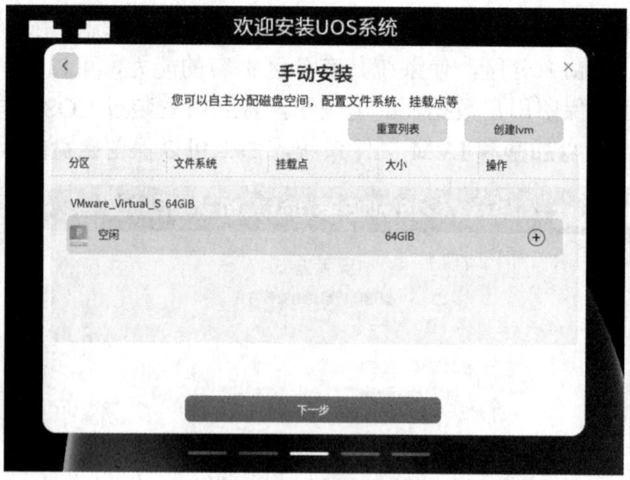

图 2-1-12　手动安装

图 2-1-13　建立 Boot 分区

（8）然后建立交换分区（linux-swap），如图 2-1-14 所示。

图 2-1-14　建立 linux-swap 分区

（9）接着建立根（Roota）分区，如图 2-1-15 所示。

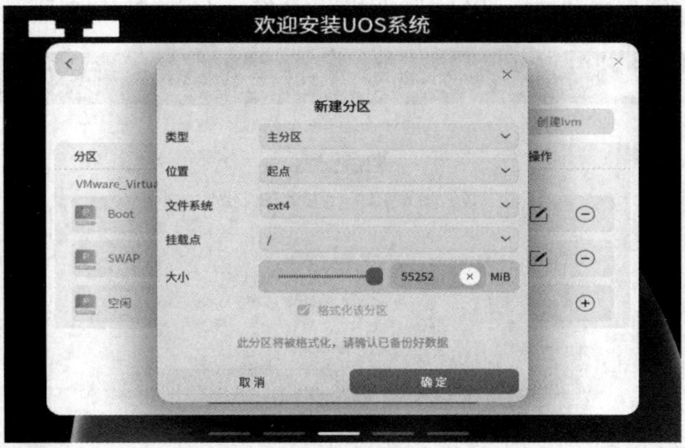

图 2-1-15　建立根（Roota）分区

（10）磁盘分区建立完成后，单击“下一步”按钮，如图 2-1-16 所示。

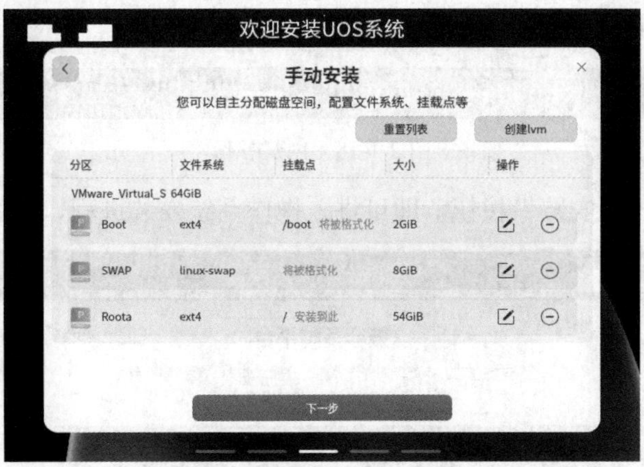

图 2-1-16　完成手动分区

（11）打开“创建帐户”对话框，设置用户名、计算机名和密码，如图 2-1-17 所示。

图 2-1-17　创建帐户

（12）单击“下一步”按钮，打开“准备安装”对话框，确认安装程序的操作，选中“创建初始化备份”复选框，以便后期恢复系统，如图 2-1-18 所示。

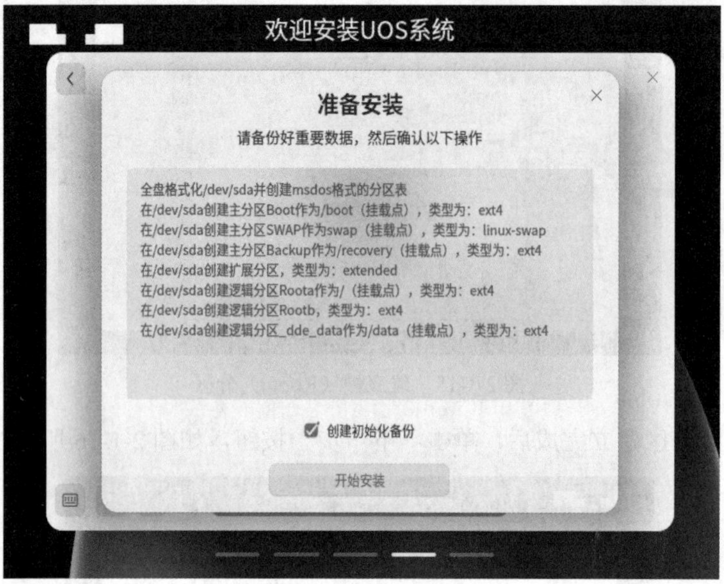

图 2-1-18　创建备份

（13）单击“开始安装”按钮，即可进入操作系统安装进程，如图 2-1-19 所示。

图 2-1-19　安装 UOS 系统

（14）等待操作系统安装完成，打开“恭喜您，安装成功”窗口，拔出 U 盘，并单击“立即重启”按钮，即可完成统信 UOS 专业版的安装，如图 2-1-20 所示。

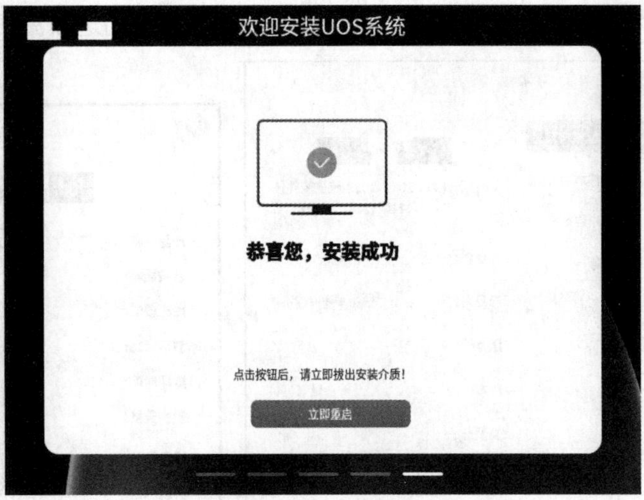

图 2-1-20　安装成功

2. *系统激活*

统信 UOS 专业版操作系统安装完成后，重启主机输入用户密码即可进入操作系统，在桌面的右下角显示“试用期”，如图 2-1-21 所示。统信 UOS 专业版操作系统需要激活才能正常使用，否则只有 90 天的试用期，统信 UOS 社区版（deepin 20）属于开源系统，不需要激活。

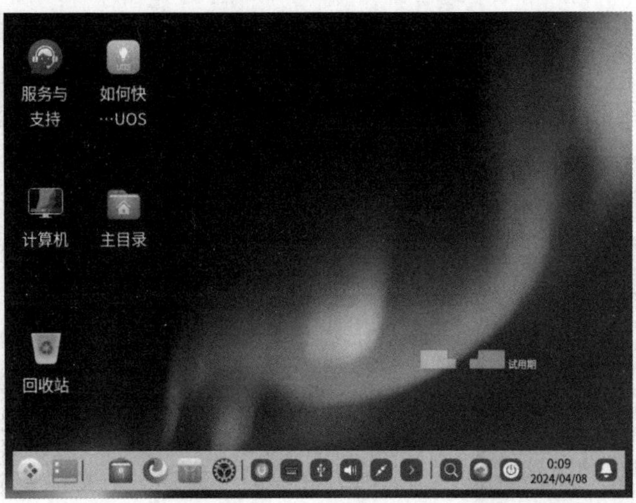

图 2-1-21　桌面

（1）单击桌面下方任务栏上的控制中心图标，打开“控制中心”窗口，选择“系统信息”→“关于本机”选项，即可看到“版本授权”显示为“试用期”，如图 2-1-22 所示。

（2）单击“激活”按钮，在打开的对话框中可以看到激活方式有两种，如图 2-1-23 所示，“输入序列号”激活或“导入激活文件”激活，序列号或激活文件需要通过官方渠道获取。获取相关激活序列号或者激活文件后，选择相应的选项激活即可。

图 2-1-22 本机信息窗口

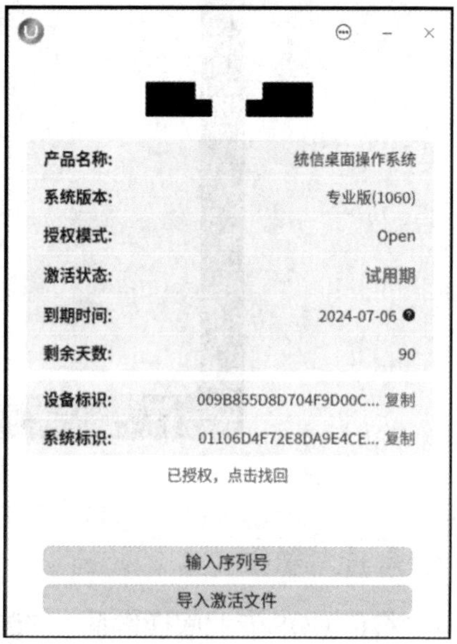

图 2-1-23 激活方式

三、统信 UOS 用户界面的组成及操作

1. 添加桌面快捷图标

安装完成的统信 UOS 桌面上有计算机、主目录、回收站三个系统图标，如果不小心删除了，需要恢复，操作步骤如下：在桌面上单击任务栏的“启动器”按钮，在打开的启动器菜单中选择“计算机”→“发送到桌面”命令，如图 2-1-24 所示，即可恢复图标。

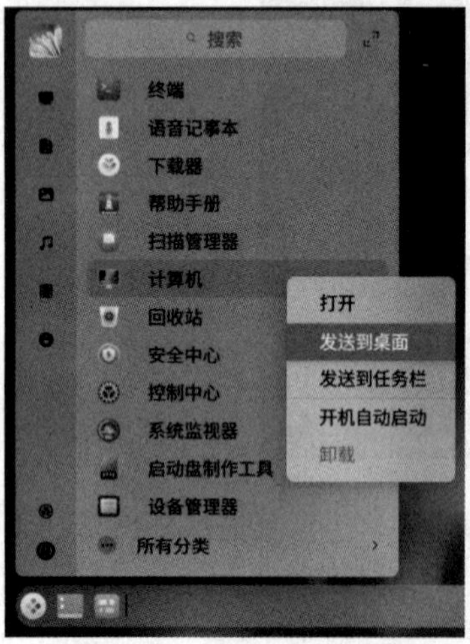

图 2-1-24 桌面图标的创建

2. 创建桌面快捷图标

为可执行程序 deepin-calculator（深度计算器）在桌面上创建快捷图标。操作步骤如下：

（1）在桌面上新建一个文件夹，以自己的学号+姓名命名（以下简称自己的文件夹，本书任务的所有操作结果均保存在此文件夹中，完成后将文件夹压缩并上传到教师指定的位置）。

（2）在桌面上双击“计算机”图标，在打开的“文件管理器”窗口中单击搜索按钮，在搜索文本框中输入“deepin-calculator”，文件类型选择“可执行程序”，如图 2-1-25 所示。

（3）右击 deepin-calculator 文件，在弹出的快捷菜单中选择“打开文件所在位置”

命令，打开文件所在的文件夹，右击 deepin-calculator 文件，在弹出的快捷菜单中选择“发送到”→“发送到桌面”命令。

（4）将桌面截图，命名为“2-1.jpg”并保存在自己的文件夹中。

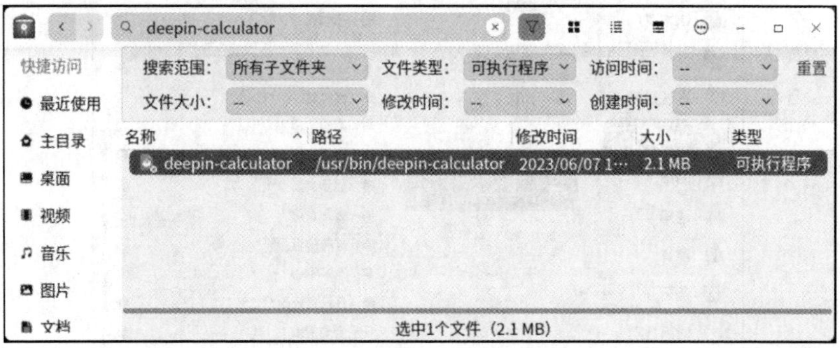

图 2-1-25　在桌面上创建快捷图标

3. 设置桌面快捷图标属性

将快捷图标“deepin-calculator 快捷方式”从桌面删除。操作步骤如下：

（1）在桌面右击“deepin-calculator 快捷方式”图标，在弹出的快捷菜单中选择“删除”命令，并在弹出的信息提示框中单击“删除”按钮，如图 2-1-26 所示。

（2）将桌面截图，命名为“2-2.jpg”并保存在自己的文件夹中。

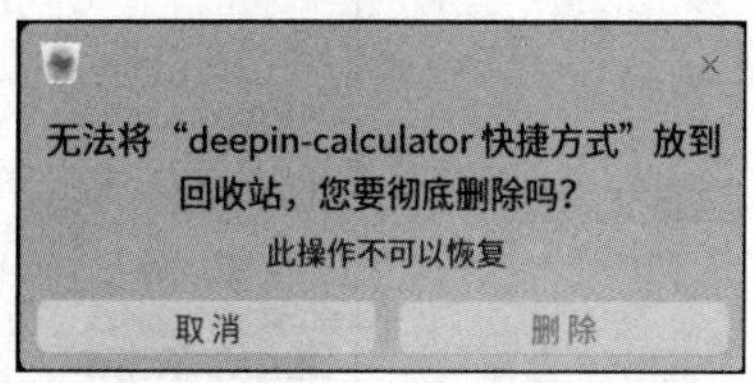

图 2-1-26　删除“deepin-calculator 快捷方式”图标

4. 设置任务栏属性

将任务栏调高一倍，并放置在桌面的上方；将任务栏应用程序图标区的所有图标移除；将“画板”的图标发送到任务栏；隐藏任务栏上的时间信息；将“系统监视器”添加到任务栏插件区；最后将桌面截图，命名为“2-3.jpg”并保存在自己的文件夹中。操作步骤如下：

（1）将鼠标指针移动到任务栏的上边缘，当指针呈双向箭头时，按住鼠标左键不放，向上拖动到一倍高度时放开。

（2）右击任务栏的空白处，在弹出的快捷菜单中选择“位置”→“上”命令。

（3）依次在任务栏应用程序图标区的图标上右击，在弹出的快捷菜单中选择“移除驻留”命令，直到移除所有图标。

（4）单击“启动器”按钮，在打开的菜单中选择“画板”→“发送到任务栏”命令，或直接将其拖动到任务栏左侧。

（5）在任务栏非图标区右击，在弹出的快捷菜单中选择“任务栏”命令，在打开的“任务栏”列表中取消选中“时间”单选按钮，如图 2-1-27 所示。

（6）在任务栏非图标区右击，在弹出的快捷菜单中选择“任务栏”命令，在打开的“任务栏”列表中选中“系统监视器”单选按钮即可，如图 2-1-28 所示。

（7）将桌面截图，命名为“2-4.jpg”并保存在自己的文件夹中。

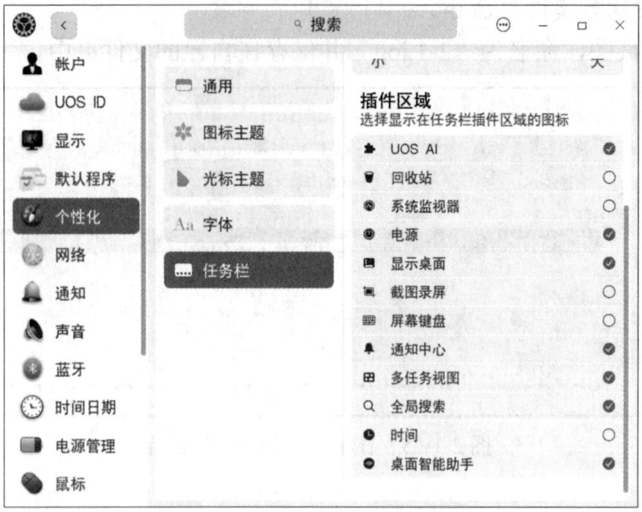

图 2-1-27　将任务栏上的时间隐藏

图 2-1-28　将“系统监视器”添加到任务栏

5. 调整窗口属性

在桌面上单击“计算机”图标，打开“数据盘”窗口并完成以下操作：

（1）将窗口最大化，再将屏幕截图，命名为“2-5.jpg”并保存在自己的文件夹中。

（2）将窗口还原，再将屏幕截图，命名为“2-6.jpg”并保存在自己的文件夹中。

（3）将窗口高度、宽度各设为原来的一半，再将屏幕截图，命名为“2-7.jpg”并保存在自己的文件夹中。

（4）将窗口移动到屏幕右上角，在窗口中单击“信息栏”按钮、“列表视图”按钮及“下拉菜单”按钮，如图 2-1-29 所示，再将屏幕截图，命名为“2-8.jpg”并保存在自己的文件夹中。

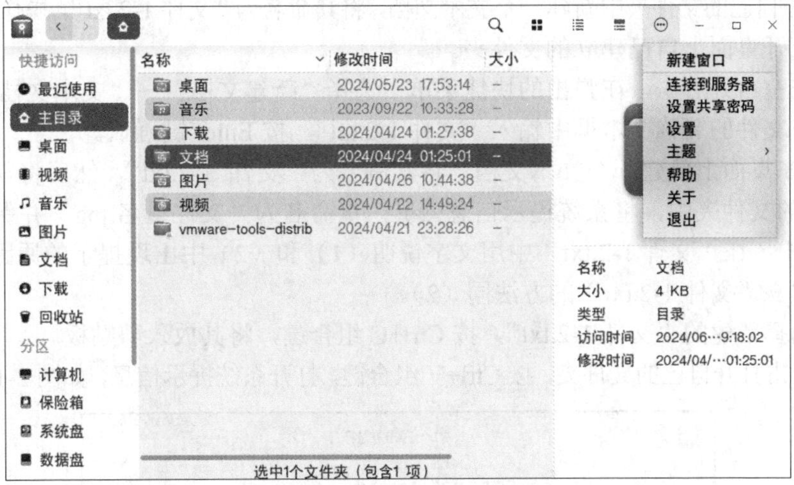

图 2-1-29　调整窗口属性

（5）将窗口最小化，再将屏幕截图，命名为“2-9.jpg”并保存在自己的文件夹中。

四、管理文件及文件夹

1. 文件的基本操作

（1）在桌面上新建一个文本文档，命名为“/A.txt”，将系统提示信息截图，命名为“文件命名错误.jpg”并保存在自己的文件夹中。操作步骤如下：

① 在桌面空白处右击，在弹出的快捷菜单中选择“新建文档”→“文本文档”命令。

② 在文件的名称文本框中输入“/A.txt”。

③ 弹出信息错误提示框，如图 2-1-30 所示。

④ 按 Ctrl+Alt+A 组合键，打开截图、录屏工具，拖动框选截图区域，在截图、录屏工具栏中单击“选项”按钮，在打开的列表中选择保存位置为“桌面”，保存文件名的后缀为 jpg，在桌面上将截图文件重命名为“文件命名错误.jpg”，并拖到自己的文件夹中，如图 2-1-31 所示。

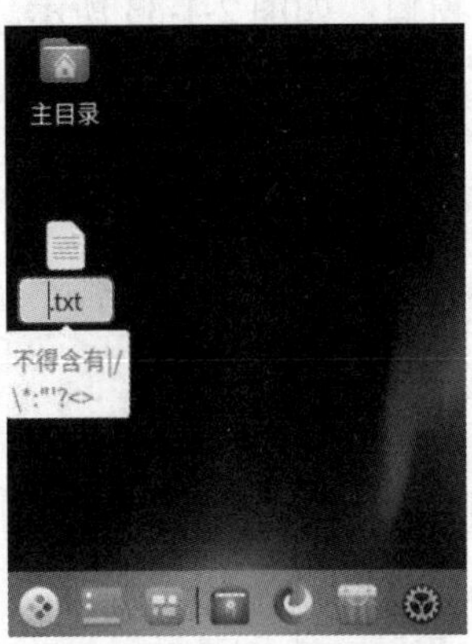

图 2-1-30　文件命名出错

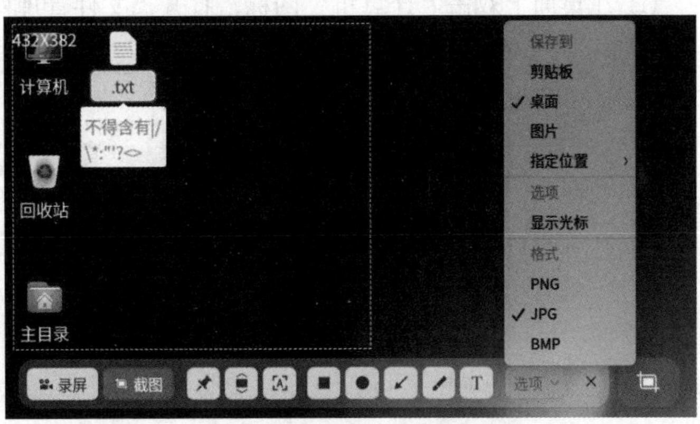

图 2-1-31　将屏幕信息截图保存

（2）在自己的文件夹中新建一个文本文档，将其命名为“文件 1-2.txt”。操作步骤如下：

① 打开桌面上自己建立的文件夹。

② 在空白处右击，在弹出的快捷菜单中选择“新建文档”→“文本文档”命令。

③ 在文件的名称文本框中输入“文件 1-2.txt”，按 Enter 键确认。

（3）在桌面上新建一个文本文档，将其命名为“文件 1-2.txt”，然后将其拖入（复制）自己的文件夹中，将系统提示信息截屏，重命名为“文件重名.jpg”并保存在自己的文件夹中。在“文件 1-2.txt”中用文字说明（1）和（2）中出现提示的原因。

① 建立“文件 1-2.txt”的方法同（2）。

② 选择新建的“文件 1-2.txt”，按 Ctrl+C 组合键，将其放入剪贴板。

③ 双击打开自己的文件夹，按 Ctrl+V 组合键，打开系统提示信息，如图 2-1-32 所示。

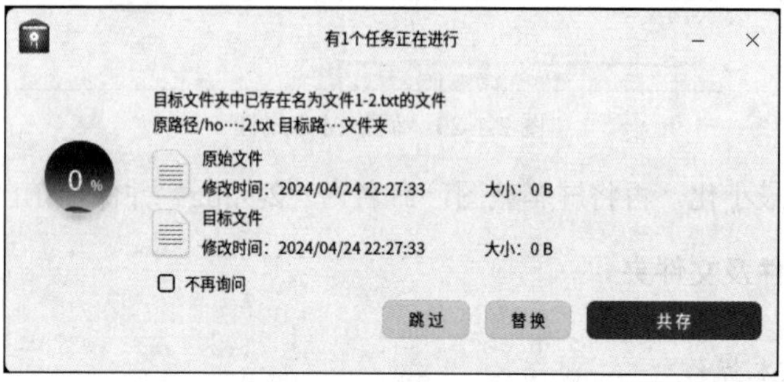

图 2-1-32 文件重名提示信息

④ 按 Ctrl+Alt+A 组合键，打开截图、录屏工具，拖动框选截图区域，在截图、录屏工具栏中单击“选项”按钮，在打开的列表中选择保存位置为“桌面”，保存文件名的后缀为 jpg。将截图文件重命名为“文件重名.jpg”，并保存到自己的文件夹中。

⑤ 双击打开“文件 1-2.txt”，分别在文档中输入图 2-1-30、图 2-1-32 操作出现提示的原因并存盘。

（4）分别在计算机中查找扩展名为 jpg、mp3、mp4、pdf、zip、sh、conf、log、txt 的文件，选择其中文件最小的一个复制到自己的文件夹中，并牢记其相应的图标及打开方式。操作步骤如下：

① 在桌面上双击“计算机”图标，打开“文件管理器”窗口，如图 2-1-33 所示。

图 2-1-33 在文件管理器中搜索文件

② 单击标题栏的“搜索”按钮，在搜索文本框中输入“*.txt”，按 Enter 键，如图 2-1-33 所示。

③ 当搜索到结果时，单击搜索文本框右侧的“高级搜索”按钮，可以进行更详细的搜索，如图 2-1-34 所示。在显示列表的标题栏上单击“大小”按钮，然后选定最小的一个文件，按 Ctrl+C 组合键。

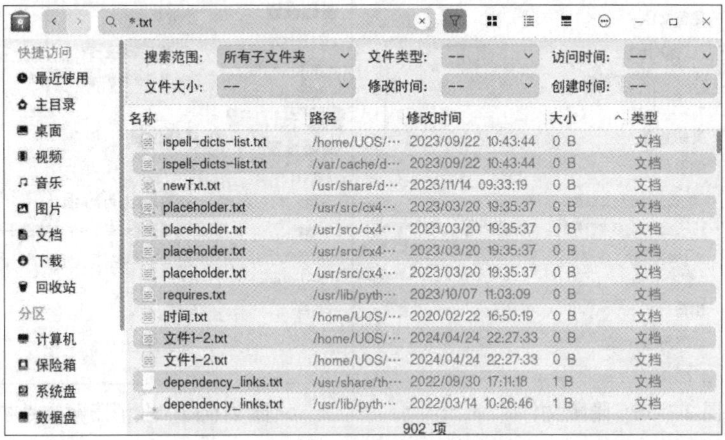

图 2-1-34　搜索扩展名为 txt 的文件

④ 打开自己的文件夹，按 Ctrl+V 组合键，将文件复制到当前位置。

⑤ 在复制的文件上右击，在弹出的快捷菜单中选择“属性”命令，即可在“属性”对话框中看到该类型文件默认的打开方式，如图 2-1-35 所示。

⑥ 在“文件管理器”窗口的“搜索”文本框中输入其他文件扩展名，重复执行步骤②～⑤，完成其他类型文件的操作。

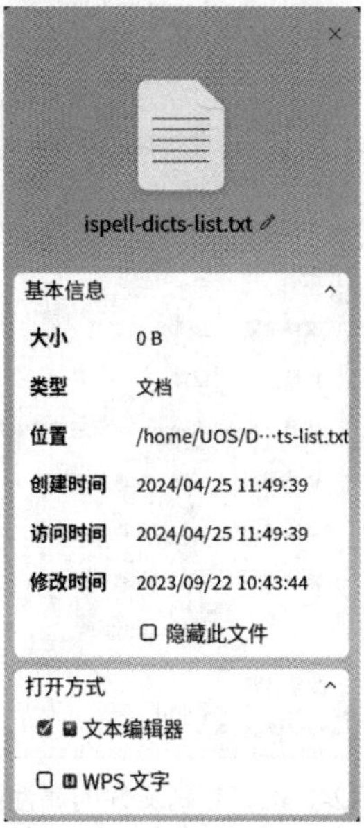

图 2-1-35　查看文件的打开方式

（5）将自己的文件夹中的文件“文件命名错误.jpg”隐藏（即在窗口中看不到该文件）。操作步骤如下：

① 右击“文件命名错误.jpg”，打开“属性”对话框，选中“隐藏此文件”复选框。

② 在自己的文件夹窗口中，单击右上角的“下拉菜单栏”按钮，在打开的列表中选择“设置”命令，打开“设置”对话框，在“隐藏文件”选项卡“隐藏文件”栏取消选中“显示隐藏文件”复选框，如图 2-1-36 所示。

（6）将自己的文件夹中的文件按“图标视图”方式显示、大小排序、显示文件的扩展名，并将此文件夹窗口截图，以“查看及排列对象.jpg”为文件名保存在自己的文件夹中。操作步骤如下：

① 双击打开自己的文件夹。

② 在窗口空白处右击，在弹出的快捷菜单中选择“显示方式”→“图标视图”命令。

③ 在窗口空白处右击，在弹出的快捷菜单中选择“排序方式”→“大小”命令。

④ 单击窗口“下拉菜单栏”按钮，在打开的列表中选择“设置”命令，打开“设置”对话框，在“隐藏文件”选项卡“隐藏文件”栏选中“显示文件扩展名”复选框，如图 2-1-37 所示。

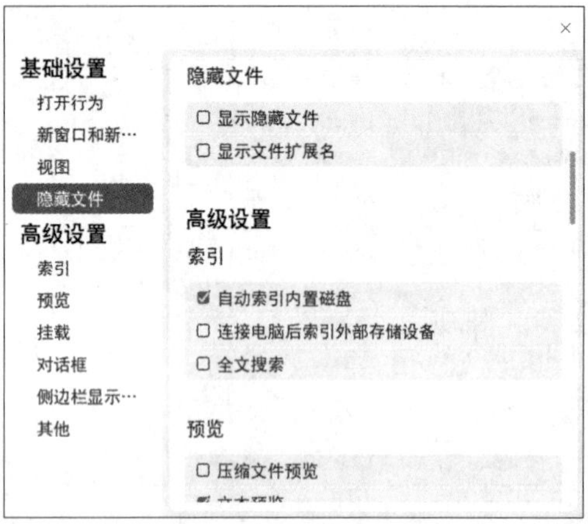

图 2-1-36 隐藏文件

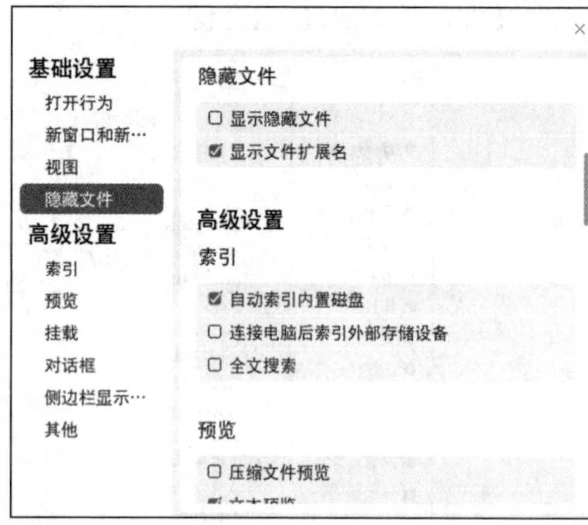

图 2-1-37 取消隐藏文件扩展名

图 2-1-38 复制文件的属性内容

⑤ 按 Ctrl+Alt+A 组合键将当前窗口截图，并以“查看及排列对象.jpg”为文件名保存在自己的文件夹中。

（7）将自己的文件夹的属性记录在“文件 1-2.txt”中。操作步骤如下：

① 在自己的文件夹中双击打开“文件 1-2.txt”，先输入“第一大题第 8 小题答案:”，再分行输入文件夹的所有常规属性项目，如“文件夹名:”等。

② 在桌面上右击自己的文件夹，在弹出的快捷菜单中选择“属性”命令，打开“属性”对话框。

③ 记录文件夹各项属性信息，如图 2-1-38 所示。

④ 选择文本编辑器程序主界面“下拉菜单”按钮中的“保存”命令。

2. 文件夹的基本操作

将本书配套资源包“实训二—任务一”文件夹复制到自己的文件夹中并打开，将文件夹中的对象以“图标视图”方式查看，以“名称”排序；将第 10 个到第 14 个及第 16、18 个文件（注意不是文件夹）删除；再将删除的最大一个文件还原。具体操作步骤如下：

（1）双击打开自己的文件夹，右击文件夹空白处，在弹出的快捷菜单中选择“显示方式”→“图标视图”命令；再次右击文件夹空白处，在弹出的快捷菜单中依次选择“排序方式”→“名称”命令。

（2）先选择第 10 个文件，按 Shift 键的同时单击第 14 个文件，松开 Shift 键，再按

Ctrl 键，分别单击第 16 及第 18 个文件，在选定的对象上右击，在弹出的快捷菜单中选择“删除”命令，或者按 Delete 键。删除文件后的文件夹如图 2-1-39 所示。

图 2-1-39　删除文件后的文件夹

（3）双击桌面上的“回收站”图标，打开“回收站”窗口，将“回收站”中的对象按照从小到大排列，右击排在最后的一个文件，在弹出的快捷菜单中选择“还原”命令，即可将该文件恢复到原来位置，如图 2-1-40 所示。

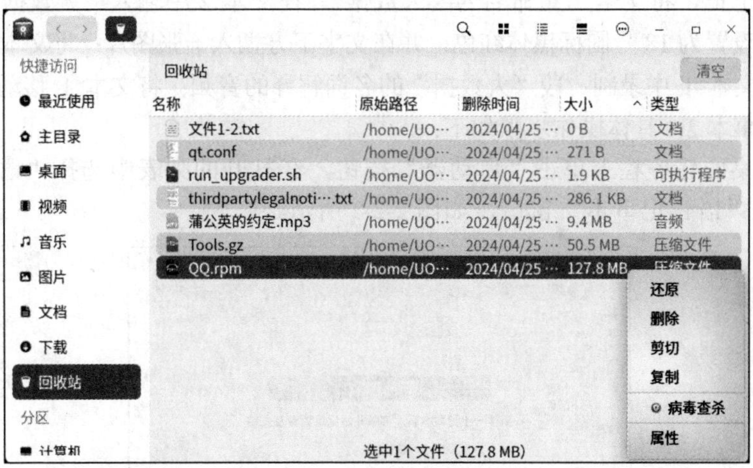

图 2-1-40　“回收站”窗口

任务二　使用统信 UOS 系统工具和控制中心

任务要求

1. 掌握统信 UOS 系统常用工具的使用。

2. 掌握统信 UOS 控制中心的设置方法。

任务解析

一、常用工具

1. 文本编辑器的使用

用“文本编辑器”完成图 2-2-1 所示文档的编辑，以自己的名字为文件名保存到自己的文件夹中。

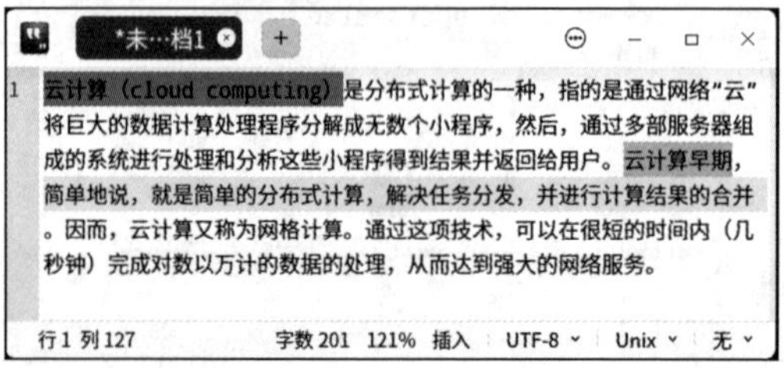

图 2-2-1　文档示例

2. 语音记事本的使用

创建三个记事本，将第三个记事本重命名为“语音记事本”；在“语音记事本”中再创建三个笔记，将文本 2 重命名为“大数据”，在文本 2 中输入“大数据”的名词解释，将文字设置为 18 号国标黑体红色，并在文字下方插入一张图片；将文本 1 重命名为“语音”，在文本 1 中录制一段“大数据”的名词解释的音频；将文本 1 移动至记事本 1 中，删除记事本 2。具体操作步骤如下：

（1）在桌面任务栏上单击“启动器”按钮，在打开的列表中选择“语音记事本”选项，打开“语音记事本”窗口，如图 2-2-2 所示。

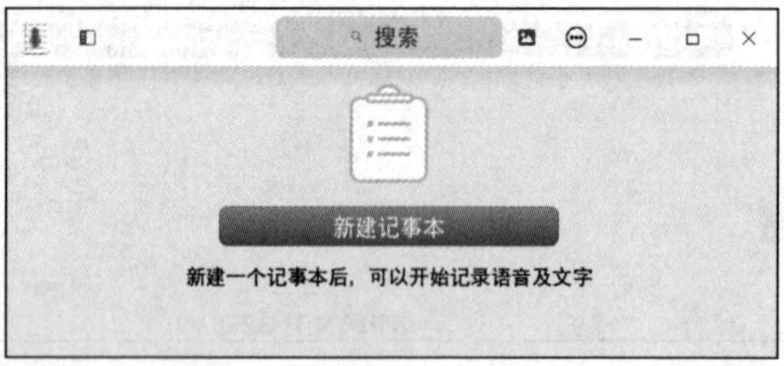

图 2-2-2　“语音记事本”窗口

（2）单击“新建记事本”按钮，创建三个记事本，右击“记事本 3”，在弹出的快捷菜单中选择“重命名”命令，输入“语音记事本”，按 Enter 键，如图 2-2-3 所示。

（3）在“语音记事本”窗口中单击“新建笔记”⊕按钮，创建三个笔记，右击“文本 1”，在弹出的快捷菜单中选择“重命名”命令，输入“大数据”；在“大数据”笔记栏中输入“大数据”的名词解释内容，选中相关文本，在弹出的字体工具栏中设置字体为国标黑体、字号为 18 号、字体颜色为红色；单击标题栏的“插入图片”按钮，选择一张图片插入笔记本中，如图 2-2-4 所示。

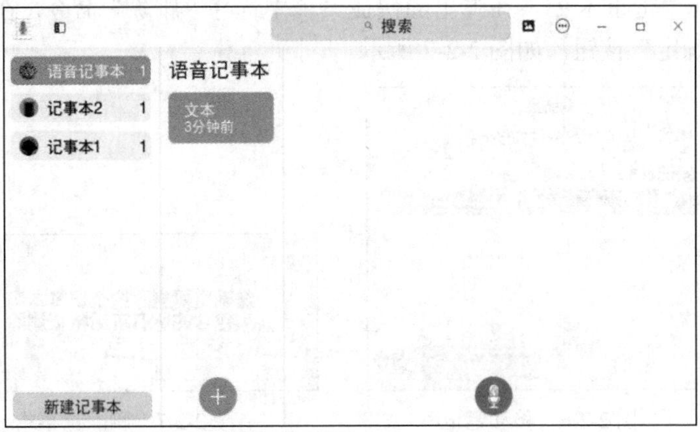

图 2-2-3　创建记事本

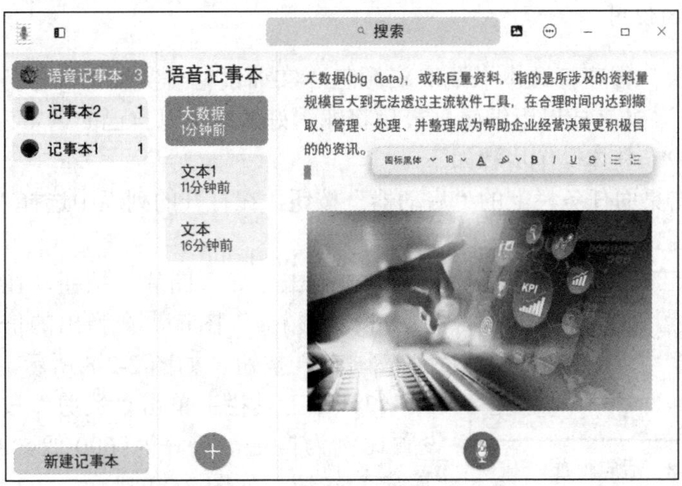

图 2-2-4　设置字体格式并插入图片

（4）右击文本 1，在弹出的快捷菜单中选择“重命名”命令，输入“语音”，按 Enter 键；单击窗口下方的“录制音频”按钮进行音频录制，如图 2-2-5 所示。

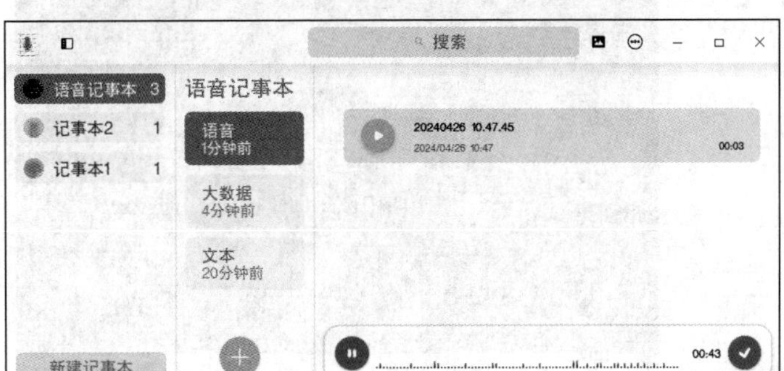

图 2-2-5　录制音频

（5）右击“语音”笔记，在弹出的快捷菜单中选择“移动”命令，打开“移动笔记”

对话框，选择“记事本 1”，单击“确定”按钮，如图 2-2-6 所示。

（6）右击“记事本 2”，在弹出的快捷菜单中选择“删除”命令，在弹出的信息提示框中单击“确定”按钮，如图 2-2-7 所示。

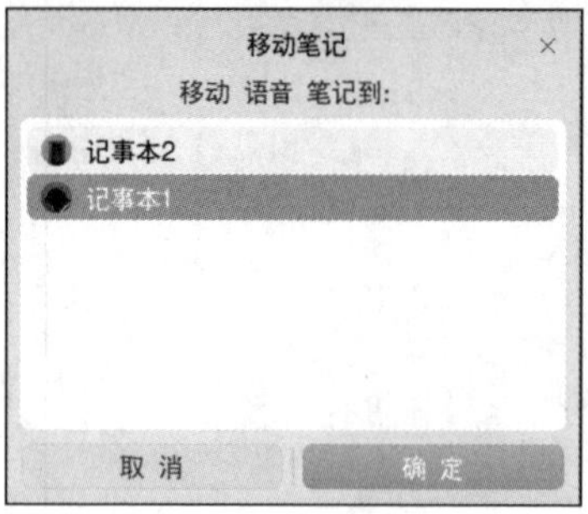

图 2-2-6 移动笔记

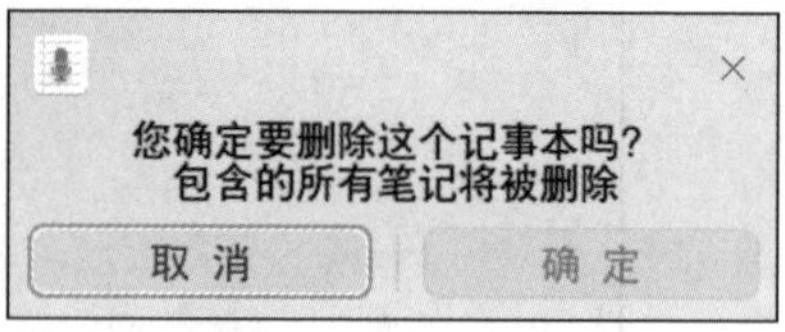

图 2-2-7 删除记事本

3. 画板的使用

用“画板”程序打开本书配套资源包“实训素材—实训二—任务二”文件夹下的“abc-123.jpg”，并完成以下编辑，最后将编辑好的图形以自己的名字为文件名另存到自己的文件夹中。具体操作步骤如下：

（1）单击桌面任务栏上的“启动器”按钮，在打开的列表中选择“画板”选项，打开“画板”窗口。

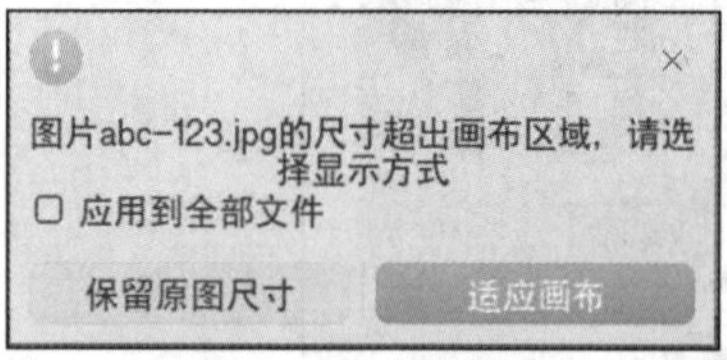

图 2-2-8 适应画布

（2）单击“导入图片”按钮，在打开的列表中选择“abc-123.jpg”图片，在弹出的信息提示框中单击“适应画布”按钮，如图 2-2-8 所示。

（3）在工具栏上单击“裁剪”按钮，在工具栏中设置比例为自由，尺寸为 600 像素×400 像素，单击“确定”按钮，如图 2-2-9 所示。

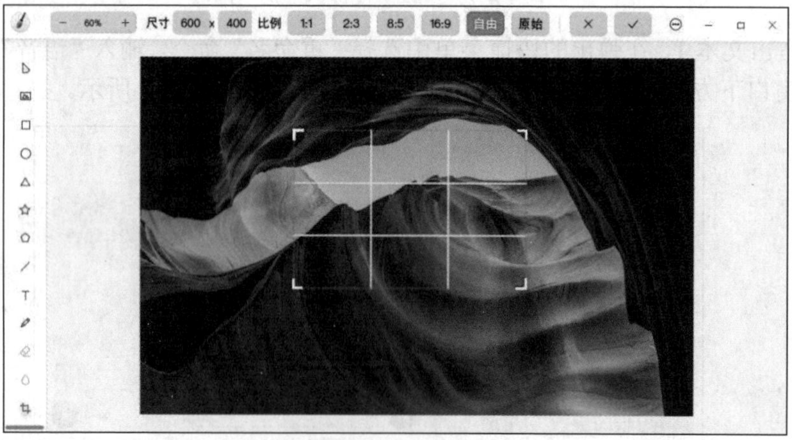

图 2-2-9 裁剪图片

（4）单击“矩形”按钮，在工具栏中设置填充颜色为红色，描边颜色为绿色，边框宽度为 4px，圆角值为 8，按住 Shift 键，在编辑区域拖动鼠标画出矩形，并旋转 45°，如图 2-2-10 所示。

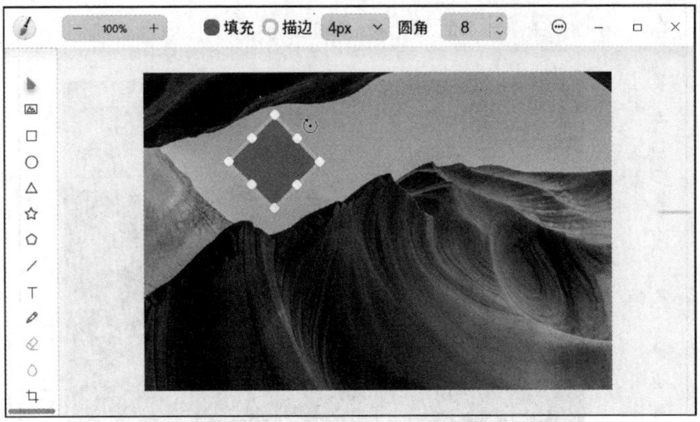

图 2-2-10　设置矩形参数

（5）单击“文字”按钮，在工具栏中设置输入文字颜色为蓝色，字体为国标宋体，字号为 18 号，在图片区域输入“统信 UOS 画板工具”，如图 2-2-11 所示。

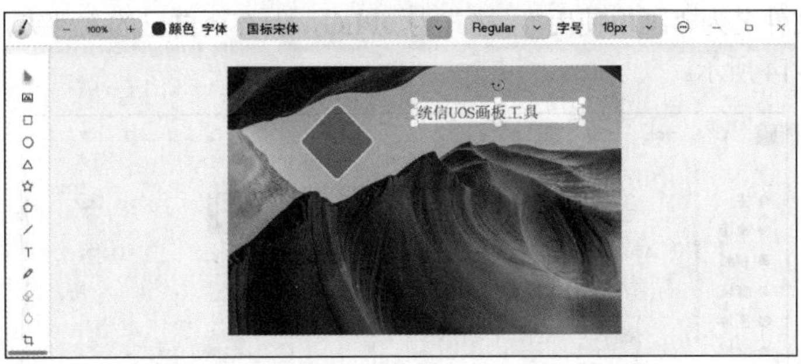

图 2-2-11　插入文字

（6）单击“橡皮擦”按钮，在工具栏上设置粗细为 30px，擦除“统信 UOS 画板工具”文字部分的图片底纹，如图 2-2-12 所示。

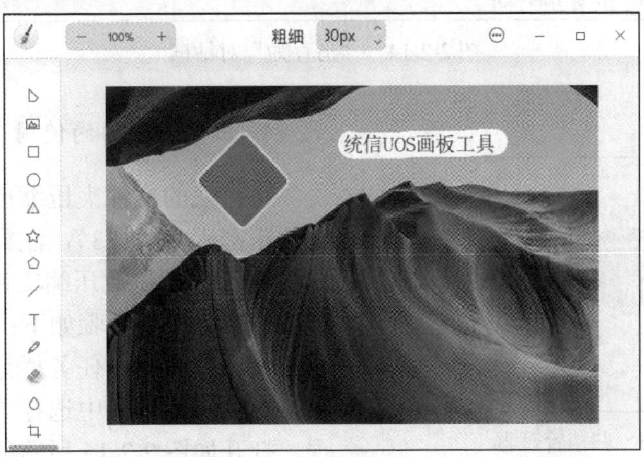

图 2-2-12　橡皮擦工具

（7）单击“模糊”按钮，在工具栏上设置类型为马赛克，粗细为 30px，然后在图片区域拖动鼠标对整张图片进行马赛克处理，如图 2-2-13 所示。

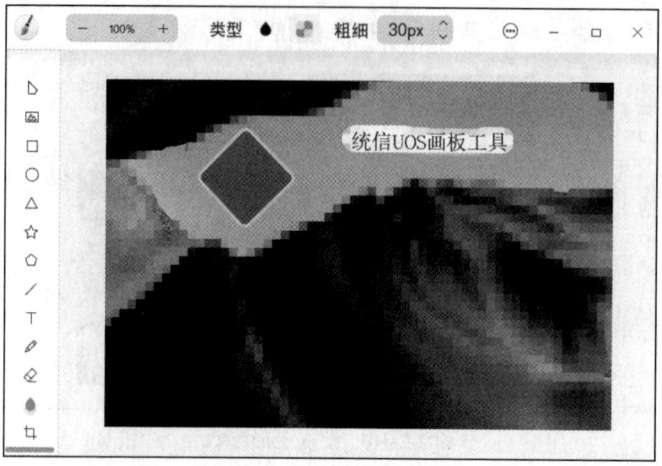

图 2-2-13　模糊处理

（8）单击窗口“下拉菜单”按钮，在打开的列表中选择“保存”选项，打开“另存为”对话框，设置文件名为“画板使用”，格式为 JPEG，保存至自己的文件夹，单击“保存”按钮，如图 2-2-14 所示。

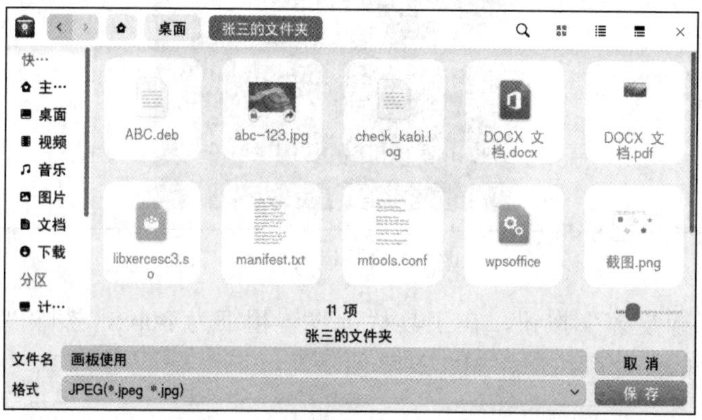

图 2-2-14　“另存为”对话框

4. 归档管理器的使用

图 2-2-15　归档管理器

将自己的文件夹压缩成一个文件，并设置解压密码为“123”，注释内容为“解压密码为 123”；解压此压缩文件，并将解压过程截图。具体操作步骤如下：

（1）单击桌面任务栏上的“启动器”按钮，在打开的列表中选择“归档管理器”选项，打开如图 2-2-15 所示的窗口。

（2）将以自己的名字命名的文件夹拖到归档管理器窗口中，然后单击“下一步”按钮，设置文件类型为“zip”，打开“高级选项”开关，在“加密文件”文本框中输入密码“123”，“注释”文本框中输入“解压密码为123”，如图2-2-16所示。

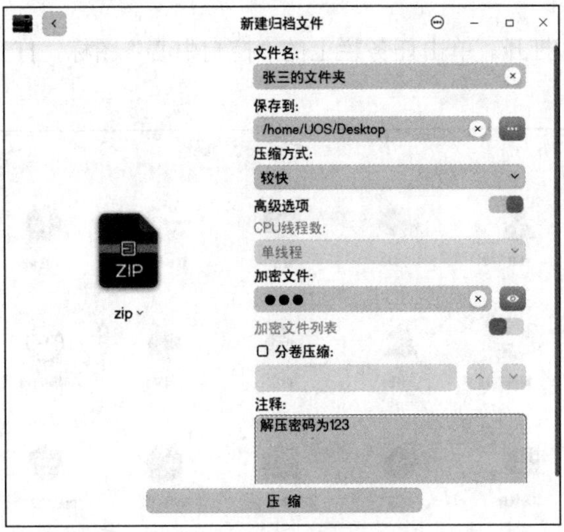

图2-2-16　设置压缩参数

（3）单击“压缩”按钮，完成文件的压缩，如图2-2-17所示。

（4）右击需要解压的文件，单击“解压到”按钮，更改解压文件存放位置，如图2-2-18所示。

图2-2-17　压缩成功

图2-2-18　解压文件

（5）单击“解压”按钮，在弹出的信息提示框中输入解压密码，如图2-2-19所示。

（6）单击“确定”按钮，完成文件解压，如图2-2-20所示。

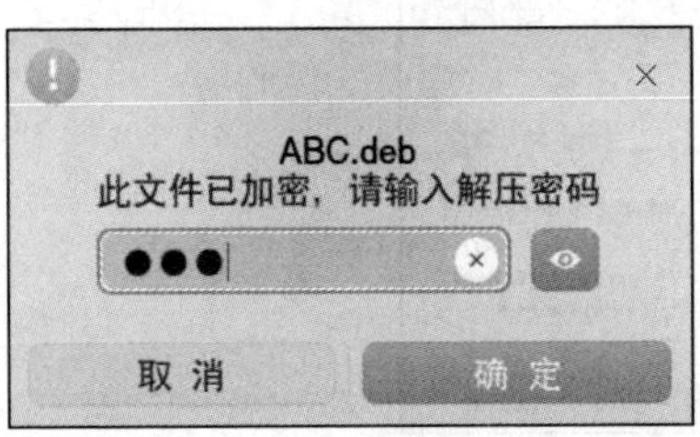

图2-2-19　输入解压密码

图2-2-20　解压成功

二、控制中心

1. 查看系统信息

新建文本文档并打开。单击任务栏上的“控制中心”图标，打开“控制中心”窗口，如图 2-2-21 所示。

图 2-2-21 “控制中心”窗口

通过系统信息功能查看计算机的系统版本、CPU 信息及内存容量，并记录在文本文档中。具体操作步骤如下：

（1）在“控制中心”窗口中双击“系统信息”图标，打开“系统信息”窗口，图 2-2-22 所示。

图 2-2-22 “系统信息”窗口

(2)将系统版本、CPU及内存容量信息记录在文本文档中，并保存，结果如图2-2-23所示。

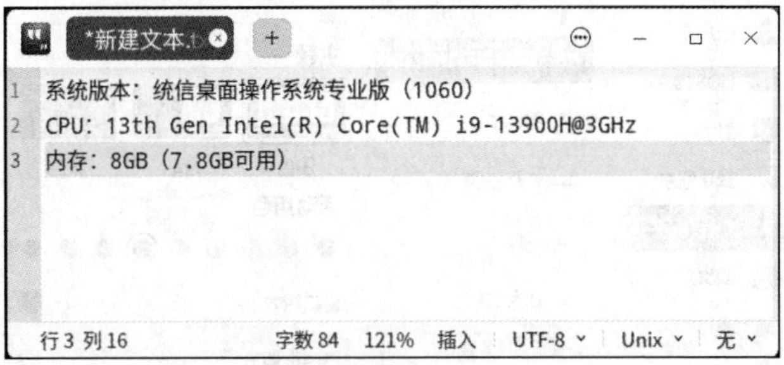

图2-2-23　保存查看结果后的文本

2. 设置系统的时间

（1）在“控制中心”窗口中双击“时间日期”图标，在打开的窗口中选择“时间设置”选项，打开时间设置任务窗格，如图2-2-24所示。

（2）关闭“自动同步配置”开关，单击数字增减按钮，调整年份到2024并依次设置月份为4月、日期为25日，完成后单击“确定”按钮。

（3）在自己的文件夹中新建一个“时间.txt”文件，可以查看其时间属性，如图2-2-25所示。

图2-2-24　设置时间日期

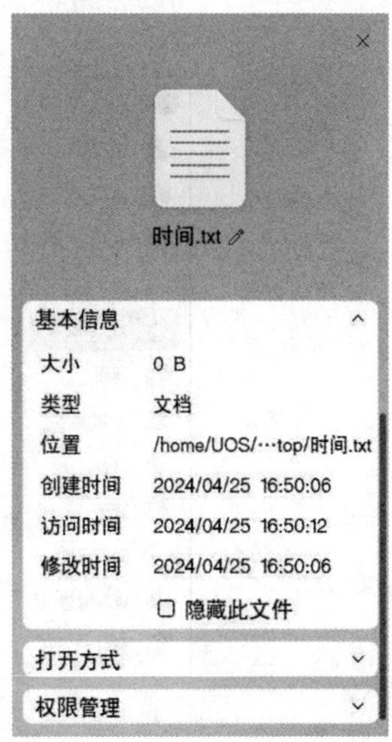

图2-2-25　更改时间后的文件属性

3. “个性化”设置

在“控制中心”窗口中双击“个性化”图标，打开“个性化”窗口，如图2-2-26所示，完成如下操作。

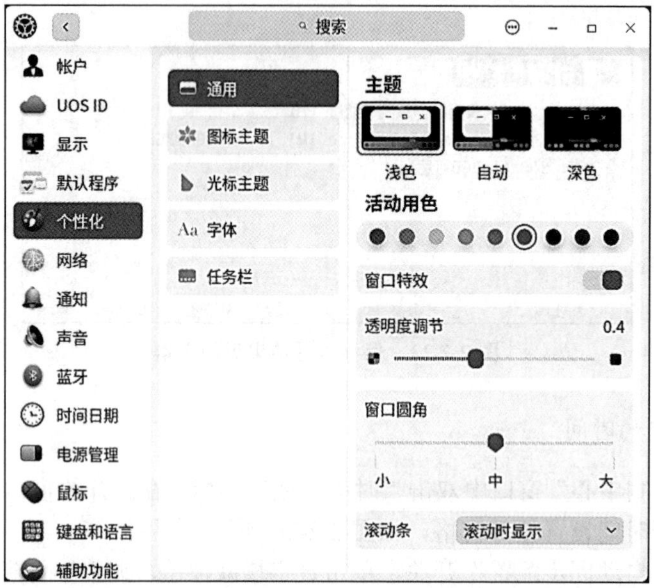

图 2-2-26　个性化设置

（1）在“个性化”窗口中选择“通用”选项，在打开的任务窗格中设置主题为自动，活动用色为绿色，透明度调节为 0.8，窗口圆角为小，滚动条为一直显示，如图 2-2-27 所示。

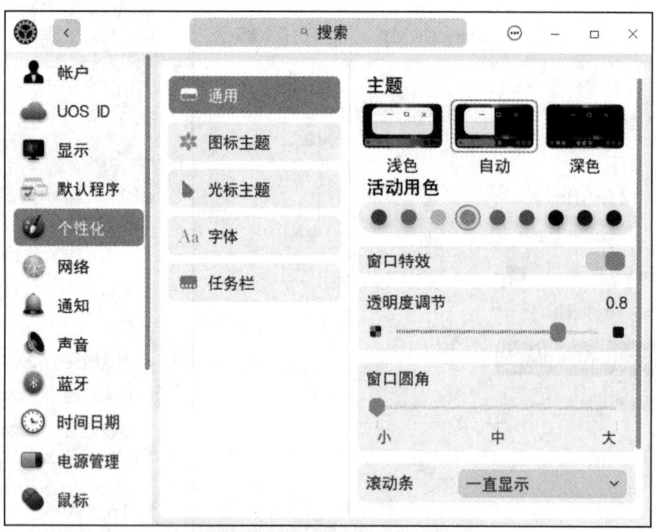

图 2-2-27　设置通用参数

（2）在“图标主题”窗格中选择 bloom-dark。

（3）在“光标主题”窗格中选择 vintage。

（4）在“字体”窗格中，设置字号为 16 号，标准字体为国标黑体。

（5）在“任务栏”窗格中设置模式为时尚模式，位置为上，状态为智能隐藏，大小为中等大小，“插件区域”栏中选中“回收站”“系统监视器”单选按钮，如图 2-2-28 所示。

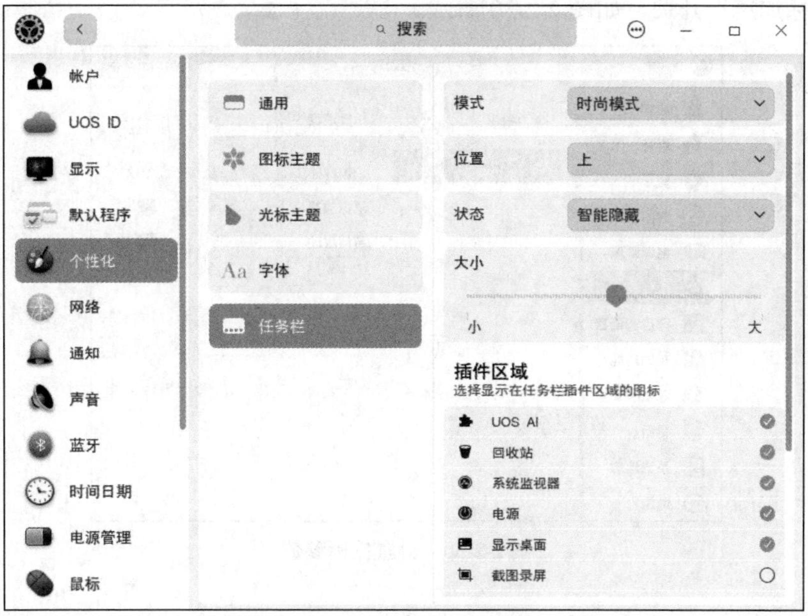

图 2-2-28　设置个性化参数

4. 鼠标设置

设置鼠标为左手模式，滚动速度为 5，双击速度为慢，指针速度为慢，关闭鼠标加速开关。具体操作步骤如下：

（1）在“控制中心”窗口中双击“鼠标”图标，打开鼠标设置窗口，选择“通用”选项，在打开的窗格中打开“左手模式”开关，滚动速度设置为 5，双击速度调整为慢，如图 2-2-29 所示。

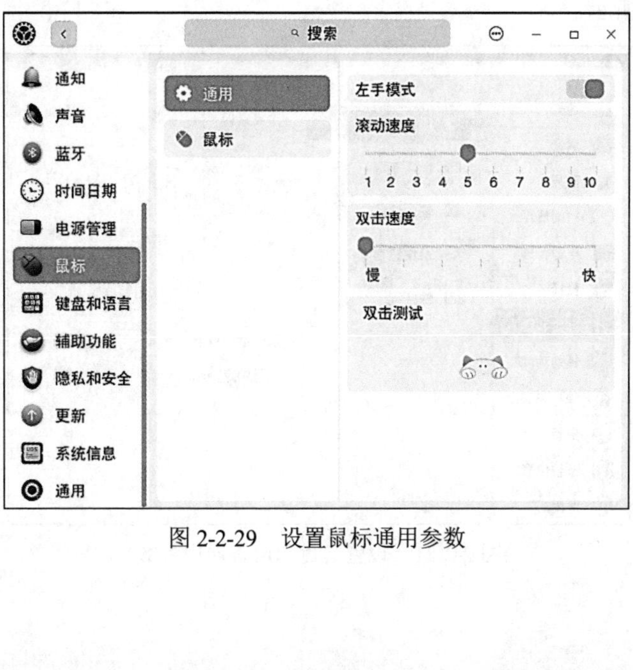

图 2-2-29　设置鼠标通用参数

（2）选择“鼠标”选项，在打开的窗格中移动“指针速度”的滑动按钮到“慢”，关闭“鼠标加速”开关，如图 2-2-30 所示。

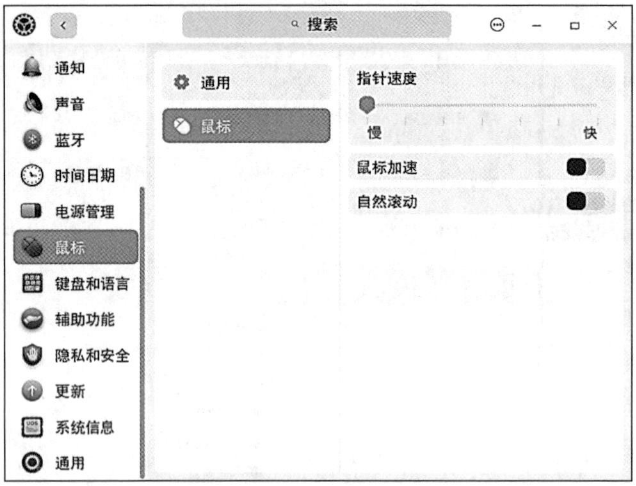

图 2-2-30　设置鼠标参数

5. 键盘和语言

设置键盘的按键重复延迟时间为长，重复速度为慢，关闭数字键盘，关闭大写锁定提示；删除“键盘-简体中文”输入法，增加“键盘-简体中文-汉语拼音”输入法，移动“搜狗输入法 UOS 版”到第一位，并将输入法切换快捷键设置为 ALT_SHIFT 组合键。具体操作步骤如下：

（1）在“控制中心”窗口中双击“键盘和语言”图标，打开“键盘和语言”窗口，选择“通用”选项，在打开的窗格中移动“重复延迟”的滑动按钮到“长”，移动“重复速度”的滑动按钮到“慢”，关闭“启动数字键盘”开关，关闭“大写锁定提示”开关，如图 2-2-31 所示。

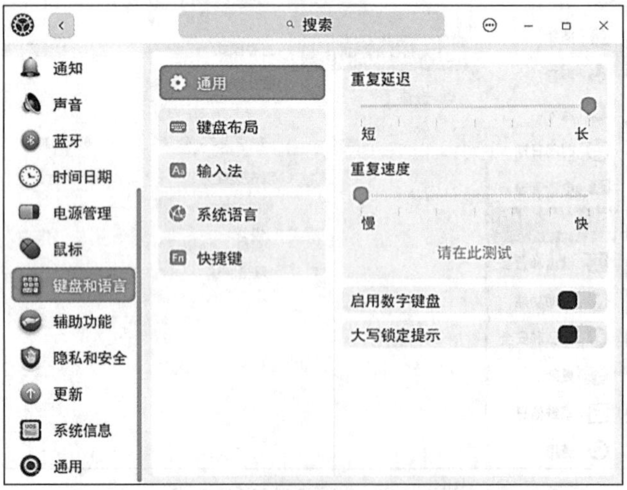

图 2-2-31　设置键盘和语言通用参数

（2）选择“输入法”选项，在打开的窗格中单击“搜索”按钮，在打开的列表中选中“键盘-简体中文-汉语拼音”单选按钮，单击“添加”按钮，如图 2-2-32 所示。

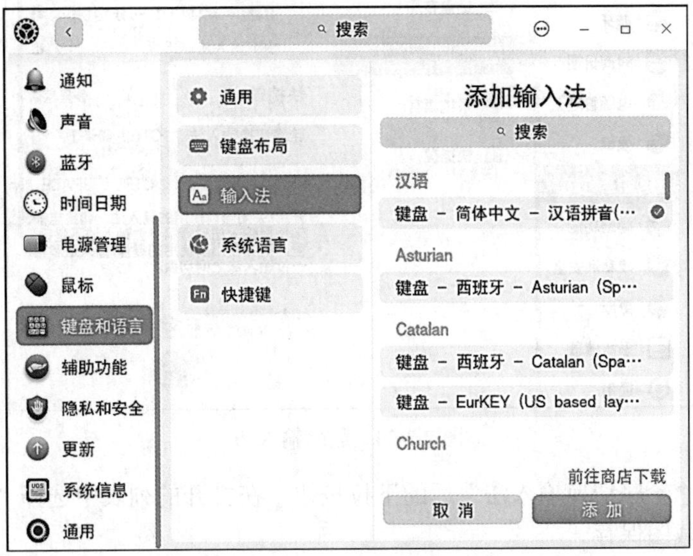

图 2-2-32　添加输入法

（3）单击输入法设置窗口右上角的“编辑”按钮，如图 2-2-33 所示，单击“键盘-简体中文”输入法后面的“删除”按钮，然后单击“完成”按钮，如图 2-2-34 所示。

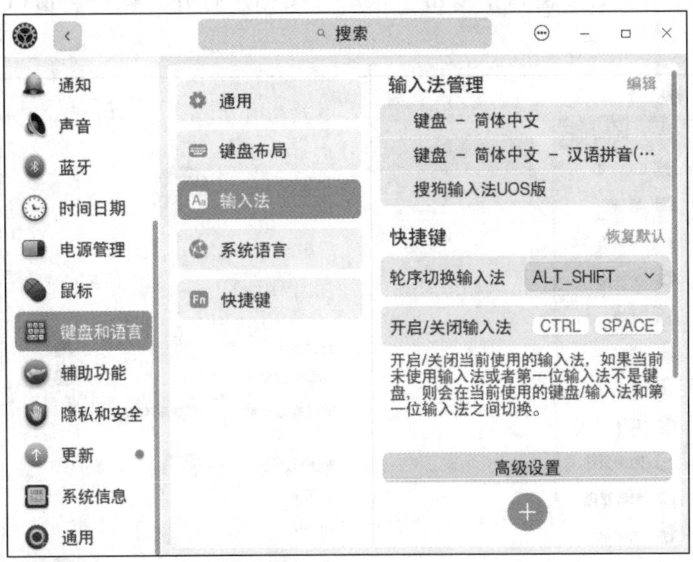

图 2-2-33　编辑输入法

（4）单击“搜狗输入法 UOS 版”→“向上移动” 搜狗输入法UOS版 ↓ ↑ 按钮，将此输入法移动到第一位。

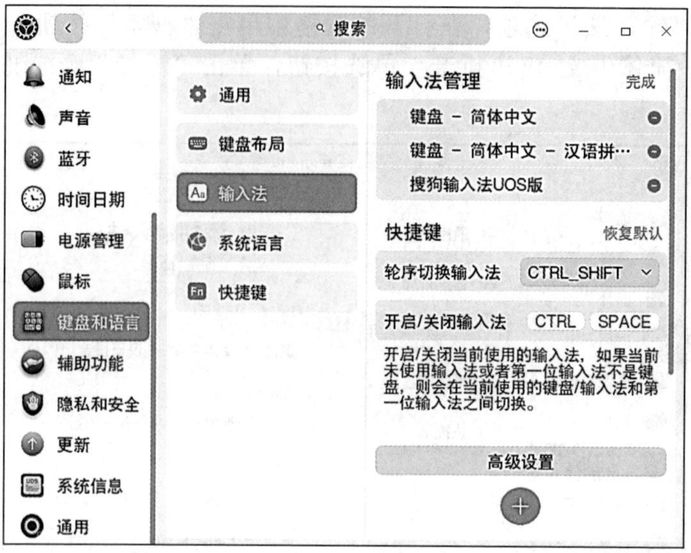

图 2-2-34 删除输入法

（5）单击“轮序切换输入法”后的下拉按钮，在打开的列表中选择“ALT_SHIFT”选项，将结果截图保存。

6. 新建帐户

在计算机中新建一个标准用户，将操作结果截图，并以“新建用户.jpg”为文件名保存到自己的文件夹中。具体操作步骤如下：

（1）在“控制中心”窗口中双击“帐户”图标，打开“帐户”窗口，如图 2-2-35 所示。

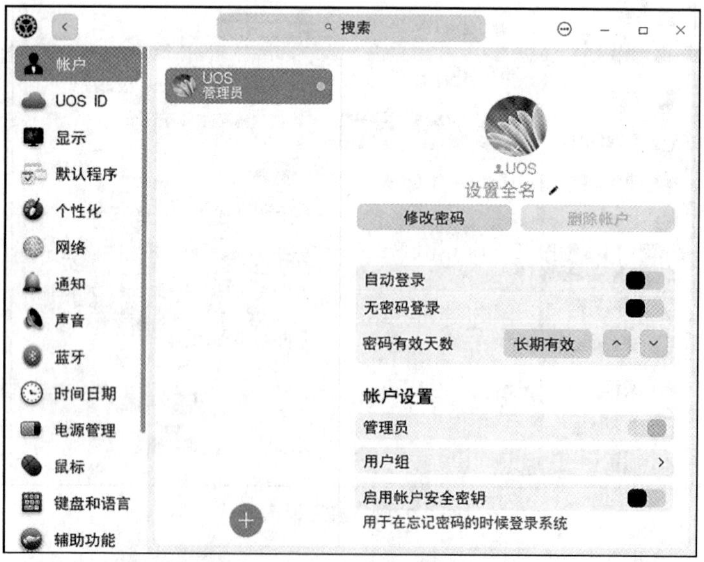

图 2-2-35 统信 UOS 的“帐户”窗口

（2）单击“创建帐户”⊕按钮，打开“新帐户”窗格，如图 2-2-36 所示。

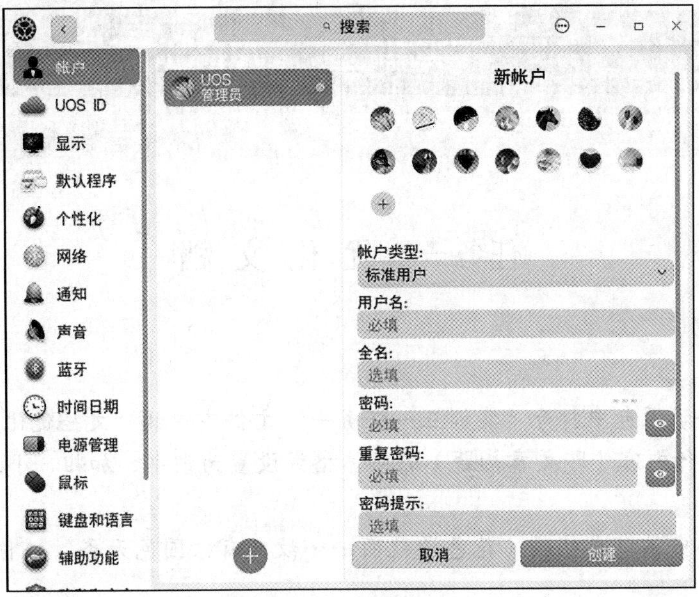

图 2-2-36　创建新帐户

（3）任意选择一个头像，“帐户类型”设置为“标准用户”，“用户名”为自己姓名拼音的首字母，“全名”为自己的姓名，密码设置为 123456，单击“创建”按钮，在打开的“修改用户数据需要认证”对话框中输入管理员用户密码即可，截图保存至自己的文件夹，如图 2-2-37 所示。

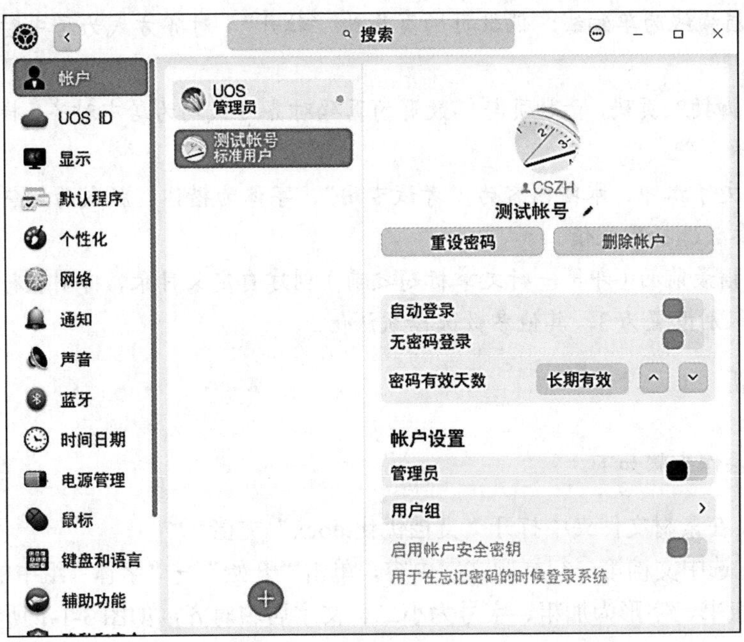

图 2-2-37　创建帐户

实训三　WPS 文字

任务一　优 化 文 档

任务要求

1. 在配套资源包中打开“实训三—任务一”文件夹中的“文档优化.docx”文档，将文档中第一行内容（即文章标题）的字体格式设置为隶书、加粗、小二号字，居中对齐。

2. 对文档中第二自然段（花色泽艳丽……故又有“国色天香”之称。）进行以下操作：

① 将字体设置为仿宋，字体颜色设置为标准色蓝色。

② 将内容分为栏宽相等的两栏，设置栏间距为 1.5 字符，加分隔线。

3. 为文档第 1 页中的红色文本，添加自定义项目符号（提示：特殊符号“🕮”包含在符号字体 Wingdings 中）。

4. 为文档设置页眉，具体要求如下：奇数页的页眉为“国色天香”，对齐方式为居中对齐，页眉横线为单细线；偶数页的页眉为“牡丹”，对齐方式为居中对齐，页眉横线为单细线。

5. 在页脚插入页码，奇数页与偶数页的页码对齐方式均为居中对齐，样式都设置为“第 1 页　共 × 页”。

6. 插入文字水印，水印内容为“考试专用”、字体为楷体、版式为倾斜、透明度为 60%，其余参数选择默认值。

7. 在文档最前面（即第一行文章标题之前）创建自定义目录，将制表符前导设置为虚线，显示级别设置为 3，其他参数选择默认值。

任务解析

任务 1 操作步骤如下。

步骤 1：在素材文件夹中打开“文档优化.docx”文档。

步骤 2：选中文档第一行标题文字内容，单击“开始”→“字体”组中的相应按钮，设置字体为隶书、字形为加粗、字号为小二、文字居中对齐，如图 3-1-1 所示。

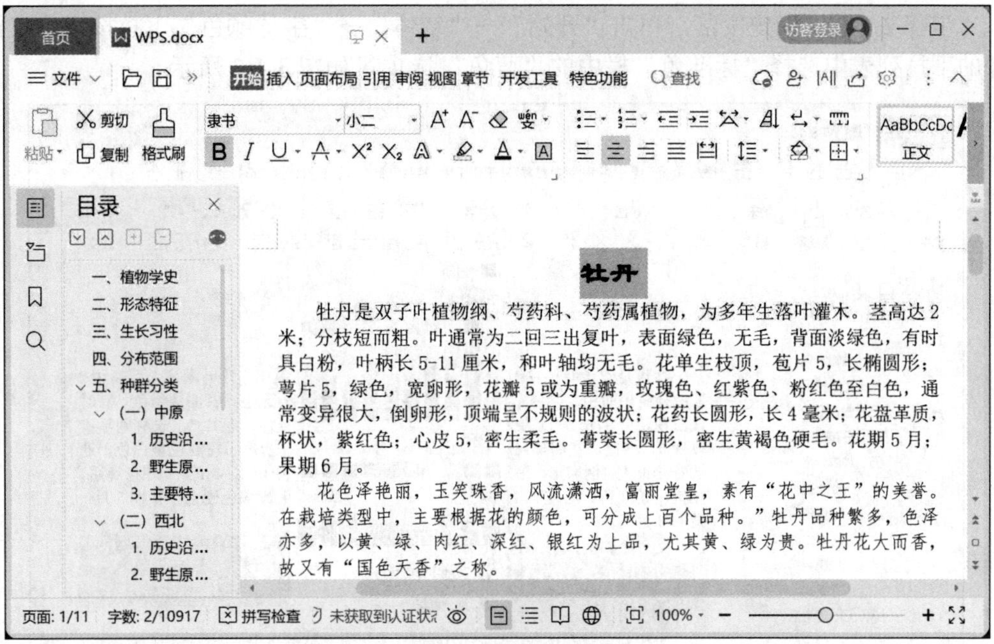

图 3-1-1 标题设置

任务 2 子任务①操作步骤如下。

步骤 1：选中指定段落，单击“开始”→“字体”→“字体”下拉按钮，在打开的下拉列表中选择 “仿宋”选项，如图 3-1-2 所示。

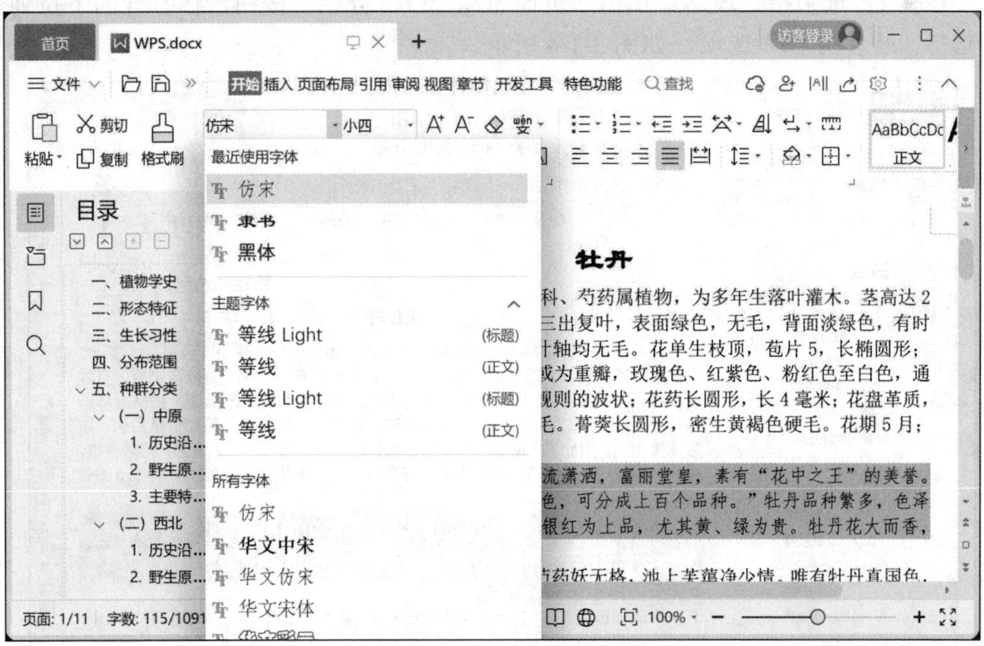

图 3-1-2 段落字体设置

步骤 2：选中指定段落，单击“开始”→“字体”→“字体颜色”下拉按钮，在打开的下拉列表中选择“标准色”栏中的“蓝色”选项，如图 3-1-3 所示。

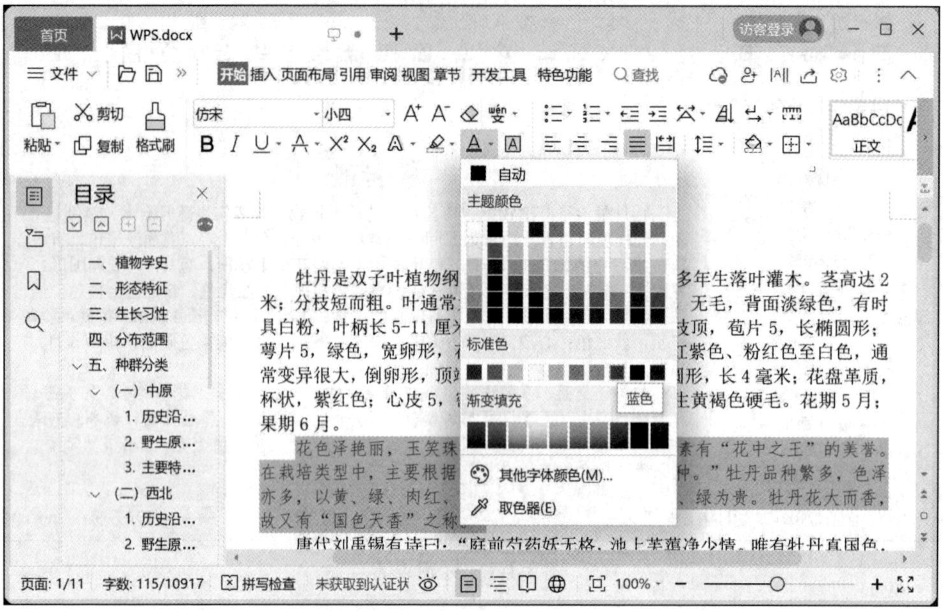

图 3-1-3 段落颜色设置

任务 2 子任务②操作步骤如下。

步骤 1：选中指定段落，单击“页面布局”→“分栏”按钮，在打开的下拉列表中选择“更多分栏”选项，如图 3-1-4 所示。

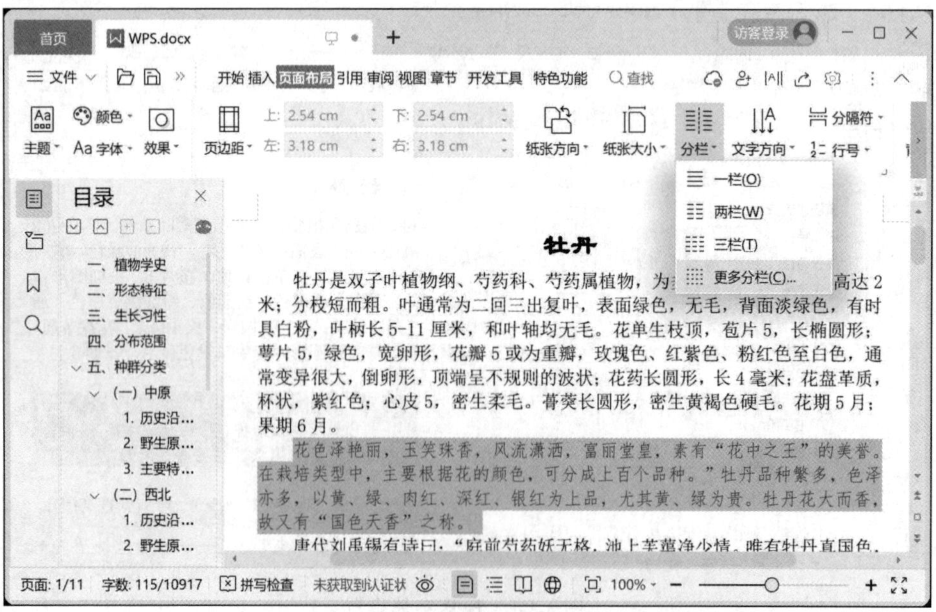

图 3-1-4 段落分栏

步骤 2：打开“分栏”对话框，在“预设”栏中选择“两栏”选项，设置字符间距为 1.5，选中“分隔线”复选框，如图 3-1-5 所示。

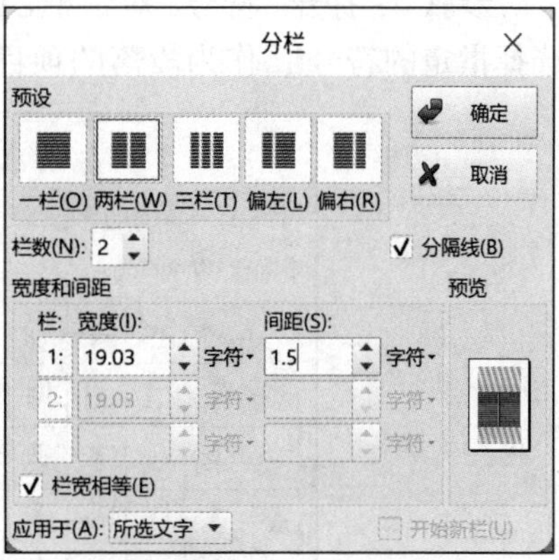

图 3-1-5 分栏设置

任务 3 操作步骤如下。

步骤 1：选择文档中的红色文本段落，单击“开始”→“段落”→“项目符号”下拉按钮，在打开的下拉列表中选择“自定义项目符号”选项，如图 3-1-6 所示。

步骤 2：打开“项目符号和编号”对话框，在“项目符号”选项卡下任选一种项目符号，单击“自定义”按钮，如图 3-1-7 所示。

步骤 3：打开“自定义项目符号列表”对话框，单击“字符”按钮，如图 3-1-8 所示。

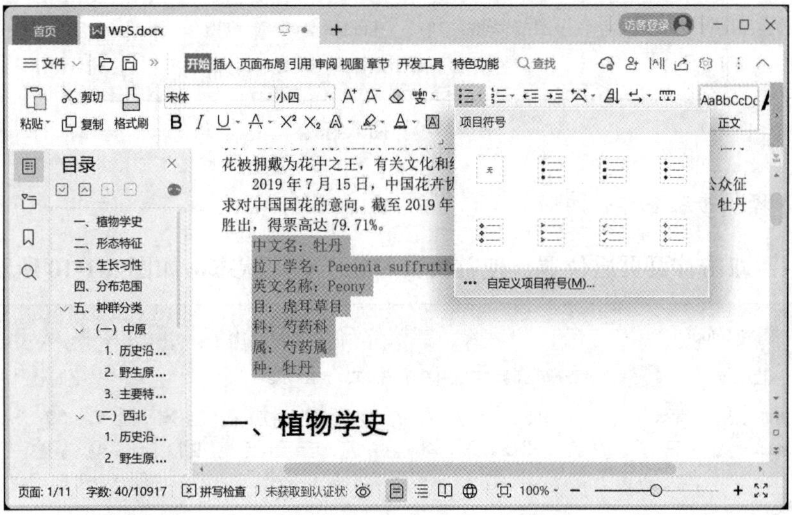

图 3-1-6 自定义项目符号设置选项

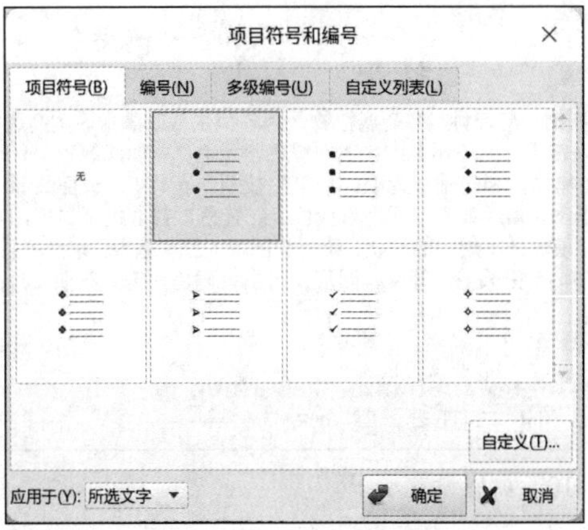

图 3-1-7 项目符号设置

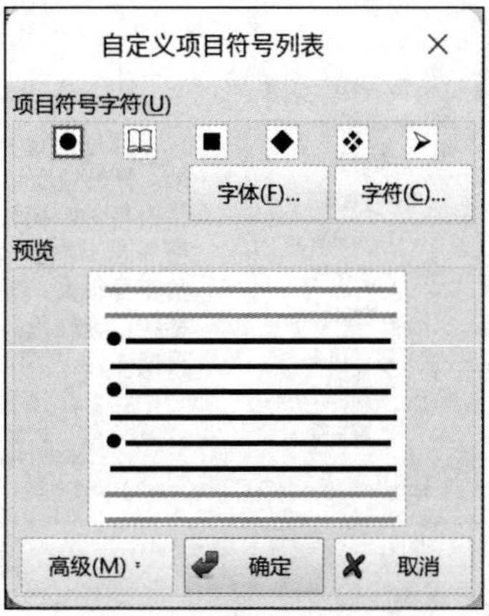

图 3-1-8 项目符号字符设置

步骤 4：打开“符号”对话框，在“符号”选项卡“字体”下拉列表中选择 Wingdings，选择指定的符号🕮作为段落的项目符号，单击“插入”按钮，如图 3-1-9 所示。

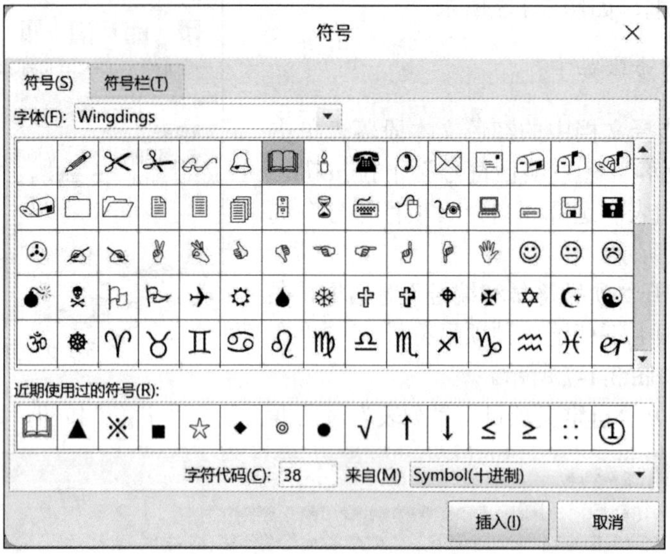

图 3-1-9 插入符号

任务 4 操作步骤如下。

步骤 1：双击首页页眉位置，使首页页眉处于编辑状态，如图 3-1-10 所示。

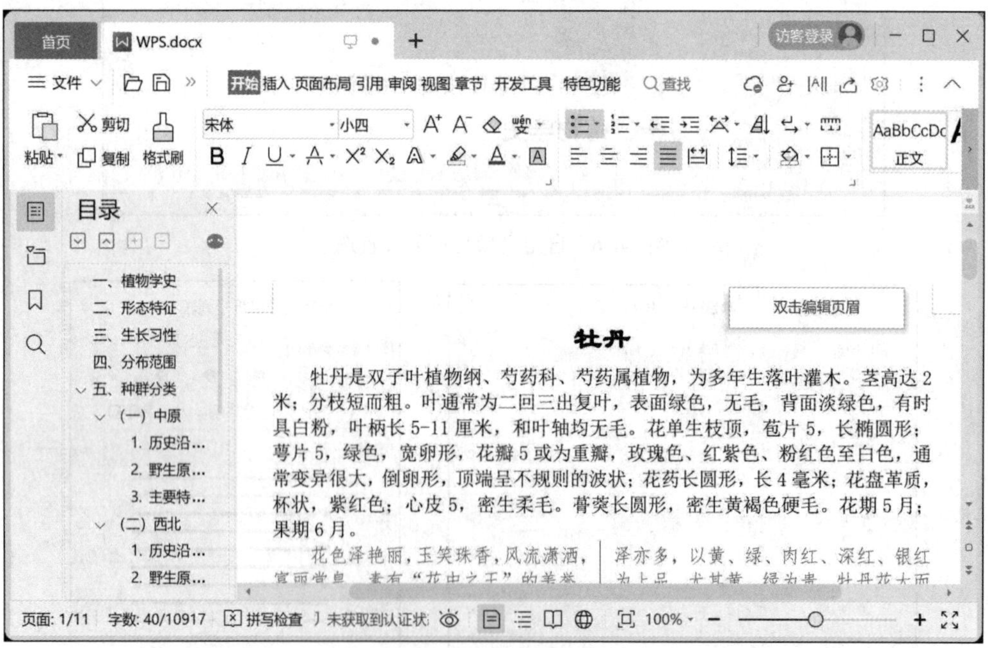

图 3-1-10 页眉设置

步骤 2：单击“页眉页脚”→“页眉页脚选项”按钮，如图 3-1-11 所示。

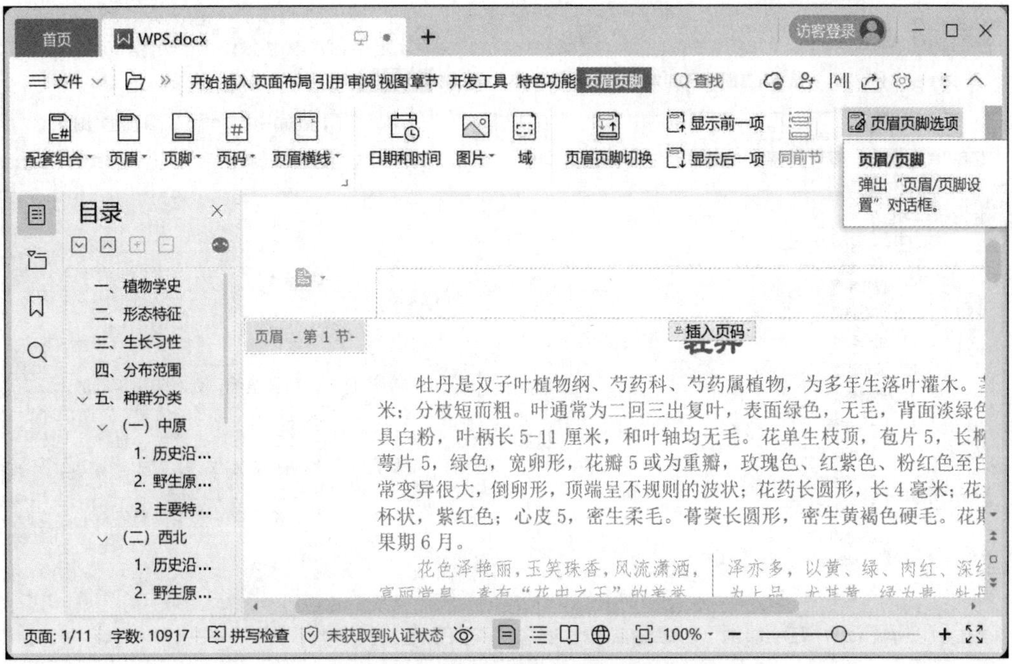

图 3-1-11　页眉页脚设置选项

步骤 3：打开“页眉/页脚设置”对话框，选中“奇偶页不同”“显示奇数页页眉横线”“显示偶数页页眉横线”三个复选框，单击“确定”按钮，如图 3-1-12 所示。

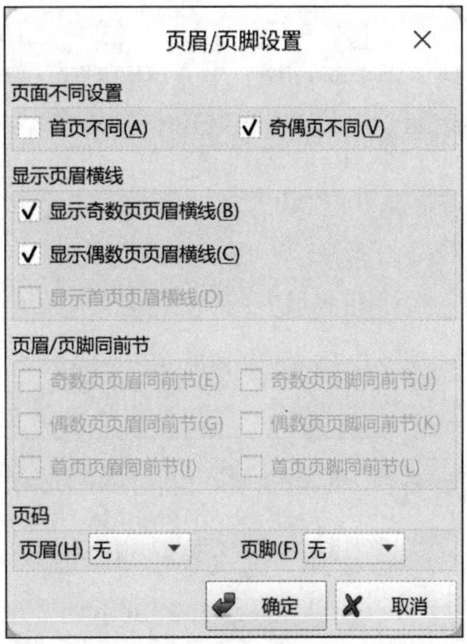

图 3-1-12　“页眉/页脚设置”对话框

步骤 4：在奇数页中输入页眉内容“国色天香”，如图 3-1-13 所示。

步骤 5：在偶数页中输入页眉内容“牡丹”，如图 3-1-14 所示。

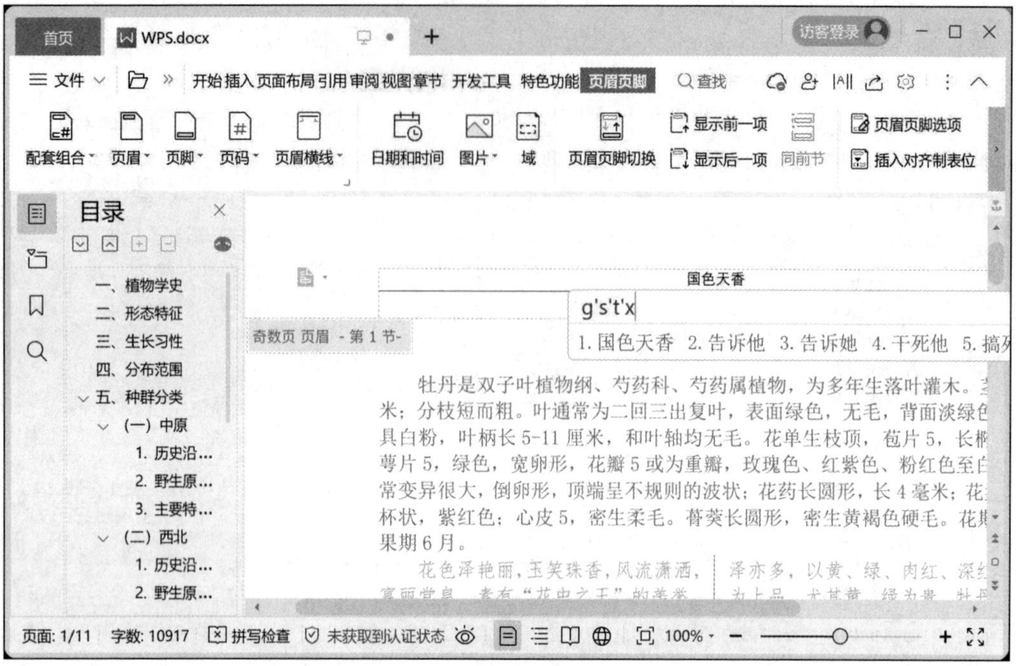

图 3-1-13 输入奇数页页眉内容

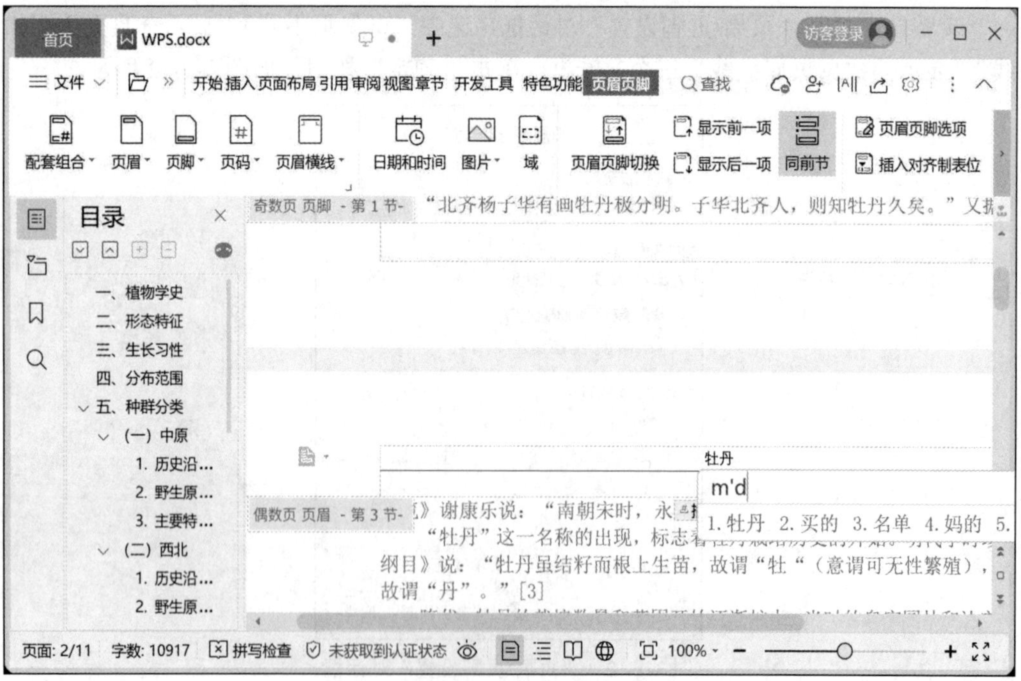

图 3-1-14 输入偶数页页眉内容

步骤 6：单击“关闭”按钮，关闭页眉页脚编辑状态，如图 3-1-15 所示。

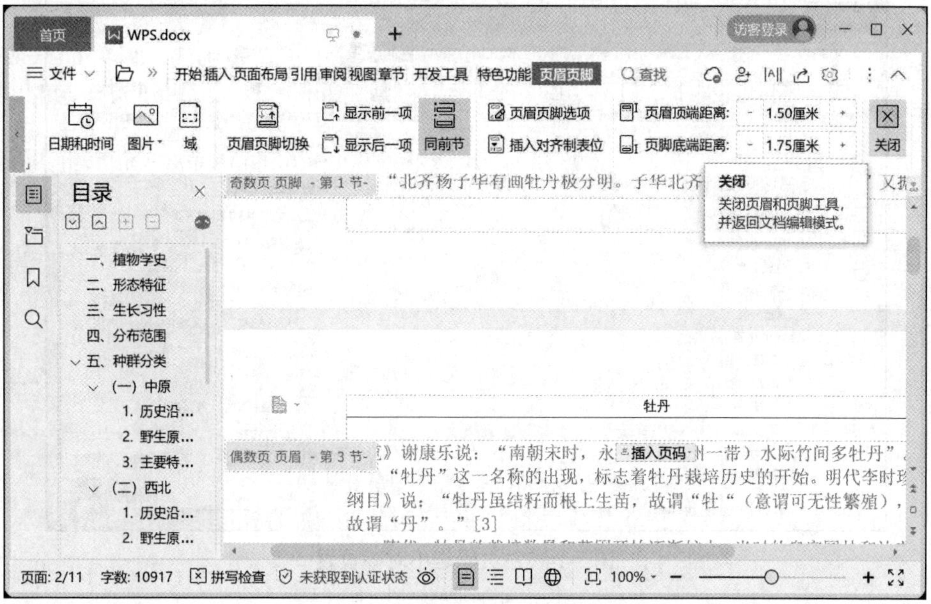

图 3-1-15 关闭页眉页脚编辑状态

任务 5 操作步骤如下。

步骤 1：双击首页页脚位置，使首页页脚处于编辑状态，如图 3-1-16 所示。

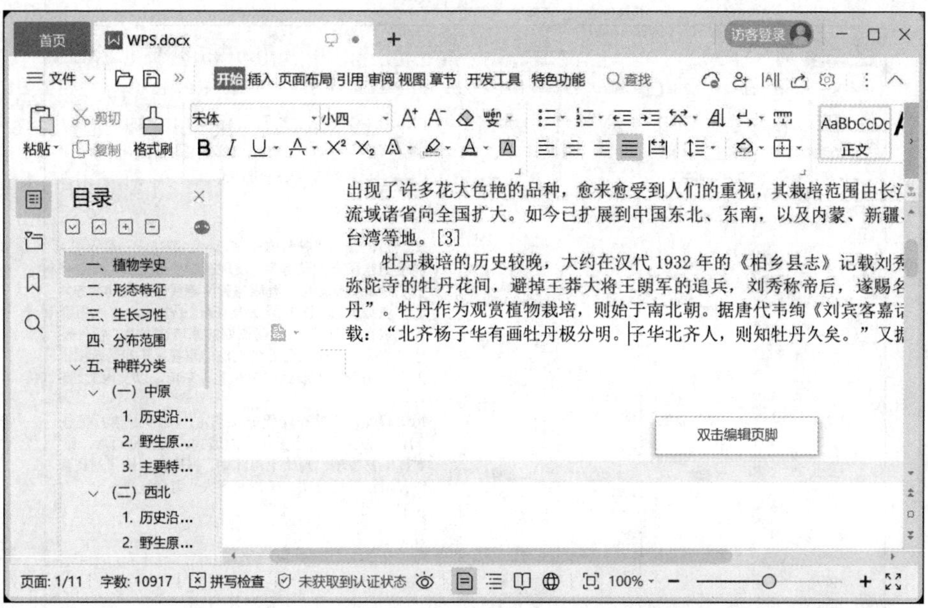

图 3-1-16 页脚设置

步骤 2：单击“页眉页脚”→“页码”→“插入页码”按钮，在打开的下拉列表中选择“样式”列表中的“第 1 页 共×页”选项、“位置”栏中的“居中”选项，如图 3-1-17 所示。

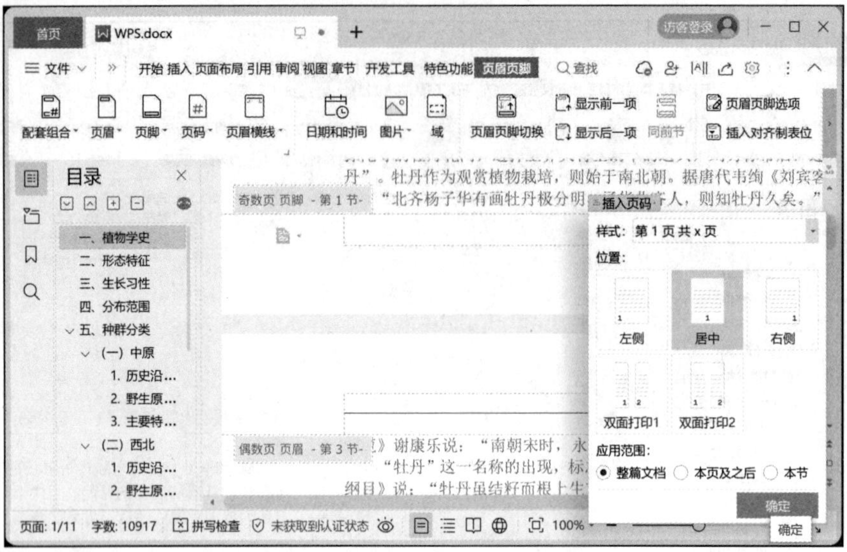

图 3-1-17 页码居中对齐设置

步骤 3：单击“关闭”按钮，关闭页眉页脚编辑状态。

任务 6 操作步骤如下。

步骤 1：单击“插入”→“水印”下拉按钮，在打开的下拉列表中选择“插入水印”选项，如图 3-1-18 所示。

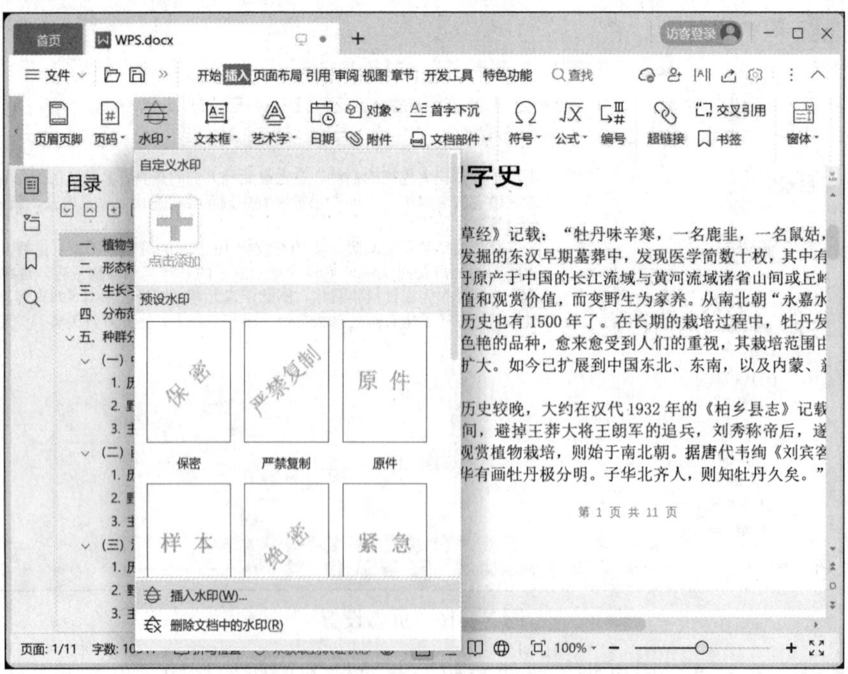

图 3-1-18 水印设置选项

步骤 2：打开“水印”对话框，选中“文字水印”复选框，设置水印内容、字体、版式、透明度等水印文本格式，如图 3-1-19 所示。

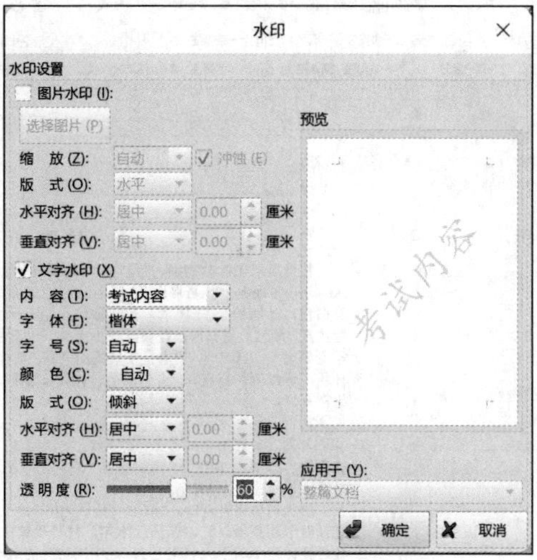

图 3-1-19　“水印”对话框

任务 7 操作步骤如下。

步骤 1：光标定位于首行文字之前，如图 3-1-20 所示。

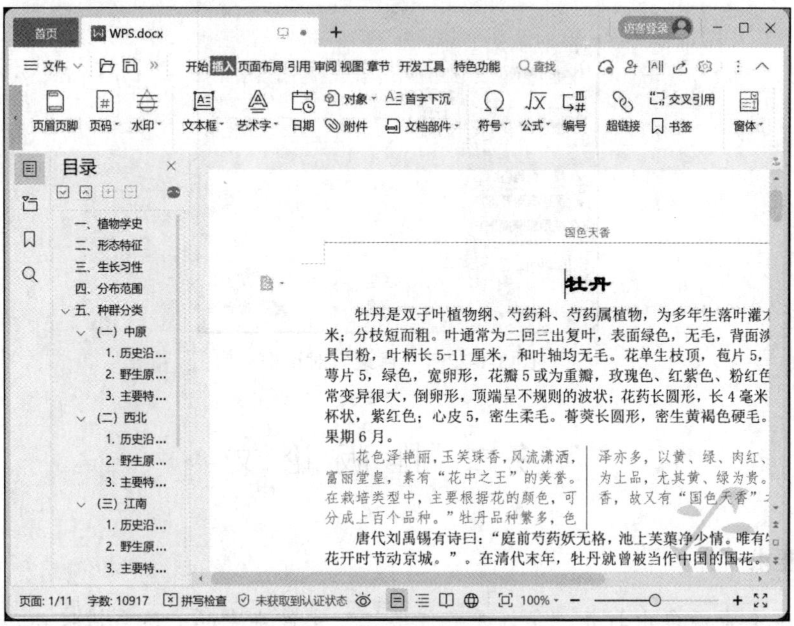

图 3-1-20　光标定位

步骤 2：单击“引用”→“目录”下拉按钮，在打开的下拉列表中选择“自定义目录”选项，如图 3-1-21 所示。

步骤 3：打开“目录”对话框，设置制表符前导符、显示级别，并选中相应复选框，如图 3-1-22 所示。

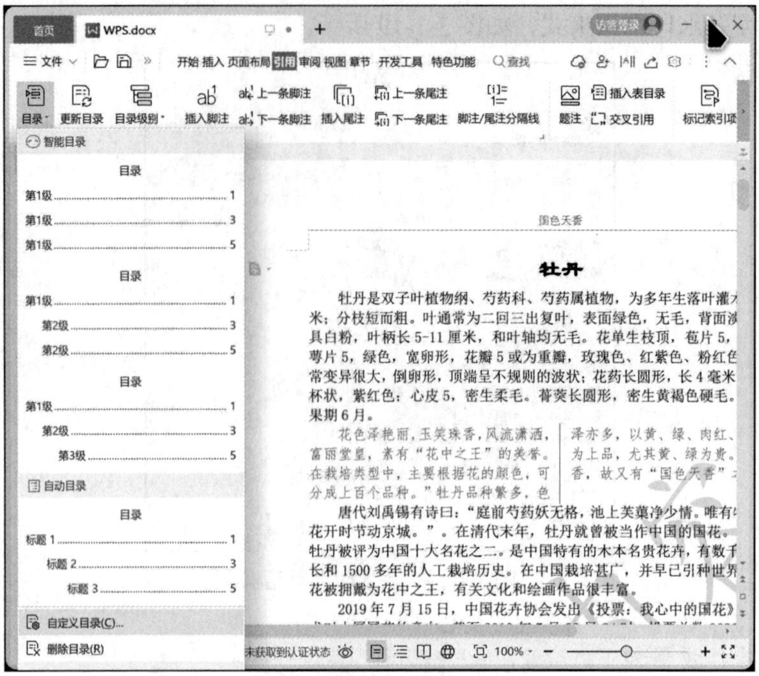

图 3-1-21　自定义目录设置选项

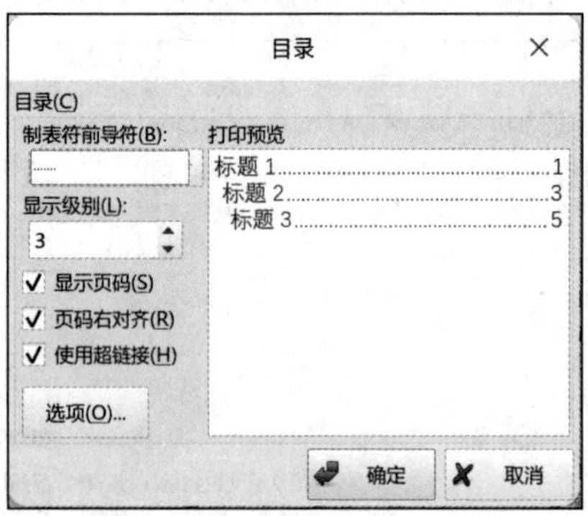

图 3-1-22　“目录”对话框

任务二　排 版 论 文

任务要求

1. 在配套资源包中打开“实训三—任务二”文件夹中的“论文排版.docx”文档，将文档页面设置为 A4 幅面，上、下、左、右边距分别为 3.5 厘米、2.5 厘米、2.8 厘米和 2.8 厘米，装订线位置在左侧 0.3 厘米，页脚距边界 1.5 厘米。

2. 为论文插入一个封面页，效果请参考该文件夹中的图片“封面样式参考”。

3. 为文档进行分节，封面、目录、摘要、结论、致谢、参考文献、附录 1 和四个正文章节，各部分的内容都位于独立的节中，且从新的一页开始。

4. 按照以下要求完成相应操作:

① 设置所有正文样式首行缩进 2 字符。

② 为文档中所有红色标记的标题（如“摘要”、“第一章 快餐的基本概况”等）设置“标题 1”样式，并修改“标题 1”样式的字体为微软雅黑（中文）、三号字、居中。

③ 为文档中所有蓝色标记的标题（如“1.1 快餐的概念”、“1.2 快餐的分类”等）设置“标题 2”样式。

④ 为文档中所有绿色标记的标题（如“1.2.1 传统快餐”、“1.2.2 过渡快餐”等）设置“标题 3”样式。

5. 按照以下要求设置页眉和页脚:

① 为论文设置页眉，封面不显示页眉，所有节的页眉显示当前所在章的名称。效果请参考该文件夹中的“页眉参考”文档。

② 为论文设置页码，要求封面不显示页码，在页脚居中位置插入页码，目录页和摘要页的页码编号格式为 Ⅰ、Ⅱ、Ⅲ......，正文其他部分的页码编号格式为“第 1 页”。

6. 在“目录”文字后插入目录，替换“请在此插入目录”的文字内容，目录显示级别为三级，不使用超链接。

7. 将文档输出为 PDF 格式文件，命名为“毕业论文.pdf”，存放在配套资源包中。

任务解析

任务 1 操作步骤如下。

步骤 1：在素材文件夹中打开“论文排版.docx”文档。

步骤 2：单击“页面布局”→“纸张大小”按钮，在打开的下拉列表中选择“A4”选项，如图 3-2-1 所示。

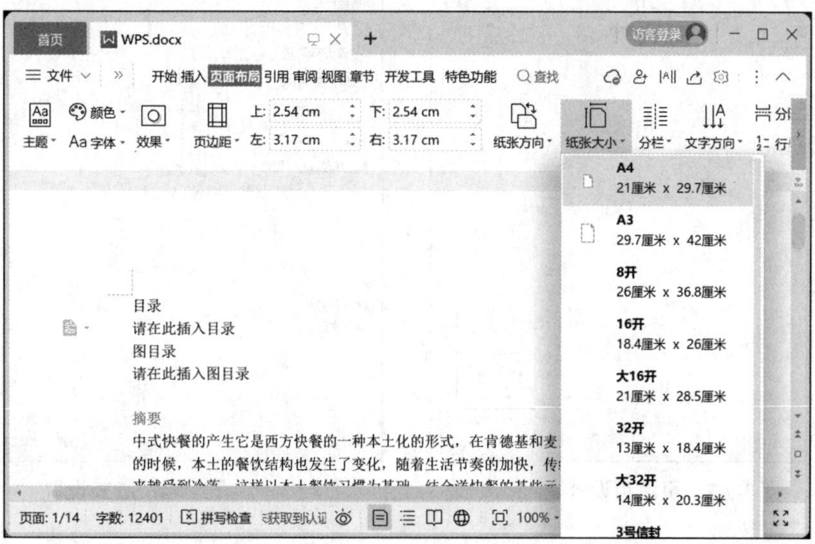

图 3-2-1 纸张大小设置

步骤 3：单击“页面布局”→“页边距”按钮，在打开的下拉列表中选择“自定义页边距”选项，如图 3-2-2 所示。

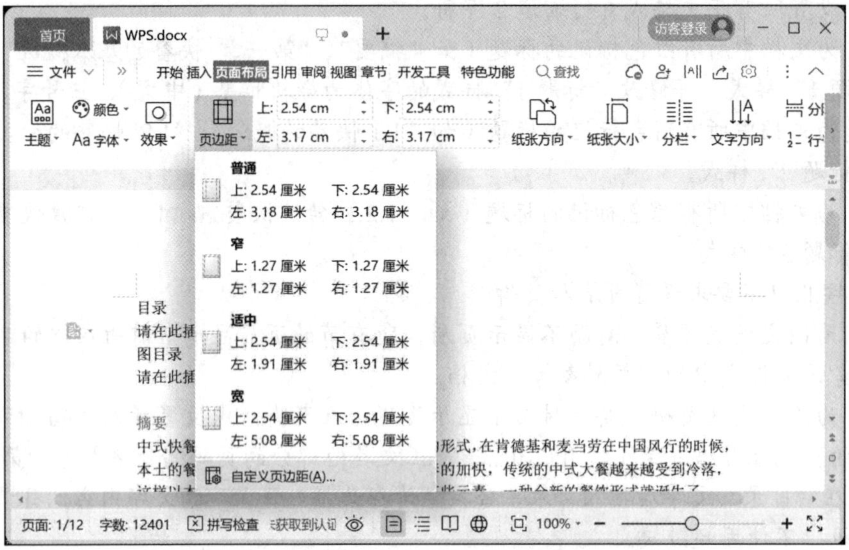

图 3-2-2　自定义页边距设置选项

步骤 4：打开“页面设置“对话框，在“页边距”选项卡“页边距”栏中，输入上、下、左、右、装订线宽的值，装订线位置选择在左侧，如图 3-2-3 所示。

步骤 5：在“版式”选项卡下，输入页脚距边界的值，如图 3-2-4 所示。

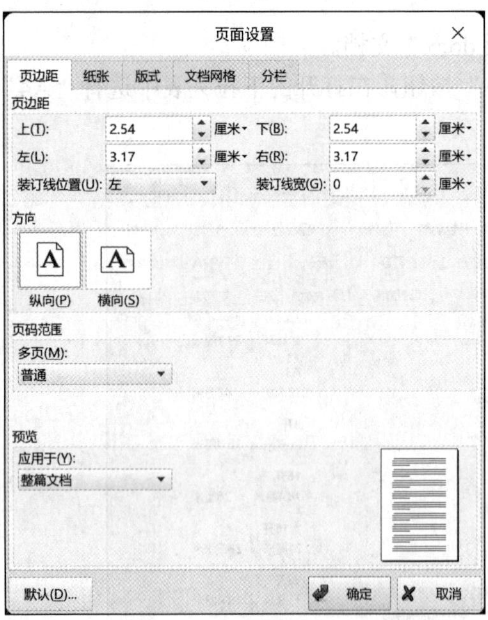

图 3-2-3　页边距设置

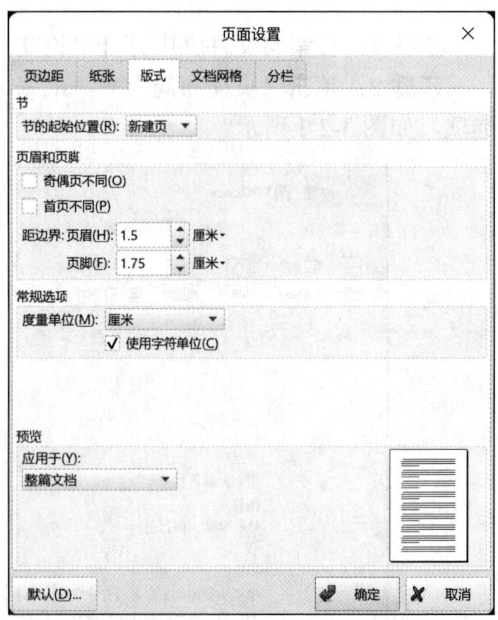

图 3-2-4　版式设置

任务 2 操作步骤如下。

步骤：单击“插入”→“封面页”按钮，在打开的列表中选择第 1 种封面样式。该封面可以参考配套资源包中本任务文件夹中的“封面样式参考”来修改文字内容，如图 3-2-5 所示。

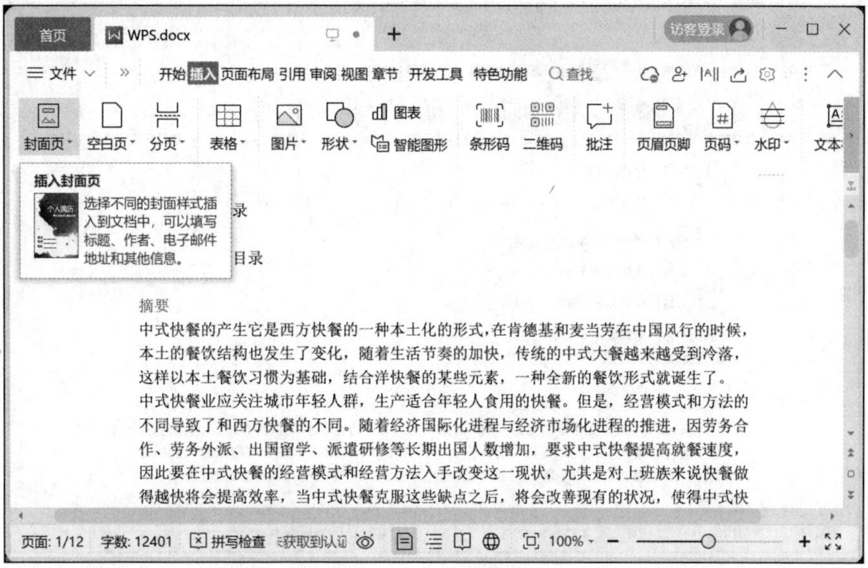

图 3-2-5 封面页设置

任务 3 操作步骤如下。

步骤 1：7 个标题、4 个正文章节，说明总共要分为 11 个节。

步骤 2：由于在任务 2 中插入封面页，封面页就自动成为第 1 节，封面页之后的“目录”自动成为第 2 节，因此“目录”的位置不再需要分节。双击“目录”的页眉就可以看到已经是第 2 节，如图 3-2-6 所示。

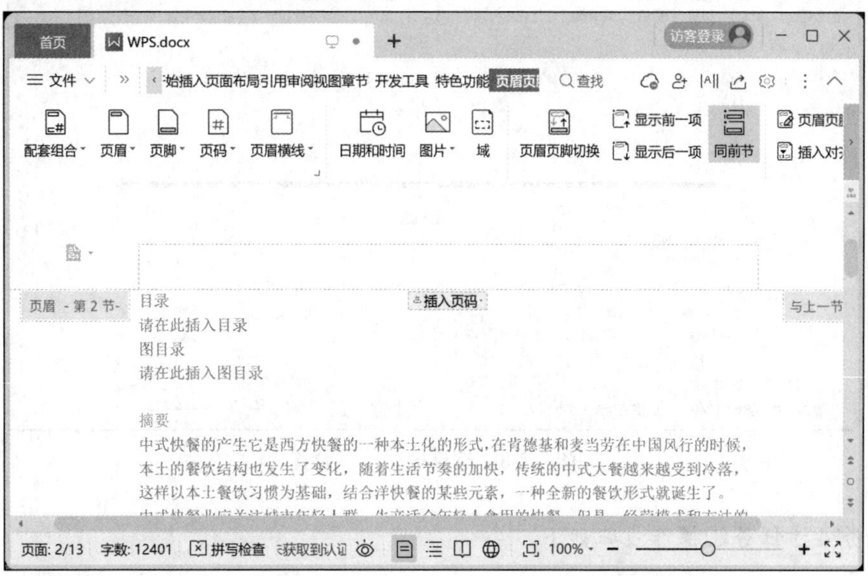

图 3-2-6 分节设置

步骤 3：将光标放在“摘要”文字之前，单击“页面布局”→“分隔符”下拉按钮，在打开的下拉列表中选择“下一页分节符”选项，如图 3-2-7 所示。

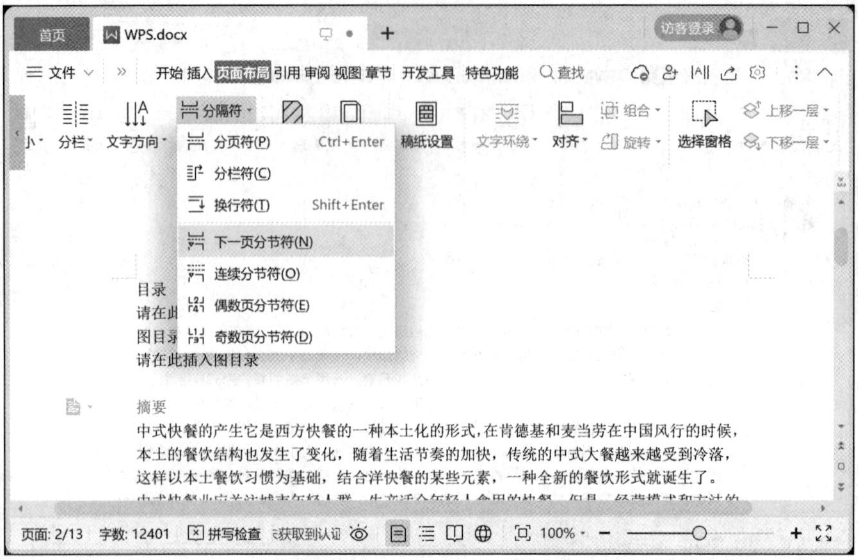

图 3-2-7　下一页分节符设置

步骤 4：将光标分别放在“结论”“致谢”“参考文献”“附录 1”，以及 4 个正文章节前（此处指的是光标分别放在文档的所有红色文本之前），重复步骤 3 的操作，进行分节设置。检查最后一节是否是第 11 节，如图 3-2-8 所示。

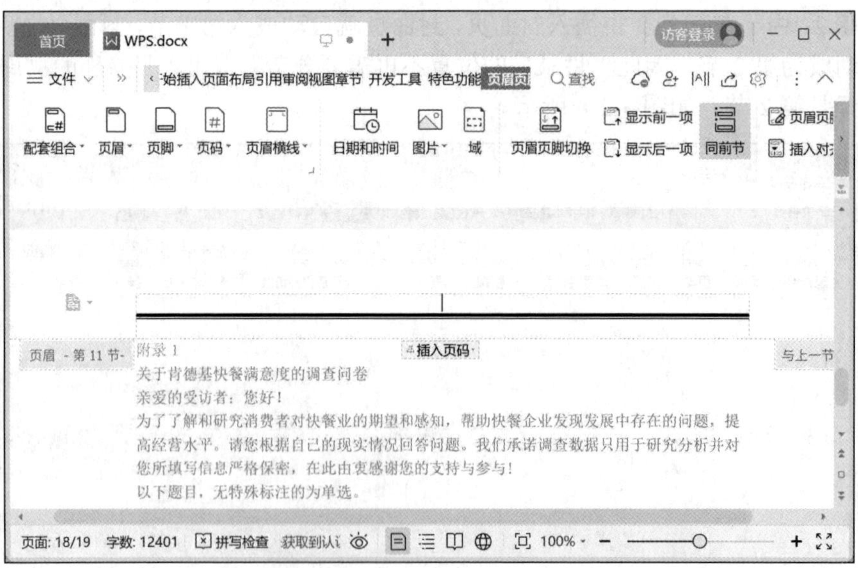

图 3-2-8　检查最后一节设置

任务 4 子任务①操作步骤如下。

步骤 1：右击“开始”→“正文”图标，在弹出的快捷菜单中选择“修改样式”命令，如图 3-2-9 所示。

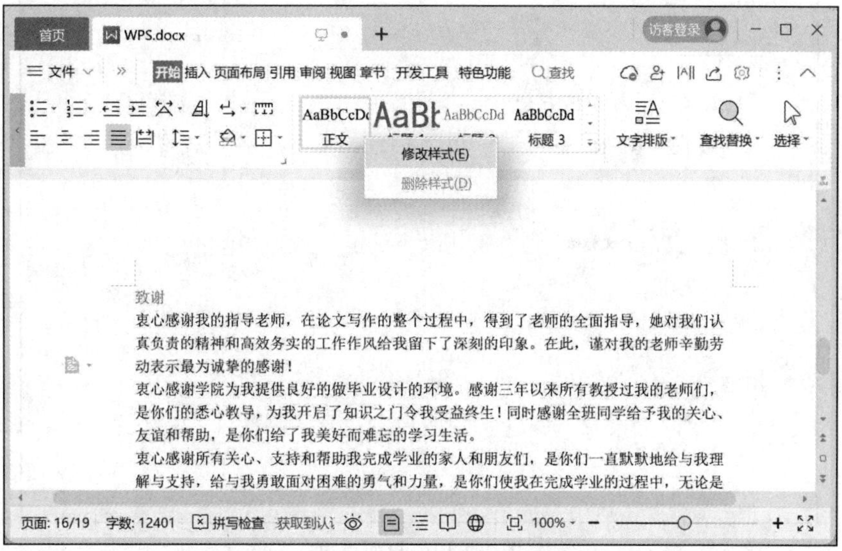

图 3-2-9　修改样式设置

步骤 2：打开“修改样式”对话框，单击“格式”按钮，在打开的列表中选择“段落”选项，如图 3-2-10 所示。

步骤 3：打开“段落”对话框，在“缩进和间距”选项卡“缩进”栏中设置特殊格式为首行缩进 2 字符，如图 3-2-11 所示。

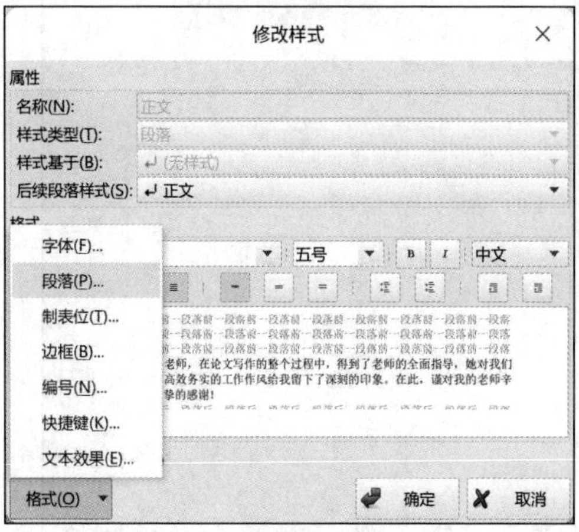

图 3-2-10　段落设置

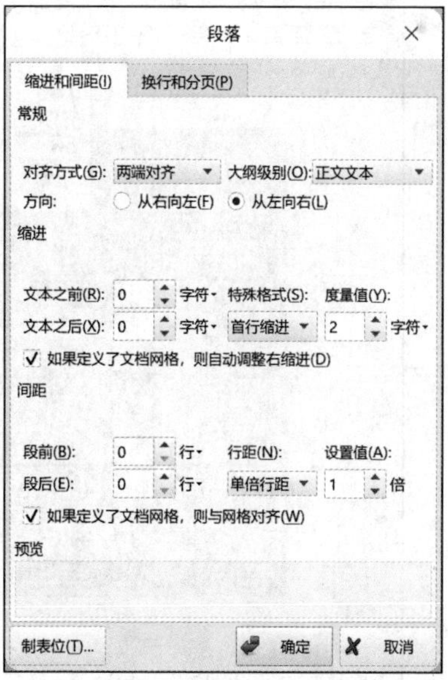

图 3-2-11　首行缩进设置

步骤 4：单击“确定”按钮，返回“修改样式”对话框。

步骤 5：设置完正文样式后，可以看见封面占用了 2 页纸张，文档不美观，如图 3-2-12 所示。

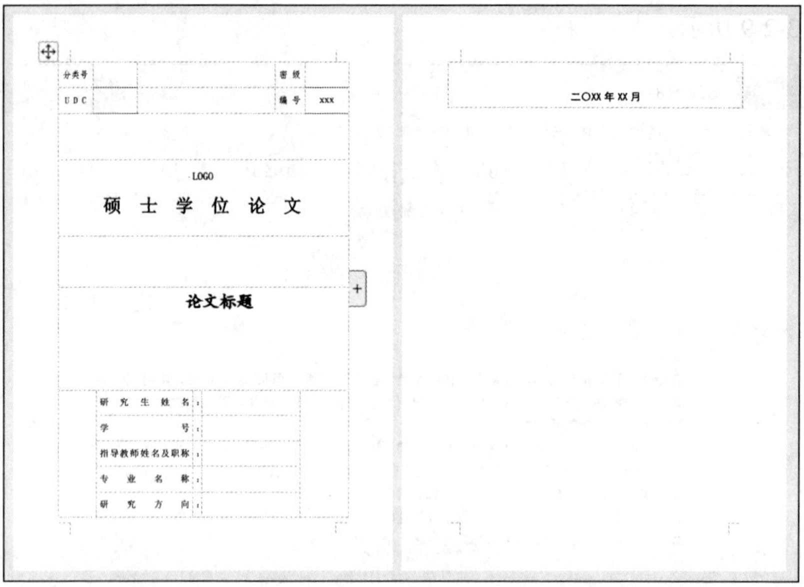

图 3-2-12　封面跳页

步骤 6：先选中整个封面，单击“开始”→“段落”对话框启动器按钮，如图 3-2-13 所示。

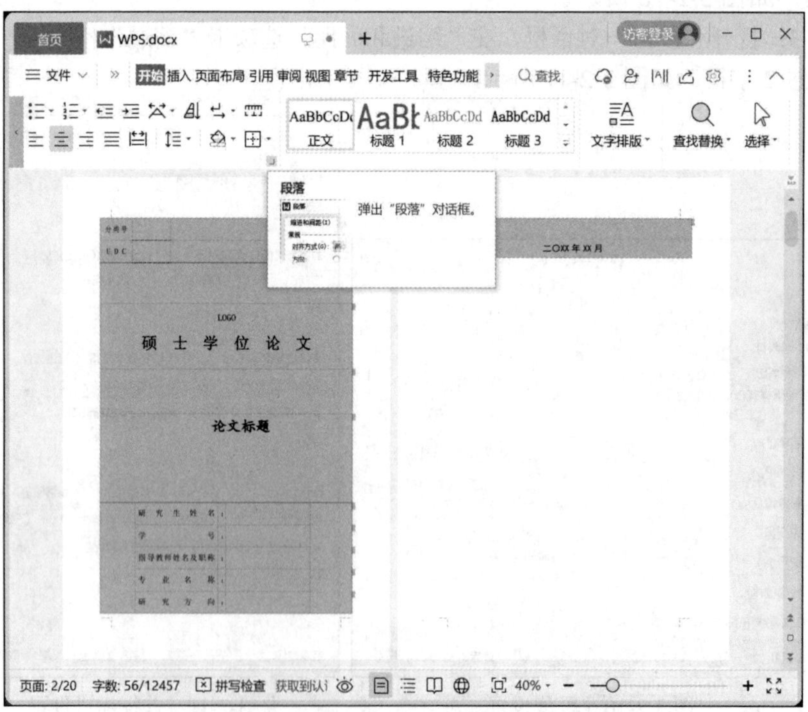

图 3-2-13　段落启动器按钮

步骤 7：打开“段落”对话框，在“缩进和间距”选项卡“缩进”栏中设置特殊格式为无。

步骤8：预览，封面占用一页（第1节），目录从第二页（第2节）开始，如图3-2-14所示。

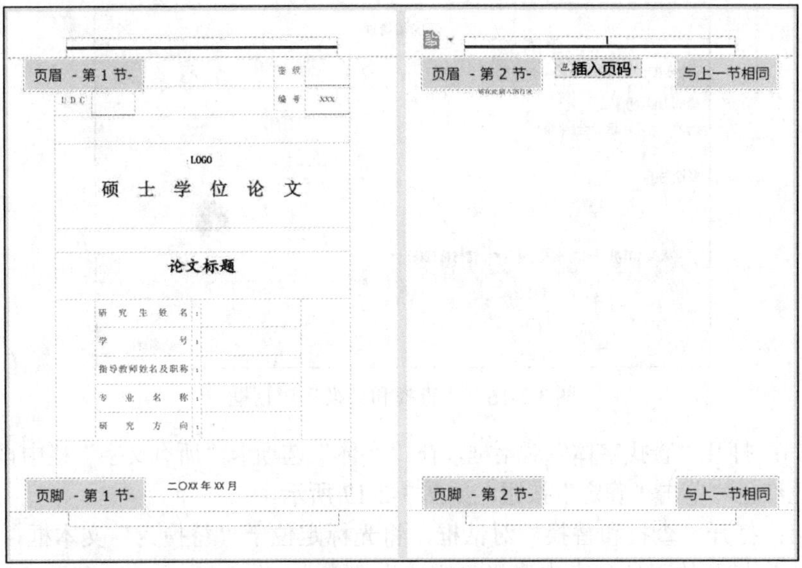

图3-2-14　封面效果

任务4子任务②操作步骤如下。

步骤1：单击“开始”→“查找替换”按钮，在打开的下拉列表中选择“替换”选项，如图3-2-15所示。

图3-2-15　查找替换设置选项

步骤 2：打开“查找和替换”对话框，在“替换”选项卡下将光标定位于“查找内容”文本框中，单击“格式”按钮，在打开的下拉列表中选择“字体”选项，如图 3-2-16 所示。

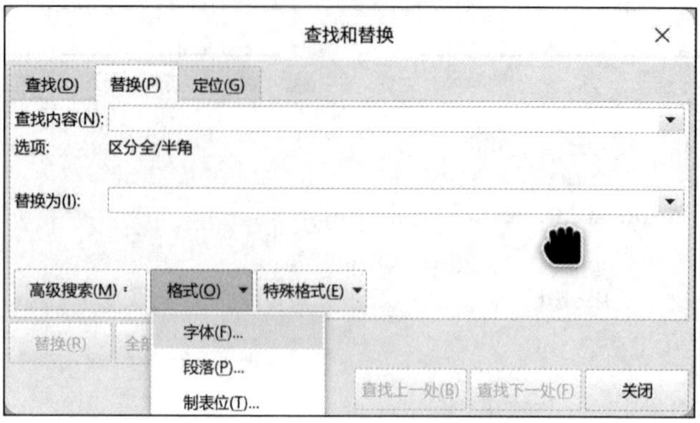

图 3-2-16 “查找和替换”对话框

步骤 3：打开“查找字体”对话框，在“字体”选项卡“所有文字”栏中设置字体颜色为标准色红色，单击“确定”按钮，如图 3-2-17 所示。

步骤 4：打开“查找和替换”对话框，将光标定位于“替换为”文本框，单击“格式”按钮，在打开的下拉列表中选择“样式”选项。

步骤 5：打开“替换样式”对话框，在“查找样式”列表框中选中“标题 1”选项，单击”确定”按钮，如图 3-2-18 所示。

图 3-2-17 “查找字体”对话框

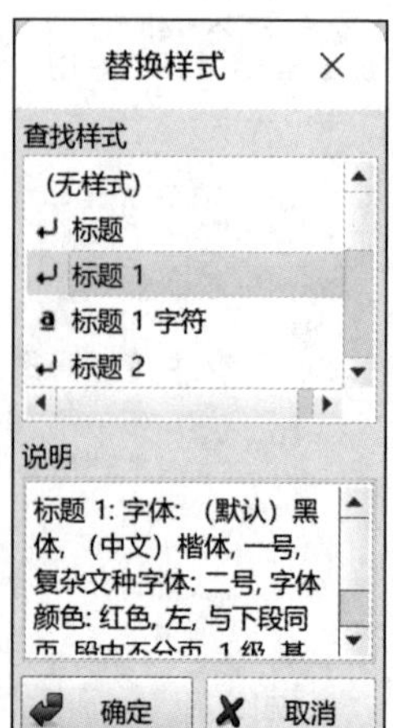

图 3-2-18 “替换样式”对话框

步骤 6：返回“查找和替换”对话框，检查“查找内容”和“替换为”格式设置，单击“全部替换”按钮。

步骤 7：弹出“WPS 文字”信息提示框，单击“确定”按钮，如图 3-2-19 所示。

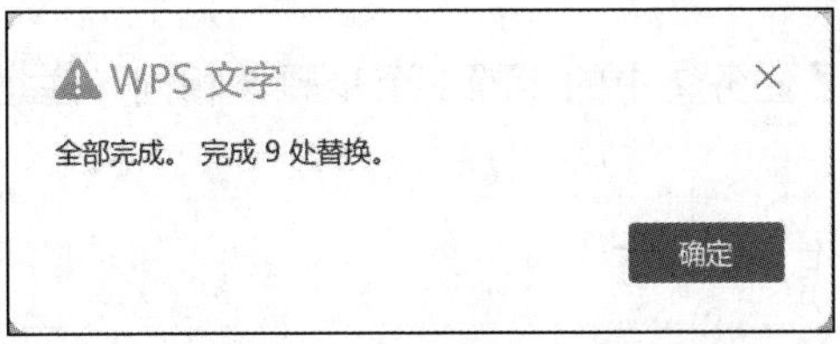

图 3-2-19　查看替换条目

步骤 8：所有红色标记标题已经应用“标题 1”样式，如图 3-2-20 所示。

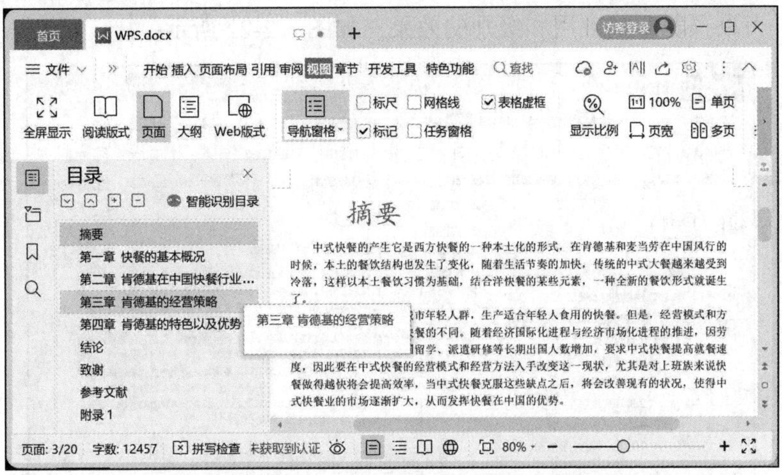

图 3-2-20　应用“标题 1”样式效果图

步骤 9：在导航窗格中单击“摘要”段落，单击“开始”→“标题 1”样式，在打开的列表中选择“修改样式”命令。

步骤 10：打开“修改样式”对话框，在“格式”栏中设置微软雅黑字体，三号字号，居中对齐，如图 3-2-21 所示。

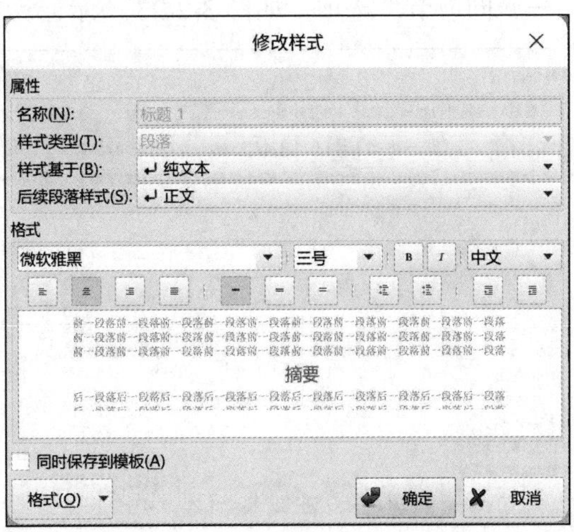

图 3-2-21　“修改样式”对话框

任务 4 子任务③操作步骤如下。

步骤：操作步骤与子任务②中的步骤 1 至步骤 8 相同（注意，字体颜色为“蓝色”，样式为“标题 2”）。

任务 4 子任务④操作步骤如下。

步骤：操作步骤与子任务②中的步骤 1 至步骤 8 相同（注意，字体颜色为“绿色”，样式为“标题 3”）。

样式应用完成后，单击“视图”→“导航窗格”按钮，在打开的下拉列表中选择“靠左”选项，可以预览样式应用和级别的效果，如图 3-2-22 所示。

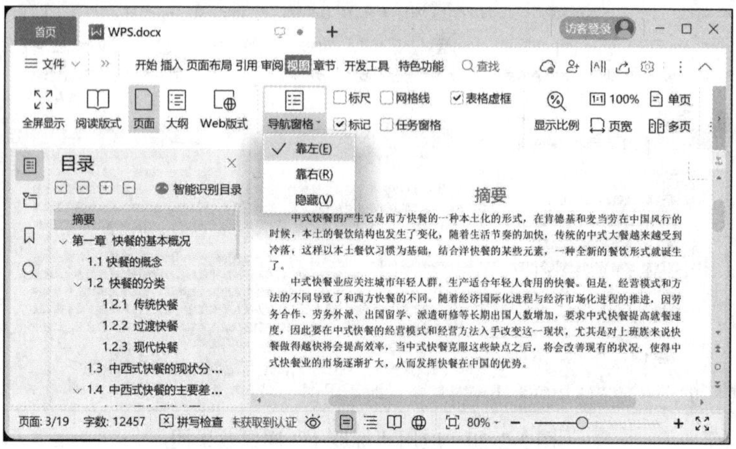

图 3-2-22　预览样式应用和级别的效果图

任务 5 子任务①操作步骤如下。

步骤 1：由于第 1 节“封面”不显示页码，因此双击第 2 页（第 2 节）的页眉位置，取消选择“页眉页脚”→“同前节”选项，如图 3-2-23 所示。

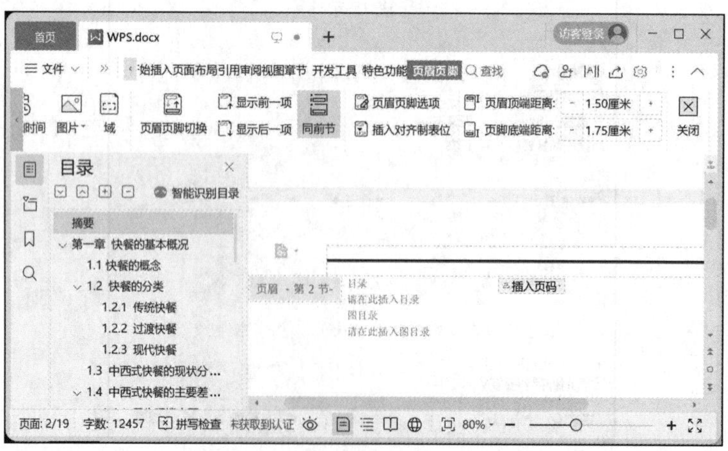

图 3-2-23　页眉取消选择同前节设置

步骤 2：光标依然定位于第 2 页（第 2 节）页眉位置，单击“页眉页脚”→“域”按钮，在打开的列表中选择“插入域”选项，如图 3-2-24 所示。

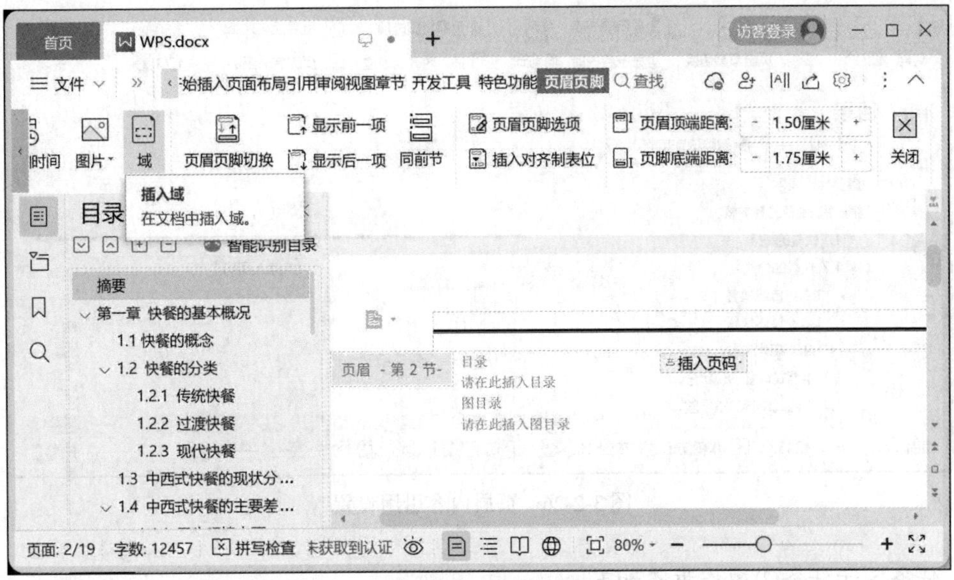

图 3-2-24 域引用设置

步骤 3：打开“域”对话框，在“域名”列表框中选择“样式引用”选项，在打开的“高级域属性”窗格中设置“样式名”为“标题 1”，单击“确定”按钮，如图 3-2-25 所示。

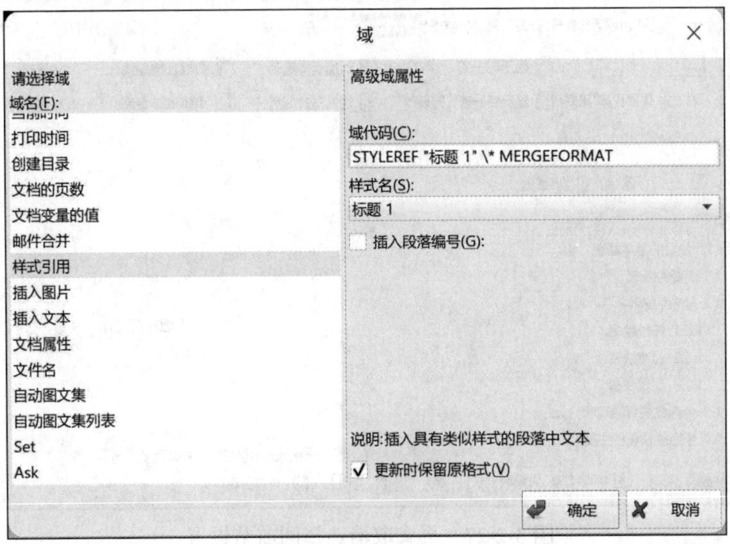

图 3-2-25 “域”对话框

步骤 4：通过域引用的标题 1 作为每一节的页眉内容，效果如图 3-2-26 所示。

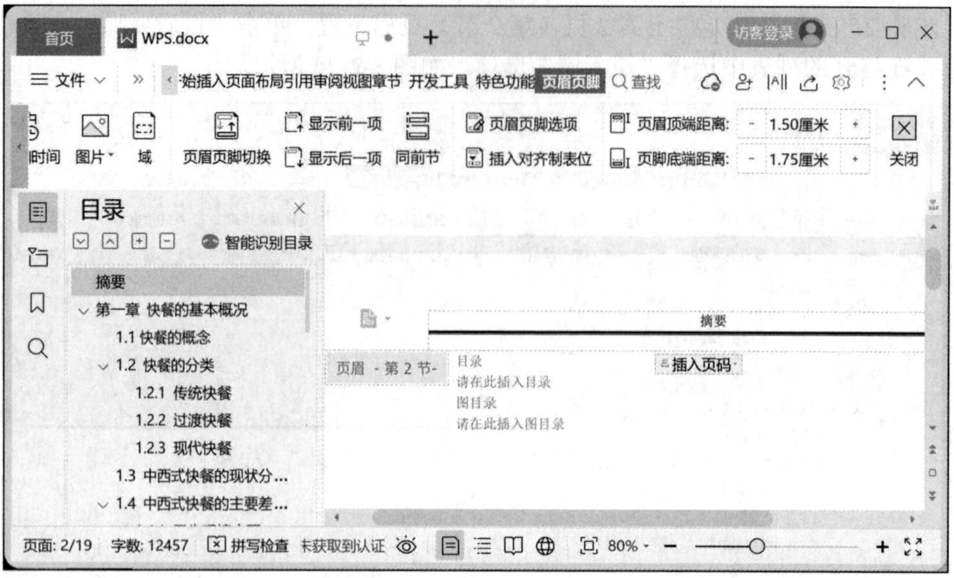

图 3-2-26　页眉内容引用设置

任务 5 子任务②操作步骤如下。

步骤 1：由于第 1 节“封面”不显示页码，因此先双击目录页的页脚位置，取消选择“页眉页脚”→“同前节”选项，如图 3-2-27 所示。

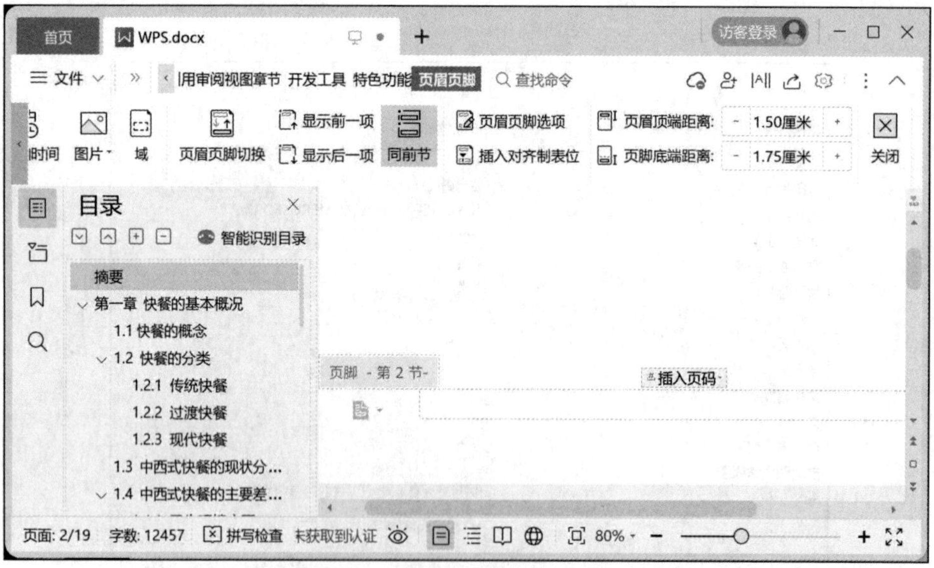

图 3-2-27　页脚取消选择同前节设置

步骤 2：在目录页的页脚位置，单击“页眉页脚”→“页码”→“插入页码”按钮，在打开的窗格中设置页码样式、位置和应用范围，单击“确定”按钮，如图 3-2-28 所示。

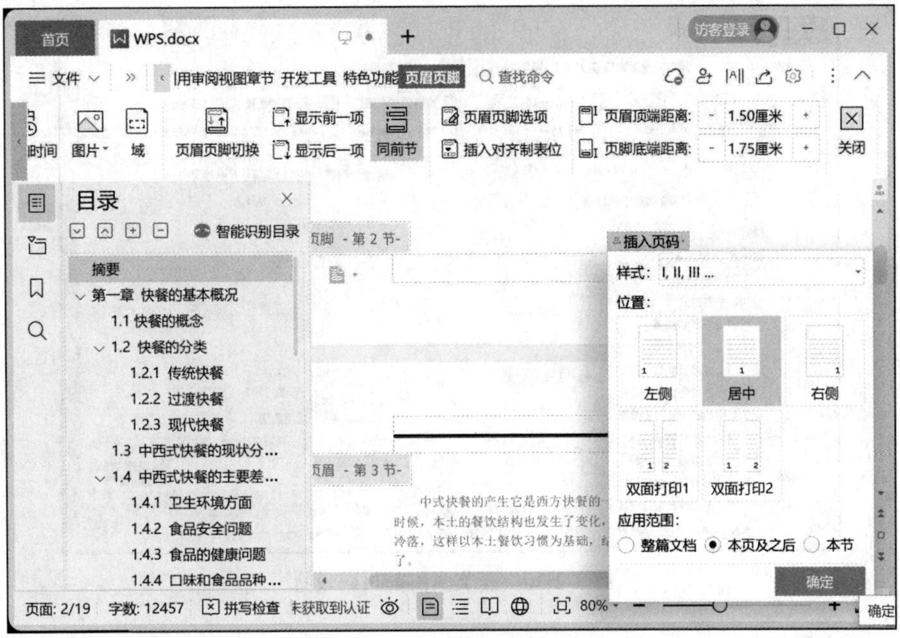

图 3-2-28　页脚的页码设置

步骤 3：由于第 4 节“正文”和第 2 节“目录”及第 3 节“摘要”的页码要求不一致，因此先双击“正文”第 4 节页脚位置，取消选择“页眉页脚”→“同前节”选项，如图 3-2-29 所示。

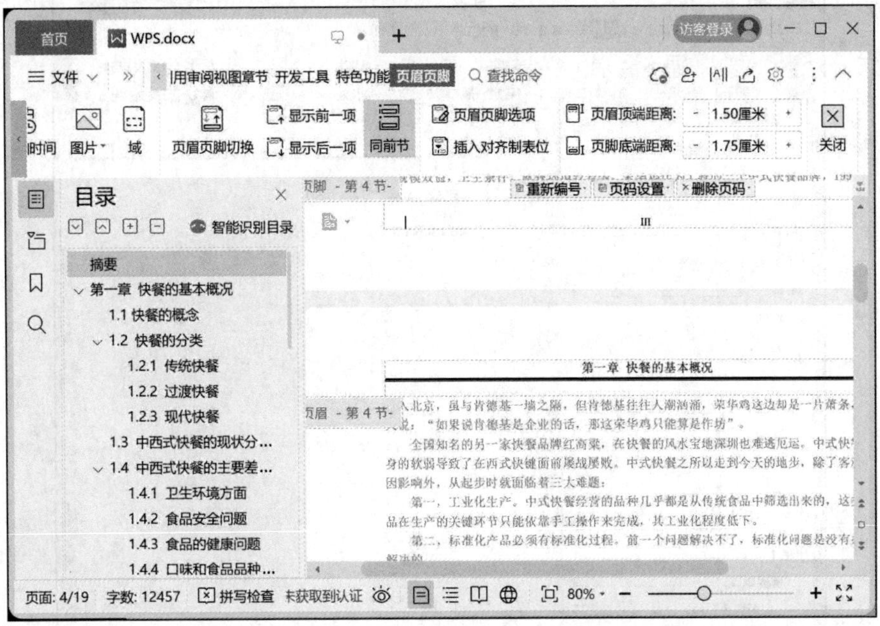

图 3-2-29　正文页脚取消同前节设置

步骤 4：在“正文”第 4 节页脚位置单击“页码设置”按钮，在打开的下拉列表中设置页码样式、位置和应用范围，单击“确定”按钮，如图 3-2-30 所示。

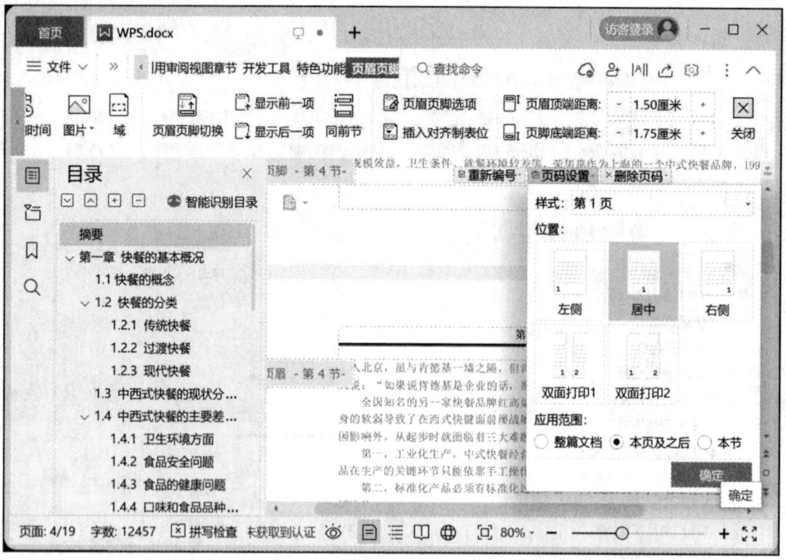

图 3-2-30 正文页脚的页码设置

任务 6 操作步骤如下。

步骤 1：将光标置于“目录”页的“请在此插入目录”处，单击“引用”→“目录”按钮，在打开的下拉列表中选择“自定义目录”命令，如图 3-2-31 所示。

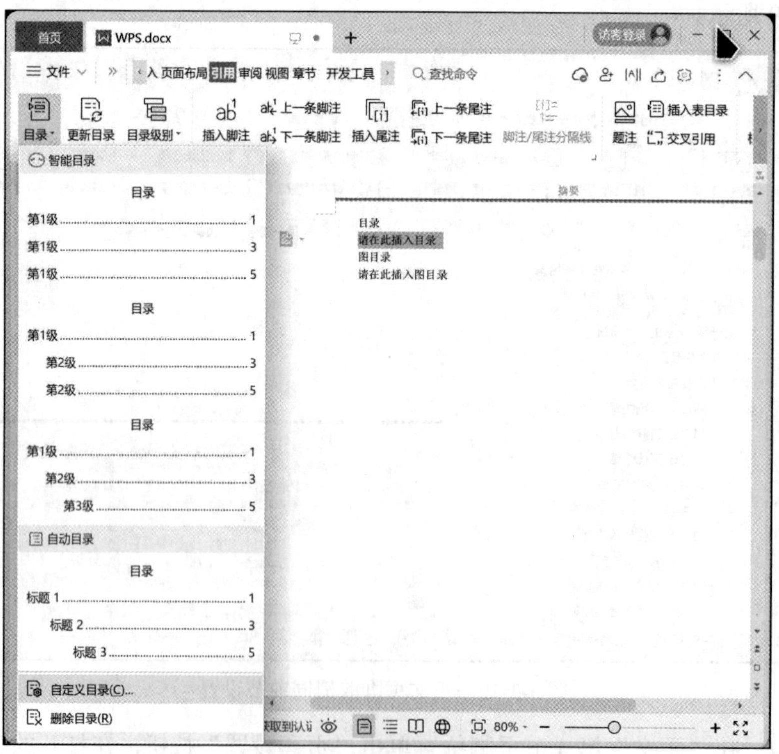

图 3-2-31 自定义目录设置

步骤 2：打开“目录”对话框，设置显示级别为 3；取消选中“使用超链接”复选框，单击“确定”按钮，如图 3-2-32 所示。

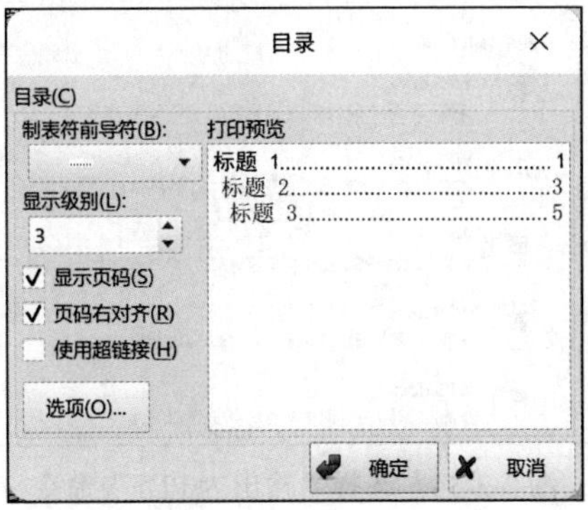

图 3-2-32　“目录”对话框

步骤 3：插入目录后，效果如图 3-2-33 所示。

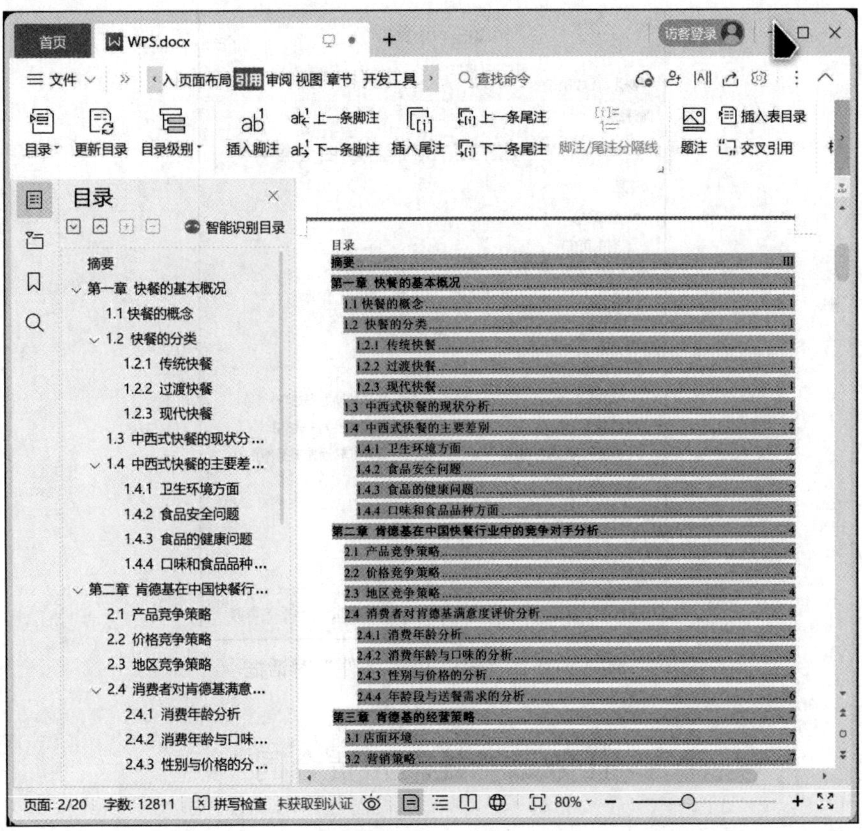

图 3-2-33　目录效果

任务 7 操作步骤如下。

步骤 1：选择“文件”→“输出为 PDF”命令，如图 3-2-34 所示。

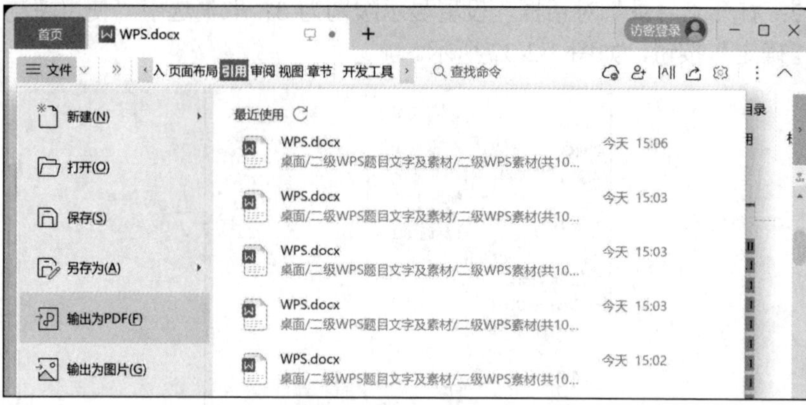

图 3-2-34　选择“输出为 PDF”命令

步骤 2：打开“输出 PDF 文件”对话框，选择保存位置和文件名，单击“确定”按钮，如图 3-2-35 所示。

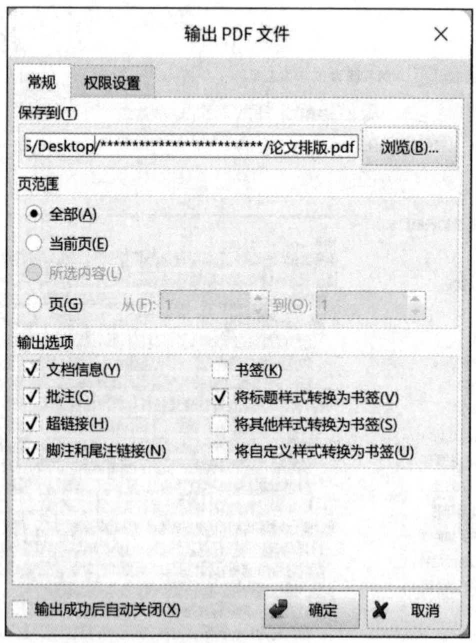

图 3-2-35　“输出 PDF 文件”对话框

任务三　处理租赁合同

任务要求

1. 在配套资源包中打开“实训三—任务三”文件夹中的“租赁合同.docx”文档，先对该文档杂乱的排版进行初步的整理，删除文中所有的空格、空段落、手动换行符。

2. 按照下列要求进行页面设置。

① 纵向的A4纸张，横向页面，多页的页码范围设置为对称页边距。

② 上、下页边距均为2厘米，内、外侧页边距均为3厘米，装订线宽1厘米，页眉、页脚距边界均为1厘米。

3. 按照下列要求美化标题文本“房屋租赁合同”。

① 初号、加粗、黑体字，字符间距加宽5磅，字符缩放150%，段落居中对齐。

② 文本填充设置为向上的从“黑色，文本1”到“黑色，文本1，浅色50%”的线性渐变，并添加“紧密倒影，接触”类型的预设倒影。

4. 正文和各级标题已经预先应用了预设样式，按照下列要求进一步修改样式的格式。

①“正文”“标题2”“标题3”样式均为四号字，中文字体宋体、西文字体Times New Roman，段前、段后间距均为0.5行，1.5倍行距。

②“标题1”样式为三号字，中文字体黑体、西文字体Times New Roman，段前、段后间距均为1行，单倍行距。

5. 新建名为“填写内容”的样式，样式类型为字符，样式基于默认段落字体，并在其字体格式中设置“字下加线”，将文中所有预先标为红色的文本全部应用新样式。

6. 将文中第二条2.3、第四条4.5(5)两处提示大写的阿拉伯数字金额应用域功能自动转换为人民币汉字大写格式，如人民币（大写）壹万贰仟叁佰元整（￥12300元）。

7. 将文中第四条4.3(6)处的一句话应用删除线来表示废除该条款，并在第五条5.1处紧随“另行签订的补充合同”文本之后插入尾注，尾注内容为“《房屋转租授权合同》”。

8. 用制表位功能将合同末尾处的落款文本（甲方、乙方、联系电话、日期）进行两列对齐，要求第二列在制表位位置30字符处进行左对齐，具体如下：

甲方（签字或盖章）：	乙方（签字或盖章）：
联系电话：180[illegible]920	联系电话：130[illegible]188
日期：2021年4月1日	日期：2021年4月1日

9. 删除文档中的页眉横线，并在双面打印的页脚外侧添加“第1页 共×页”的预设页码。

10. 在文档中插入“原件”字样的预设水印。

任务解析

任务1操作步骤如下。

步骤1：从素材文件夹中打开“租赁合同.docx”文档。

步骤2：单击“开始”→“文字排版”按钮，在打开的下拉列表中选择“删除”选项，如图3-3-1所示。

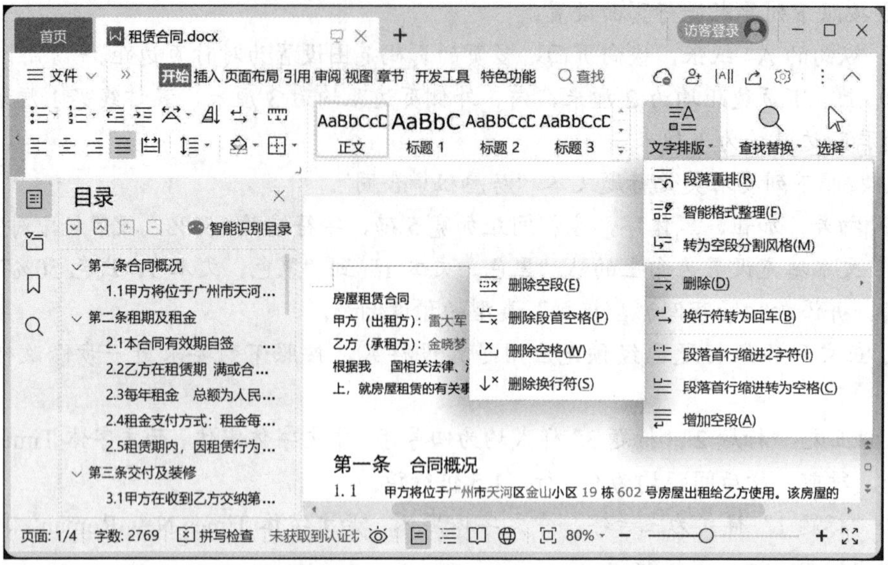

图 3-3-1 “文字排版”列表

步骤 3：在打开“删除”子菜单中，分别选择“删除空格”“删除空段”“删除换行符”选项。

任务 2 子任务①操作步骤如下。

步骤 1：单击“页面布局”→“纸张大小”按钮，在打开的下拉列表中选择“A4”选项，如图 3-3-2 所示。

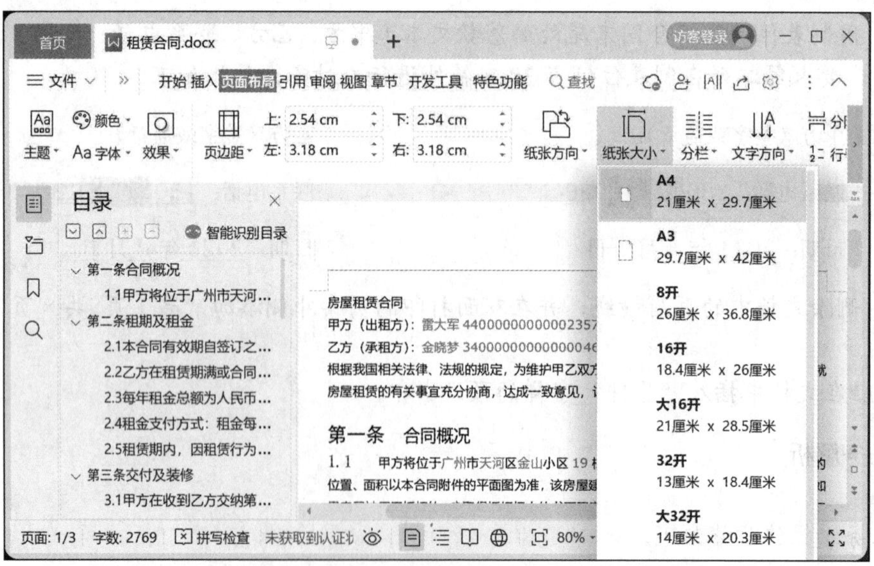

图 3-3-2 纸张大小设置

步骤 2：单击“页面布局”→“纸张方向”按钮，在打开的下拉列表中选择“横向”选项，如图 3-3-3 所示。

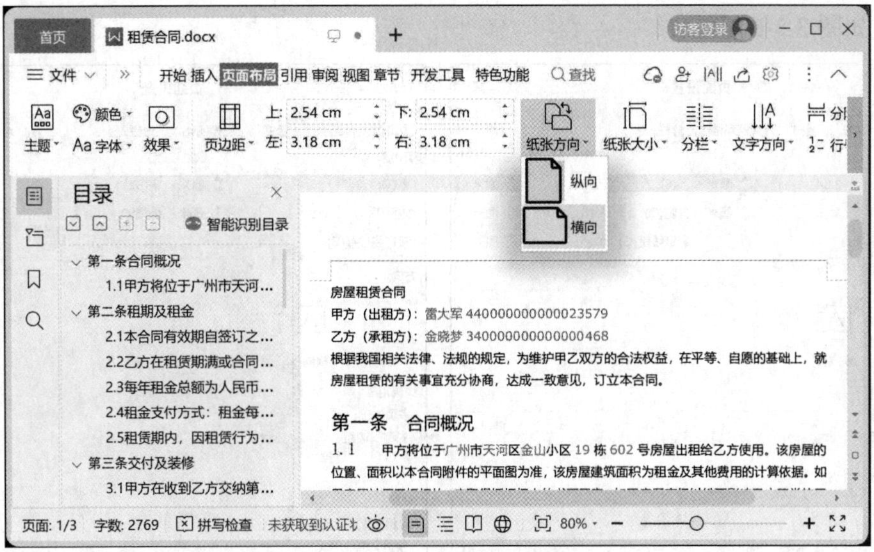

图 3-3-3　纸张方向设置

步骤 3：单击“页面布局”→“页边距”按钮，在打开的下拉列表中选择“自定义页边距”选项，如图 3-3-4 所示。

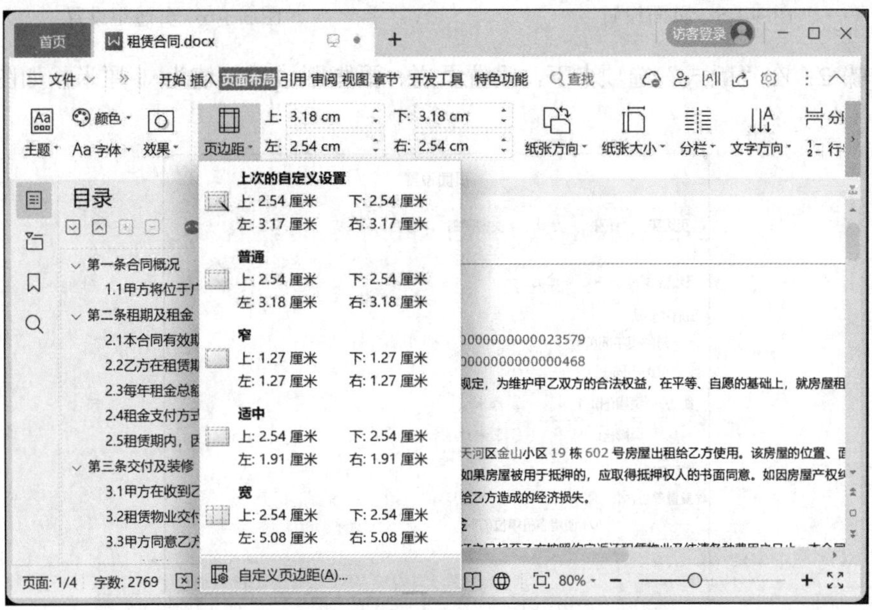

图 3-3-4　自定义页边距设置

步骤 4：打开“页面设置”对话框，在“页边距”选项卡下设置纸张方向为横向，页码范围为对称页边距，如图 3-3-5 所示。

任务 2 子任务②操作步骤如下。

步骤 1：在“页面设置”对话框中，在“页边距”选项卡下，按照要求修改页边距的值，如图 3-3-6 所示。

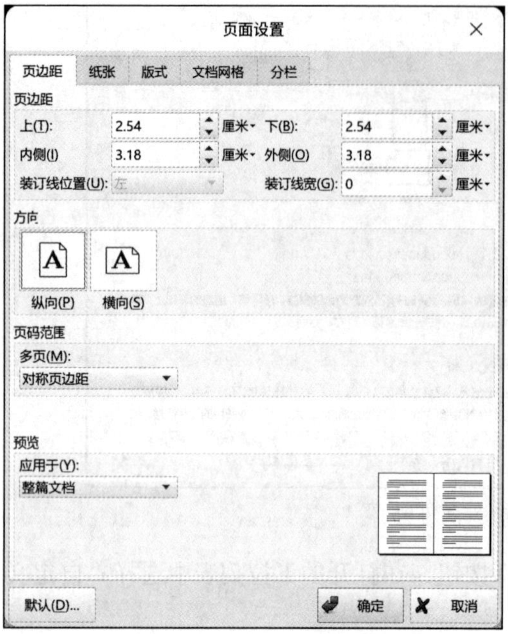

图 3-3-5 页面设置

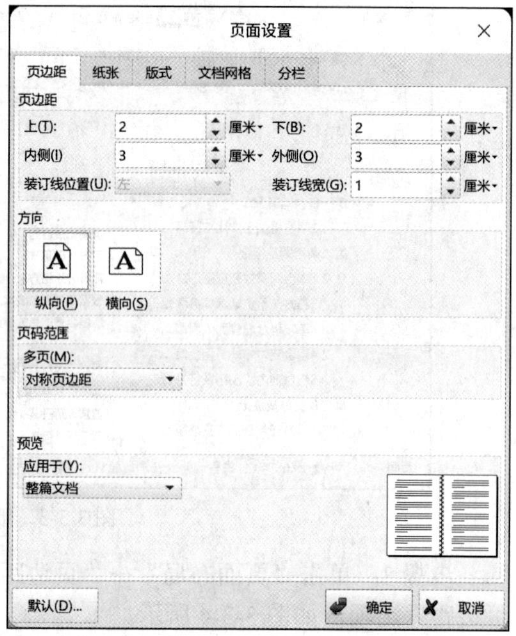

图 3-3-6 页边距设置

步骤 2：在“版式”选项卡下，设置页眉、页脚距边界的值为 1 厘米，如图 3-3-7 所示。

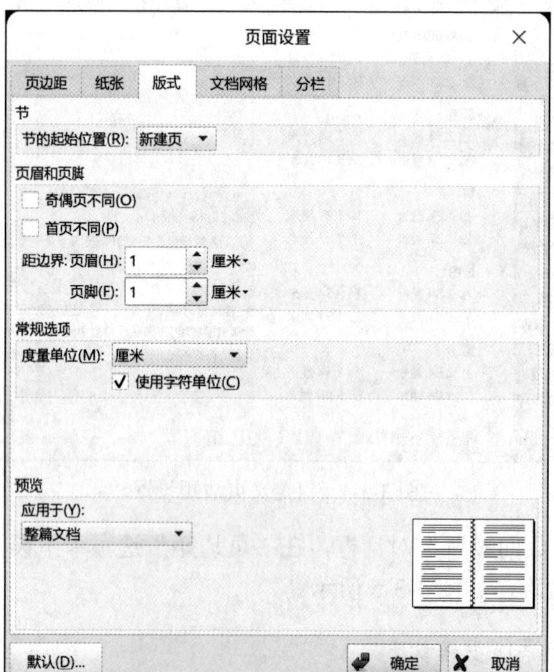

图 3-3-7 页眉、页脚距边界设置

任务 3 子任务①操作步骤如下。

步骤 1：先选中标题文本“房屋租赁合同”。

步骤 2：在“开始”选项卡字体组设置文本字体为黑体、加粗、初号、居中格式，如图 3-3-8 所示。

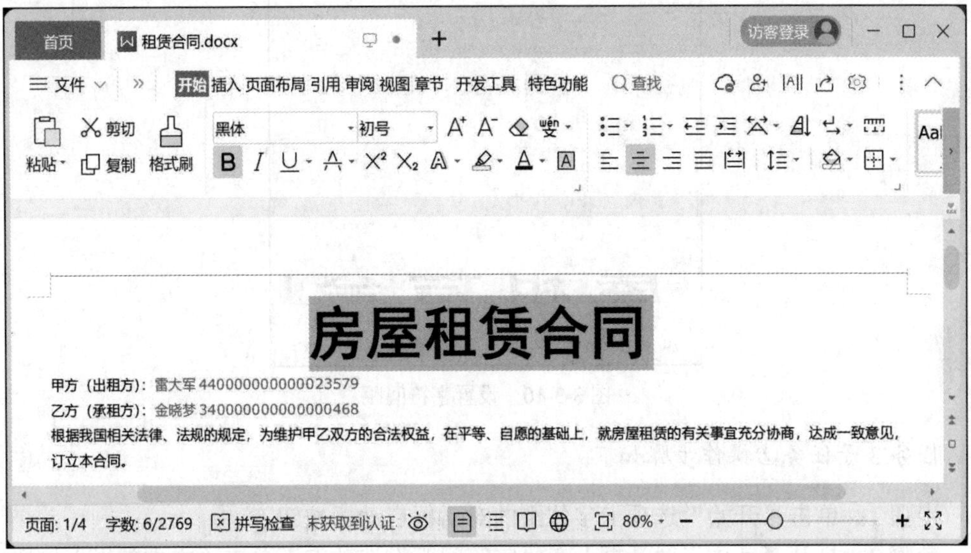

图 3-3-8　标题设置

步骤 3：单击“开始”选项卡字体组的对话框启动器按钮，如图 3-3-9 所示。

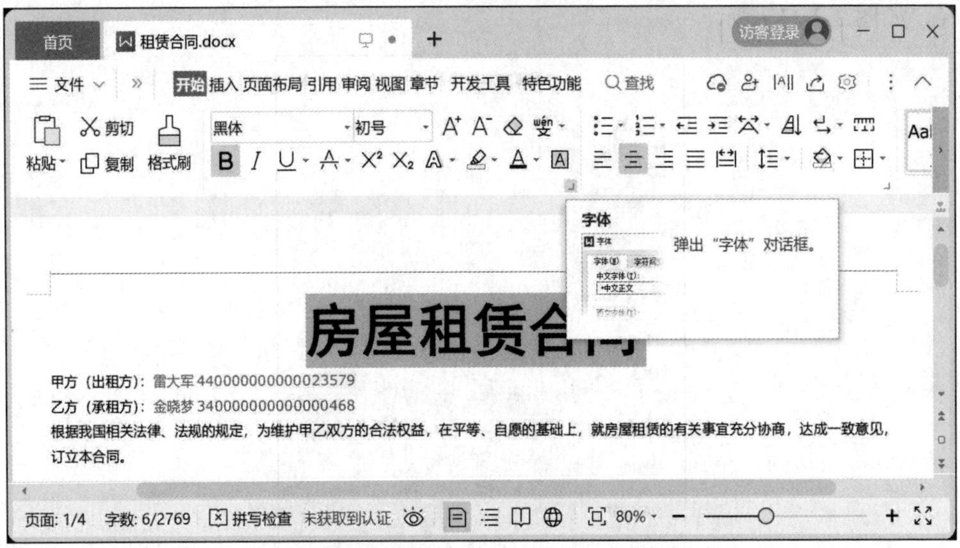

图 3-3-9　字体组对话框启动器按钮

步骤 4：打开“字体”对话框，在“字符间距”选项卡下设置缩放为 150%，间距为加宽、值为 5（注意单位为磅），如图 3-3-10 所示。

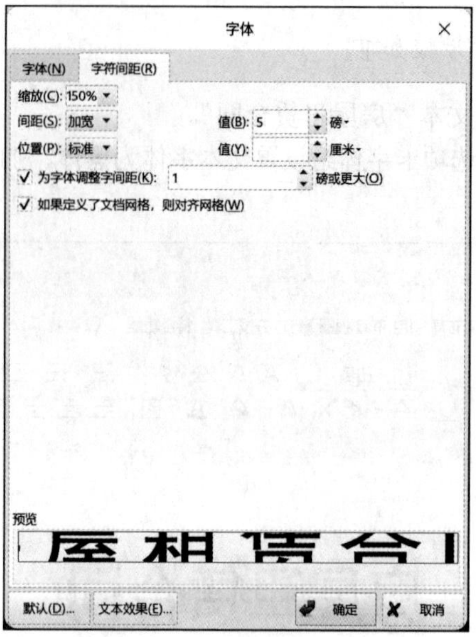

图 3-3-10 设置字符间距

任务 3 子任务②操作步骤如下。

步骤 1：单击“开始”选项卡字体组的对话框启动器按钮。

步骤 2：打开“字体”对话框，在“字符间距”选项卡下单击“文本效果”按钮。

步骤 3：打开“设置文本效果格式”对话框，在“填充与轮廓”选项卡下选择“文本填充”→“渐变填充”单选按钮，在“渐变样式”栏中选择“线性渐变”→“向上”路径，如图 3-3-11 所示。

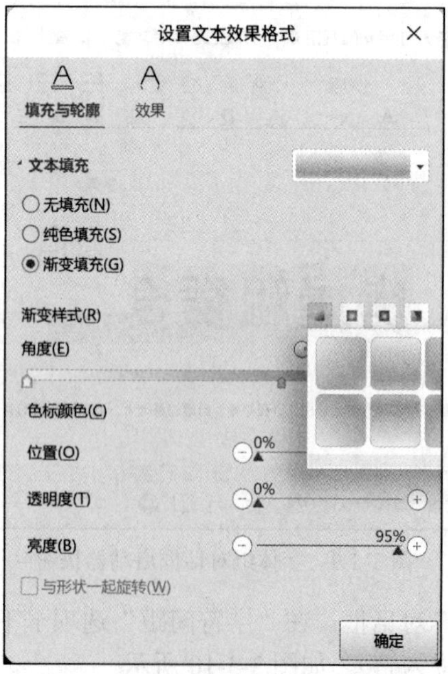

图 3-3-11 “设置文本效果格式”对话框

步骤 4：选中第 2 个角度（色标）并单击“删除色标”按钮进行删除，如图 3-3-12 所示。

步骤 5：选中第 3 个角度（色标）并单击“删除色标”按钮进行删除，如图 3-3-13 所示。

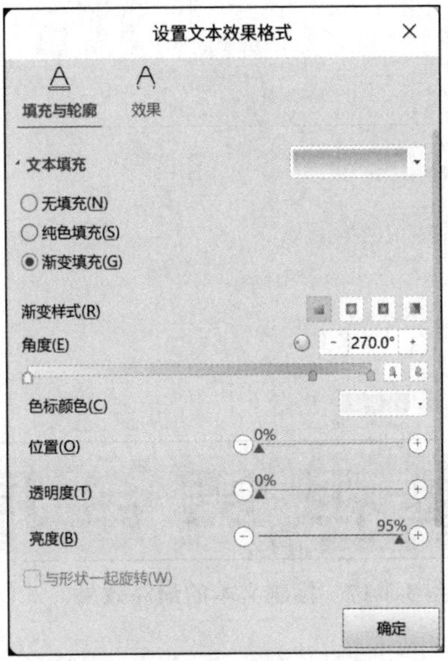

图 3-3-12 删除第 2 个色标

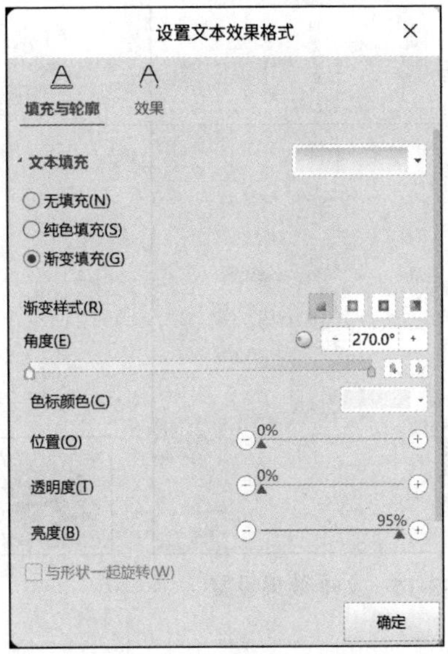

图 3-3-13 删除第 3 个色标

步骤 6：选中第 1 个角度（色标），单击“色标颜色”右侧的下拉按钮，在打开的列表中选择“主题颜色-黑色，文本 1”选项，如图 3-3-14 所示。

步骤 7：选中第 4 个角度（色标），单击“色标颜色”右侧的下拉按钮，在打开的列表中选择“主题颜色-黑色，文本 1，浅色 50%”选项，如图 3-3-15 所示。

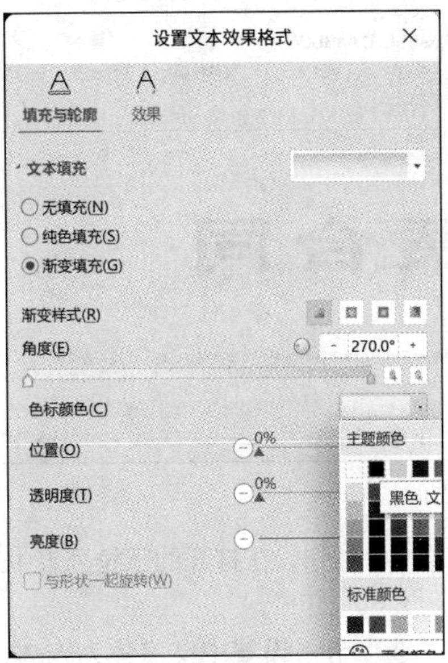

图 3-3-14 设置第 1 个色标颜色

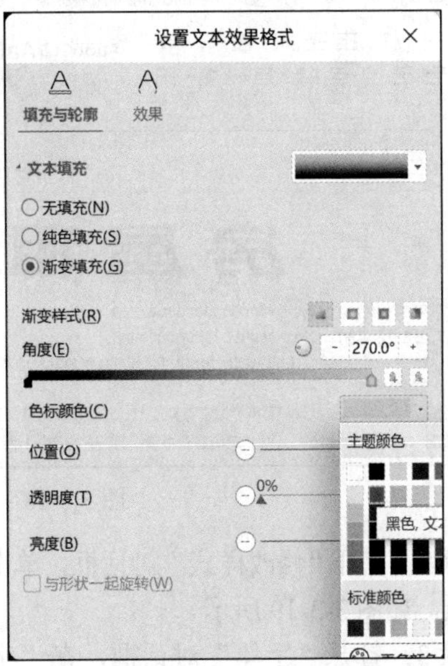

图 3-3-15 设置第 4 个色标颜色

步骤 8：切换至“效果”选项卡，单击“倒影”右侧的下拉按钮，在打开的列表中选择“倒影变体-紧密倒影，接触”选项，如图 3-3-16 所示。

步骤 9：标题文本“房屋租赁合同”的最终效果，如图 3-3-17 所示。

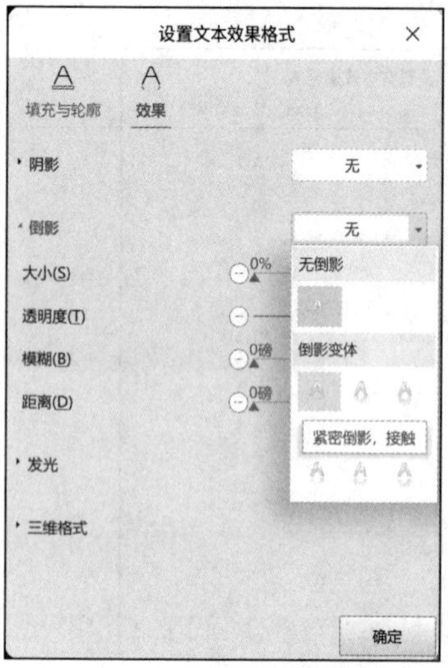

图 3-3-16 文本效果设置

图 3-3-17 标题文本的最终效果

任务 4 子任务①操作步骤如下。

步骤 1：右击“开始”→“正文”图标，在打开的列表中选择“修改样式”选项，如图 3-3-18 所示。

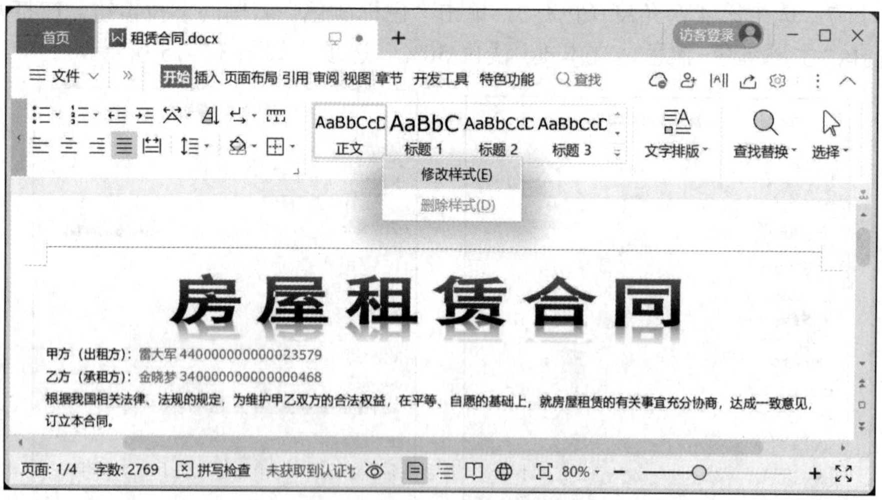

图 3-3-18 修改正文样式

步骤 2：打开“修改样式”对话框，单击“格式”按钮，在打开的下拉列表中选择“字体”选项，如图 3-3-19 所示。

步骤 3：打开“字体”对话框，在“字体”选项卡下设置中文字体为宋体，西文字体为 Times New Roman，字号为四号，单击“确定”按钮，如图 3-3-20 所示。

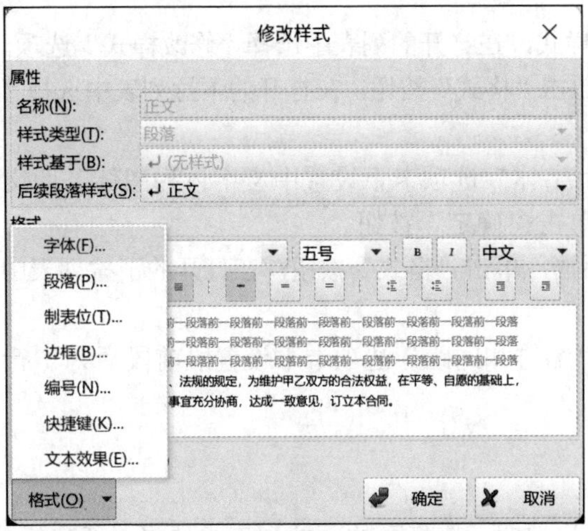

图 3-3-19 “修改样式”对话框

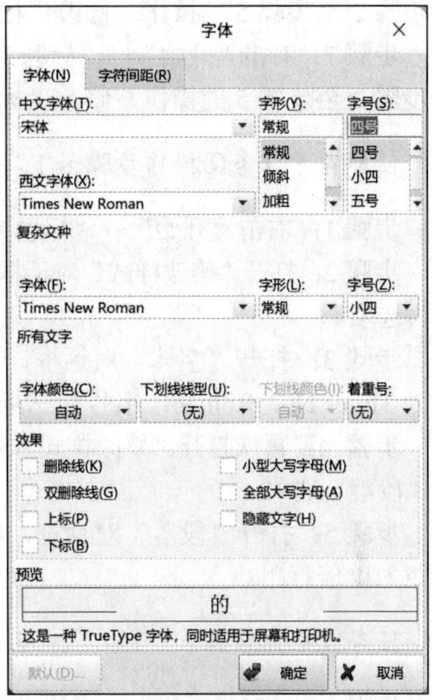

图 3-3-20 中英文字体及字号设置

步骤 4：打开“修改样式”对话框，单击“格式”按钮，在打开的下拉列表中选择“段落”选项。

步骤 5：打开“段落”对话框，在“缩进和间距”选项卡“间距”栏设置段前、段后为 0.5 行，行距为 1.5 倍行距，如图 3-3-21 所示。

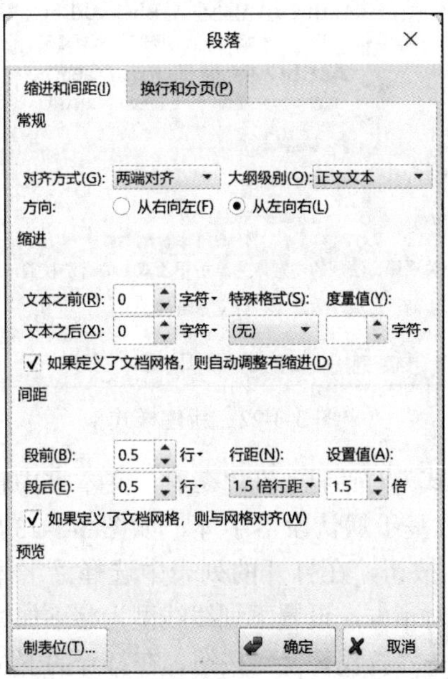

图 3-3-21 段落间距及行距设置

步骤 6：右击“开始”→“标题 2”样式，在打开的列表中选择“修改样式”选项，重复步骤 2 至步骤 5 的操作，修改“标题 2”的字体、字号、间距和行距。

步骤 7：右击“开始”→“标题 3”样式，在打开的列表中选择“修改样式”选项，重复步骤 2 至步骤 5 的操作，修改“标题 3”的字体、字号、间距和行距。

任务 4 子任务②操作步骤如下。

步骤 1：右击“开始”→“标题 1”样式，在打开的列表中选择“修改样式”选项。

步骤 2：打开“修改样式”对话框，单击“格式”按钮，在打开的下拉列表中选择“字体”选项。

步骤 3：打开“字体”对话框，在“字体”选项卡下设置中文字体为黑体，西文字体为 Times New Roman，字号为三号，单击“确定”按钮。

步骤 4：再次打开“修改样式”对话框，单击“格式”按钮，在打开的下拉列表中选择“段落”选项。

步骤 5：打开“段落”对话框，在“缩进和间距”选项卡下设置段前段后为 1 行，行距为单倍行距。

任务 5 操作步骤如下。

步骤 1：单击“开始”→“预设样式”按钮，在打开的下拉列表中选择“新建样式”选项，如图 3-3-22 所示。

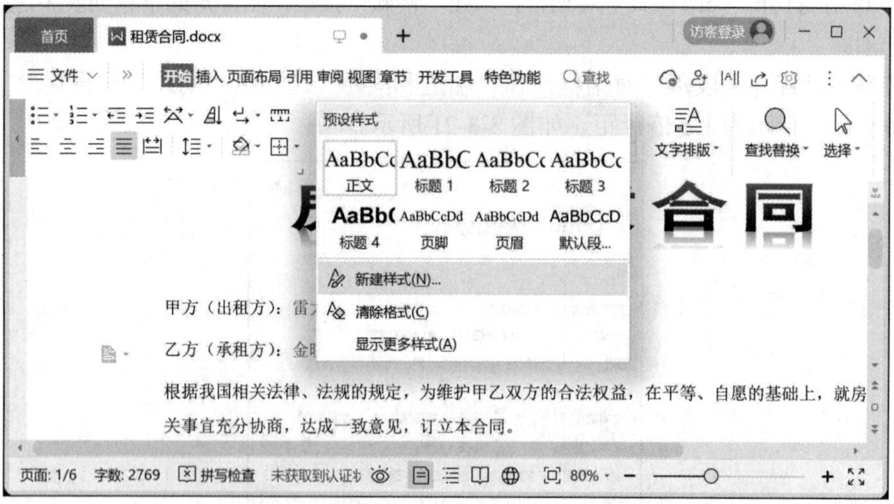

图 3-3-22　新建样式

步骤 2：打开“新建样式”对话框，在“名称”文本框中输入样式名称“填写内容”，设置样式类型为字符，样式基于默认段落字体，如图 3-3-23 所示。

步骤 3：单击“格式”按钮，在打开的列表中选择“字体”选项。

步骤 4：打开“字体”对话框，设置下划线线型为字下加线，单击“确定”按钮。

步骤 5：单击“开始”→“查找替换”按钮，在打开的下拉列表中选择“替换”选项，如图 3-3-24 所示。

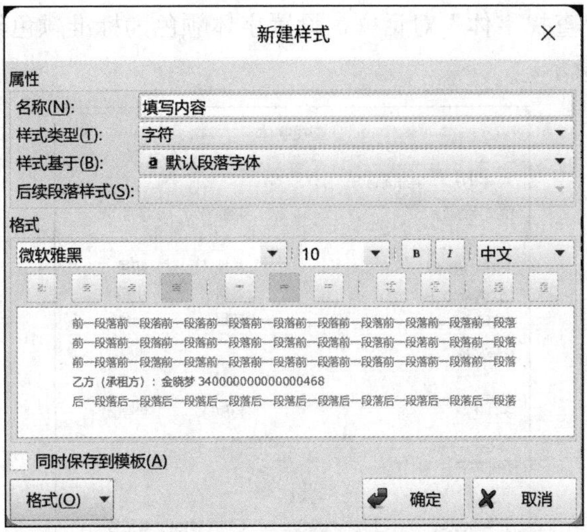

图 3-3-23 “新建样式”对话框

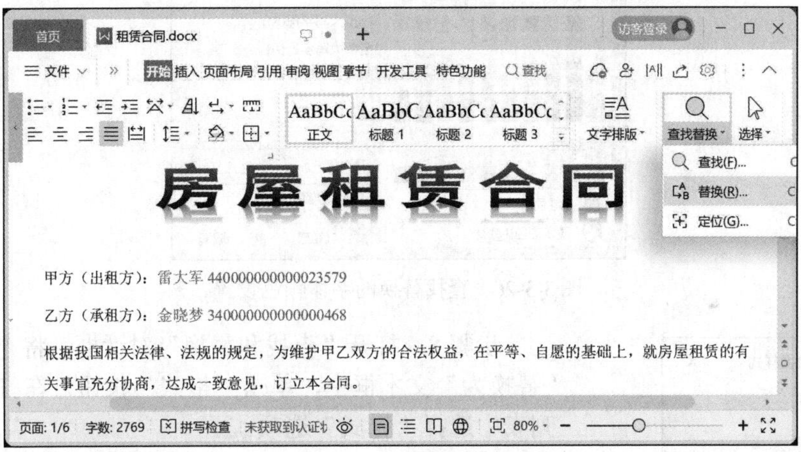

图 3-3-24 “查找替换”列表

步骤 6：打开“查找和替换”对话框，将光标定位于“查找内容”文本框中，单击“格式”按钮，在打开的下拉列表中选择“字体”选项，如图 3-3-25 所示。

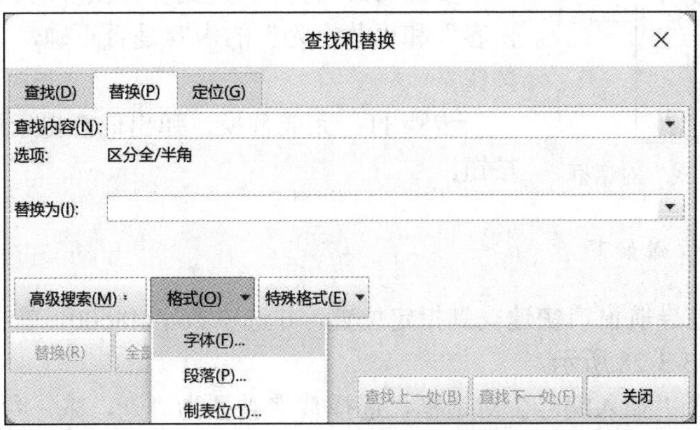

图 3-3-25 “查找和替换”对话框

步骤 7：打开“查找字体”对话框，设置字体颜色为标准颜色红色，单击“确定”按钮，如图 3-3-26 所示。

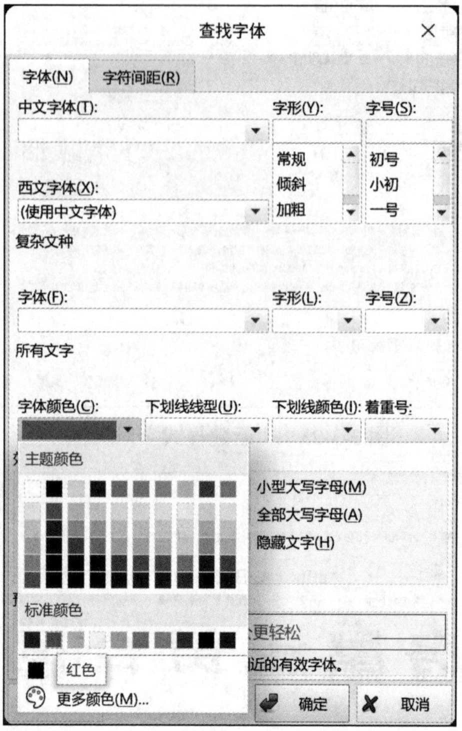

图 3-3-26 查找替换的字体颜色设置

图 3-3-27 “替换样式”对话框

步骤 8：打开“查找和替换”对话框，将光标定位于“替换为”文本框中，单击“格式”按钮，在打开的下拉列表中选择“样式”选项。

步骤 9：打开“替换样式”对话框，在“查找样式”列表中选择“填写内容”选项，单击“确定”按钮，如图 3-3-27 所示。

步骤 10：打开“查找和替换”对话框，检查“查找内容”和“替换为”的内容是否正确，单击“全部替换”按钮。

步骤 11：完成替换，弹出信息提示框，单击“确定”按钮。

任务 6 操作步骤如下。

步骤 1：通过导航窗口快速找到指定位置，并选中数字 48600，单击“插入”→“编号”按钮，如图 3-3-28 所示。

步骤 2：打开“插入编号”对话框，选择数字类型为“壹，贰，叁...”，如图 3-3-29 所示。

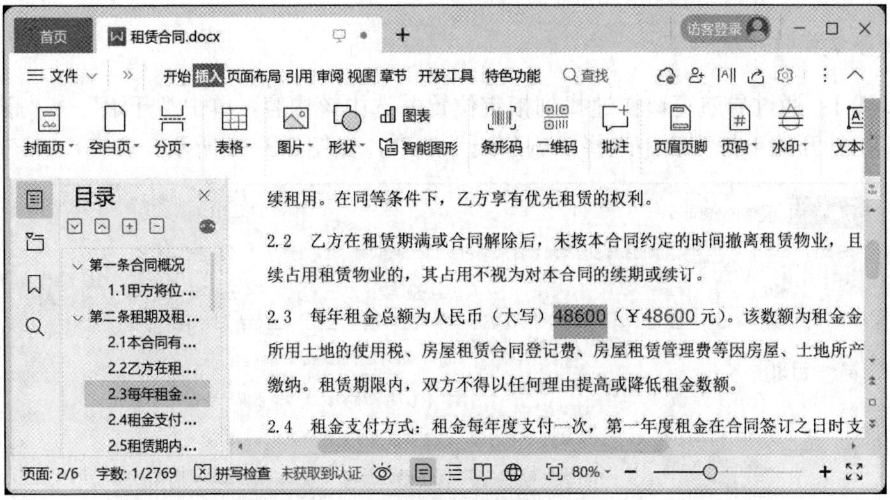

图 3-3-28　数字编号设置（一）

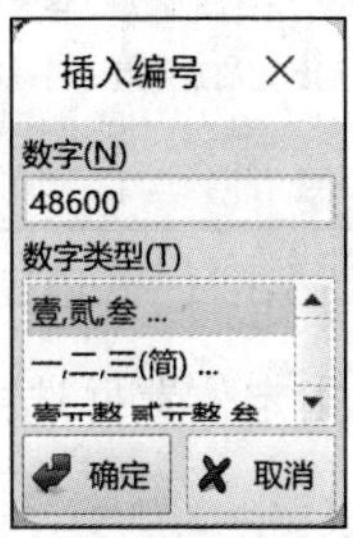

图 3-3-29　选择数字类型

步骤 3：通过导航窗口快速找到指定位置，选中数字 8100，单击“插入”→“编号”按钮，如图 3-3-30 所示。

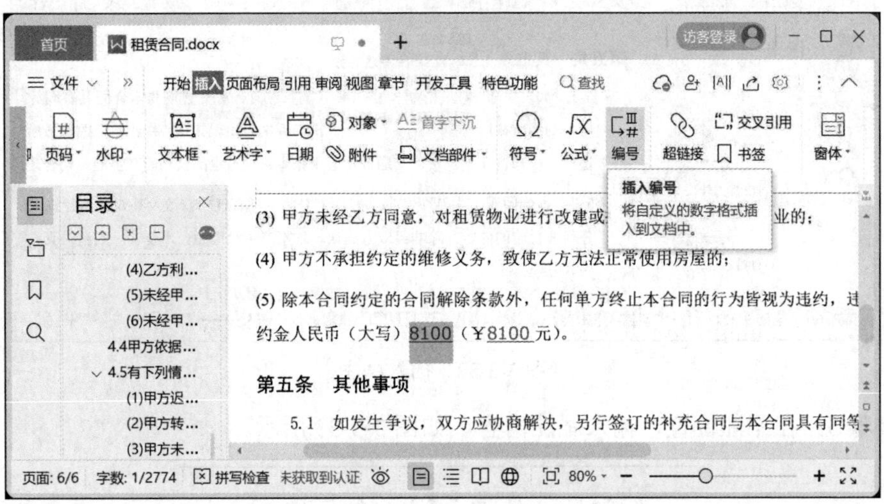

图 3-3-30　数字编号设置（二）

步骤 4：打开“插入编号”对话框，选择数字类型为“壹，贰，叁...”。

任务 7 操作步骤如下。

步骤 1：通过导航窗口快速找到指定位置并选中该内容，单击“开始”→“删除线”按钮，在打开的下拉列表中选择“删除线”选项，如图 3-3-31 所示。

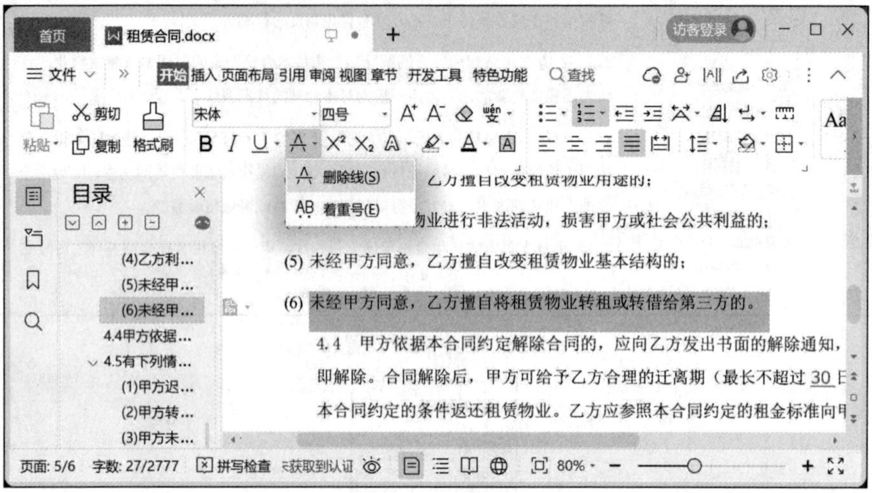

图 3-3-31 删除线

步骤 2：通过导航窗口快速找到指定位置并选中该内容，单击“引用”→“插入尾注”按钮，如图 3-3-32 所示。

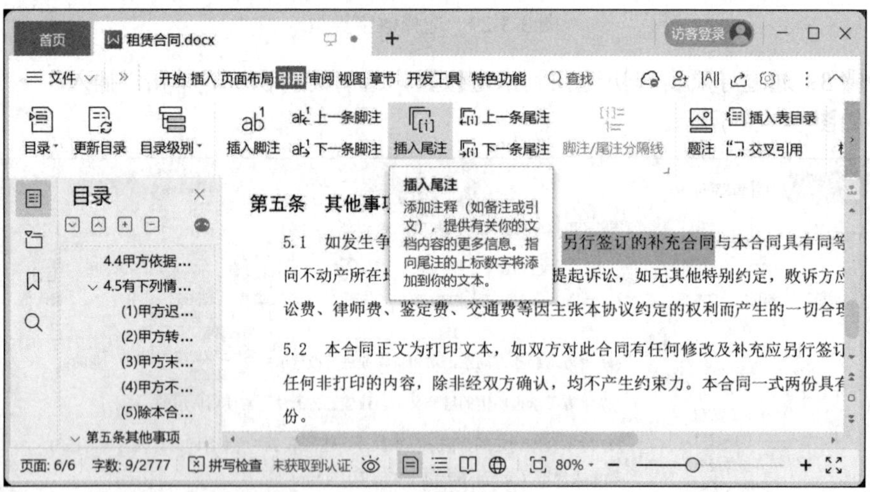

图 3-3-32 插入尾注

步骤 3：在尾注位置，输入尾注内容，如图 3-3-33 所示。

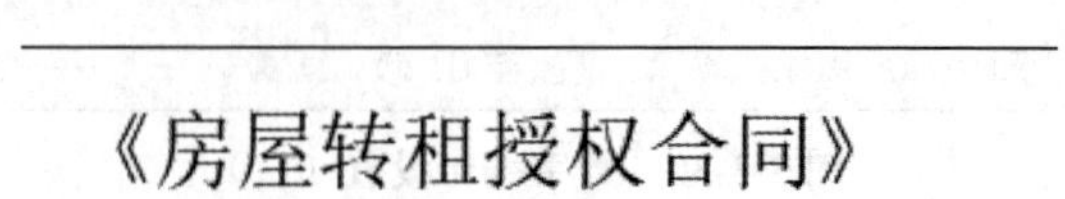
《房屋转租授权合同》

图 3-3-33 输入尾注内容

任务 8 操作步骤如下。

步骤 1：选中合同末尾处的落款文本（甲方乙方、联系电话、日期），右击，在弹出的快捷菜单中选择“段落”命令，如图 3-3-34 所示。

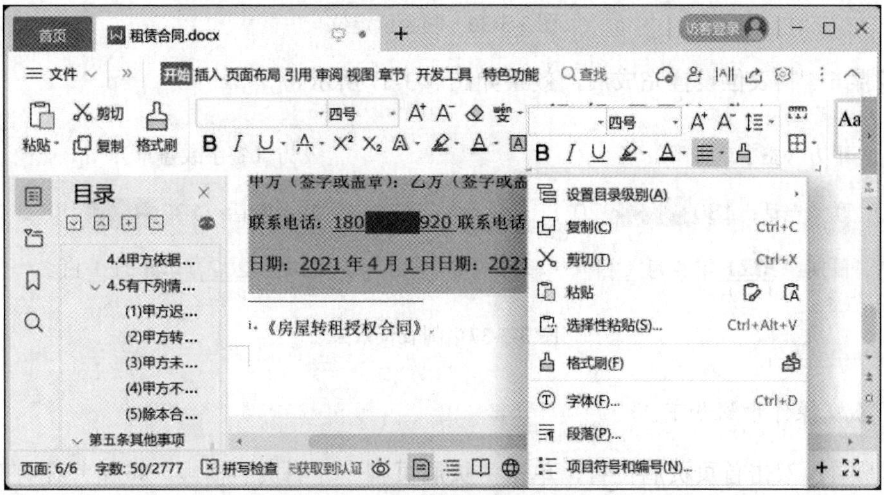

图 3-3-34 落款文本设置快捷菜单

步骤 2：打开“段落”对话框，在“缩进和间距”选项卡下单击“制表位”按钮。

步骤 3：打开“制表位”对话框，在“制表位位置”文本框中输入“30”，选中“左对齐”单选按钮，单击“设置”按钮，进行添加，如图 3-3-35 所示。

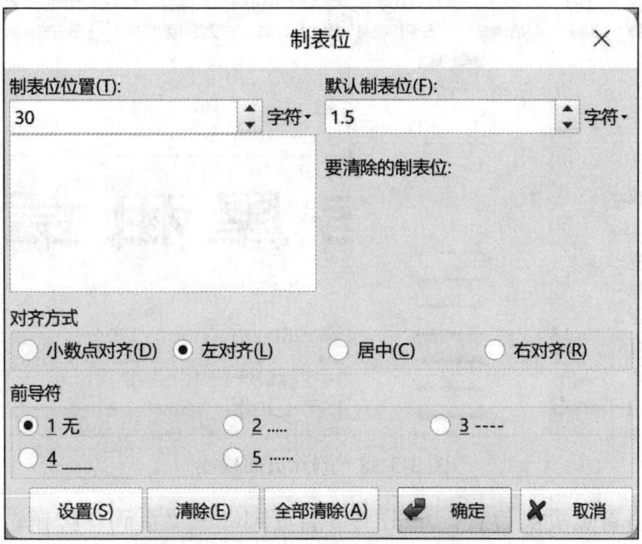

图 3-3-35 “制表位”对话框

步骤 4：再次单击“确定”按钮。

步骤 5：将光标分别定位于“乙方”二字之前（：之后）；联系电话之前（20 之后）；日期之前（1 日之后）；按 TAB 键完成两列对齐，如图 3-3-36 所示。

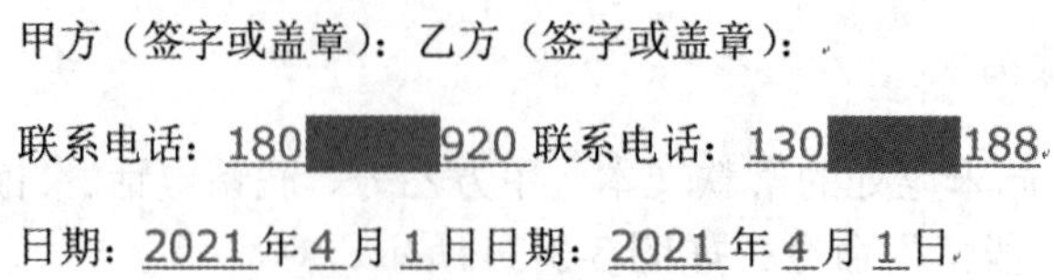
甲方（签字或盖章）：乙方（签字或盖章）：

联系电话：180　　920 联系电话：130　　188

日期：2021 年 4 月 1 日日期：2021 年 4 月 1 日

图 3-3-36　制表位定位

步骤 6：制表位设置完成后，效果如图 3-3-37 所示。

甲方（签字或盖章）：　　乙方（签字或盖章）：

联系电话：180　　920　　联系电话：130　　188

日期：2021 年 4 月 1 日　　日期：2021 年 4 月 1 日

图 3-3-37　制表位效果

任务 9 操作步骤如下。

步骤 1：双击首页页眉位置，单击“页眉页脚”→“页眉横线”按钮，在打开的下拉列表中选择“删除横线”选项，如图 3-3-38 所示。

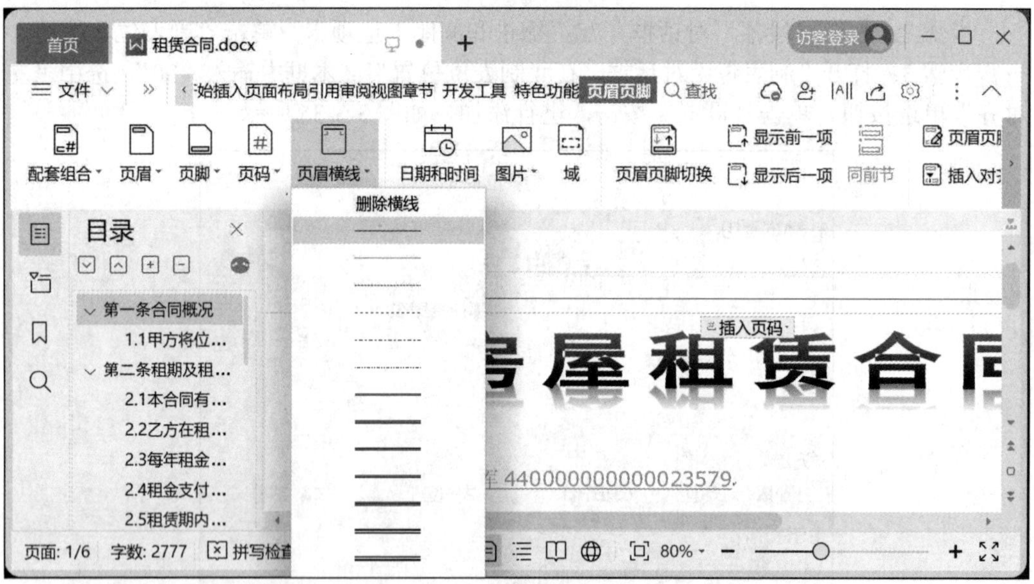

图 3-3-38　删除页面横线

步骤 2：双击首页页脚位置，单击“页眉页脚”→“页码”按钮，在打开的下拉列表中选择“预设样式-页脚外侧”选项，如图 3-3-39 所示。

步骤 3：在页脚位置，单击“插入页码”按钮，在打开的窗格中设置页码样式为“第 1 页 共×页”，页码位置为双面打印 1；应用范围为整篇文档，单击“确定”按钮，如图 3-3-40 所示。

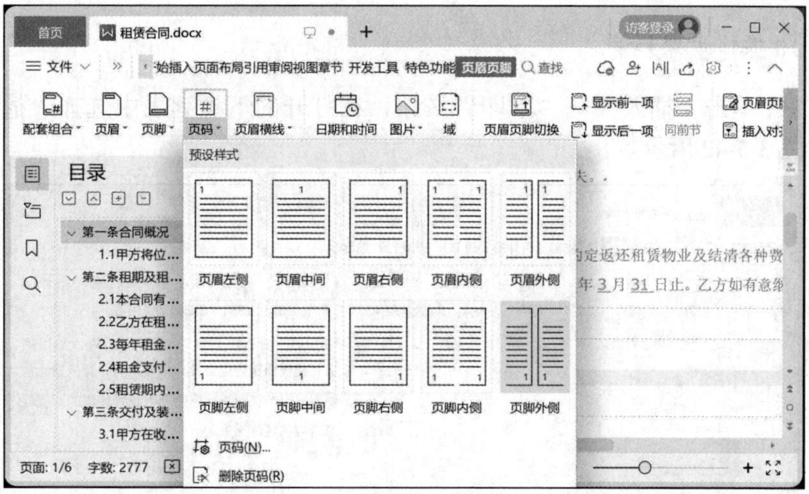

图 3-3-39　设置页码样式为页脚外侧

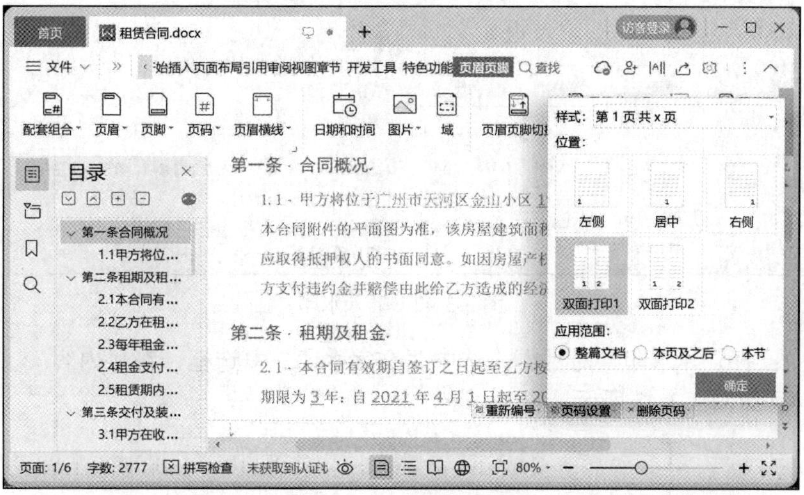

图 3-3-40　页码格式设置

步骤 4：设置完成页码后的效果如图 3-3-41 所示。

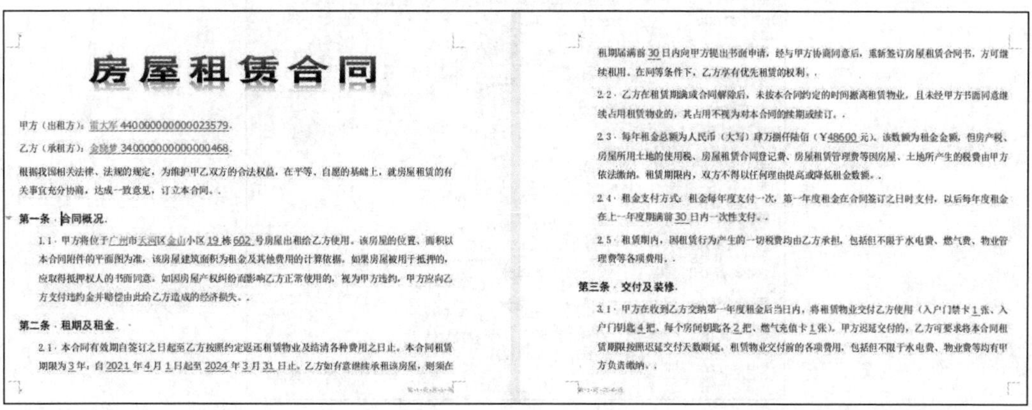

图 3-3-41　页码效果

任务 10 操作步骤如下。

步骤 1：单击“插入”→“水印”按钮，在打开的下拉列表中选择“插入水印”选项，如图 3-3-42 所示。

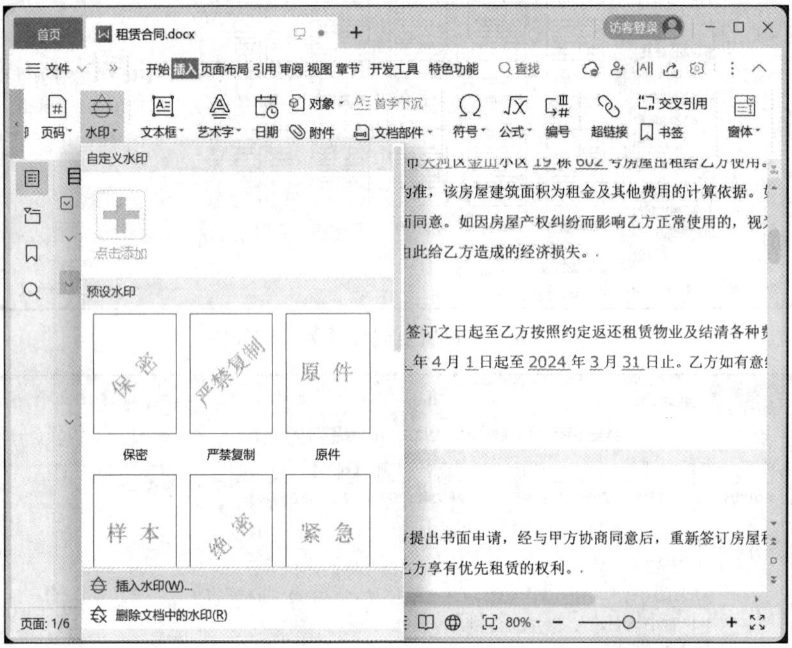

图 3-3-42　插入水印

步骤 2：打开“水印”对话框，选中“文字水印”复选框，在“内容”文本框中输入“原件”，如图 3-3-43 所示。

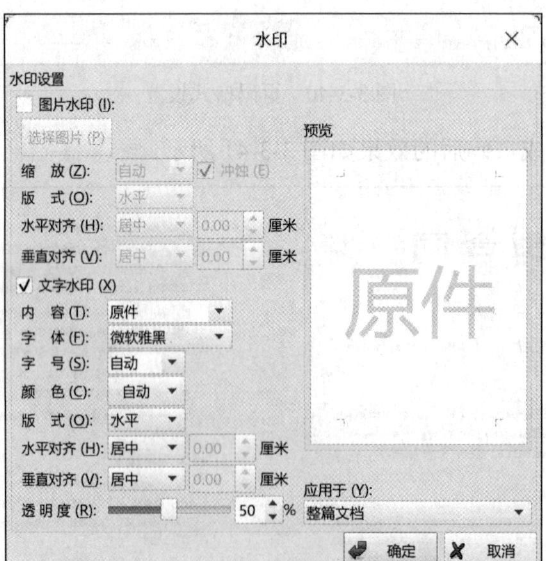

图 3-3-43　编辑水印

任务四 编辑公文

任务要求

1. 在配套资源包中打开“实训三—任务四”文件夹中的“编辑公文.docx”文档，按照下列要求修改预设样式的格式。

① 正文：中文字体为仿宋，西文字体为Times New Roman，字号为三号，禁止标点溢出边界。

② 1、2、3级标题：中文字体分别为黑体、楷体、仿宋，西文字体均为Times New Roman，字号均为三号，字形均为常规，段前、段后间距均为0，均采用单倍行距。

③ 将文中各级标题链接到样式，并将文中各级标题的手动编号全部替换为关联样式的多级编号，以“一、”“(一)”“1.”分别标定层级。

2. 按照下列要求进行页面设置。

① 纵向的A4纸张（幅面尺寸为210毫米×297毫米），多页的页码范围设置为对称页边距。

② 天头（上边距）为37毫米，订口（内侧）为28毫米，版心（即幅面尺寸减去页边距）尺寸为156毫米×225毫米。

③ 每页排22行、每行排28字。

3. 将版头“长城办公软件股份有限公司文件”设置为56磅楷体字，字体颜色为标准色红色，段落分散对齐，段后间距为0.5行，字符缩放50%，使整段为一行。

4. 在首页的版头区域和页脚区域分别添加5磅粗、15.6厘米长、标准色红色的分隔线条，上分隔线为上粗下细复合类型，调整两条线的位置使其在水平方向上恰好撑满版心，在垂直方向上分别距离页面顶端7厘米。

5. 将公文标题“长城办公……的通知”设置为二号加粗宋体字，段前、段后间距各为1行，段落居中对齐，字符间距加宽1磅，并在“公司”和“关于”文本之间使用软回车进行换行。

6. 按照下列要求设置版记：

① 将公文版记“联系人……3月1日印发”文本段落转换为3行3列的表格，将第3列整体合并为一个大单元格，根据内容调整表格并使其适应窗口大小。

② 单元格中的文本垂直居中对齐，在水平方向上第1列分散对齐、第2列左对齐、第3列居中对齐。

③ 上、下边框线设置为1.5磅粗直线，内部横框线设置为0.5磅细直线，左右边框线和内部竖框线均设置为无。

<table>
<tr><td>联 系 人 ：</td><td>张三</td><td rowspan="3">总裁室
2023年3月1日印发</td></tr>
<tr><td>电 话 ：</td><td>010-12345678</td></tr>
<tr><td>传 真 ：</td><td>010-87654321</td></tr>
</table>

任务解析

任务 1 子任务①操作步骤如下。

步骤 1：从素材文件夹中打开“编辑公文”文档，右击“开始”→“正文”样式，在打开的列表中选择“修改样式”选项，如图 3-4-1 所示。

图 3-4-1 选择修改样式

步骤 2：打开“修改样式”对话框，单击“格式”按钮，在打开的列表中选择“字体”选项，如图 3-4-2 所示。

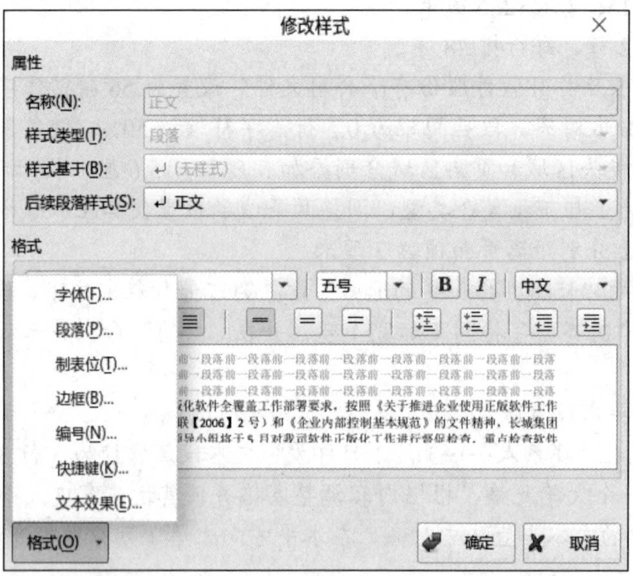

图 3-4-2 选择字体

步骤 3：打开“字体”对话框，设置中文字体为仿宋，西文字体为 Times New Roman，字号为三号，单击“确定”按钮，如图 3-4-3 所示。

步骤 4：返回“修改样式”对话框，单击“格式”按钮，在打开的列表中选择“段落”选项。

步骤 5：打开“段落”对话框，在“换行和分页”选项卡“换行”栏中取消选中“允许标点溢出边界”复选框，单击“确定”按钮，如图 3-4-4 所示。

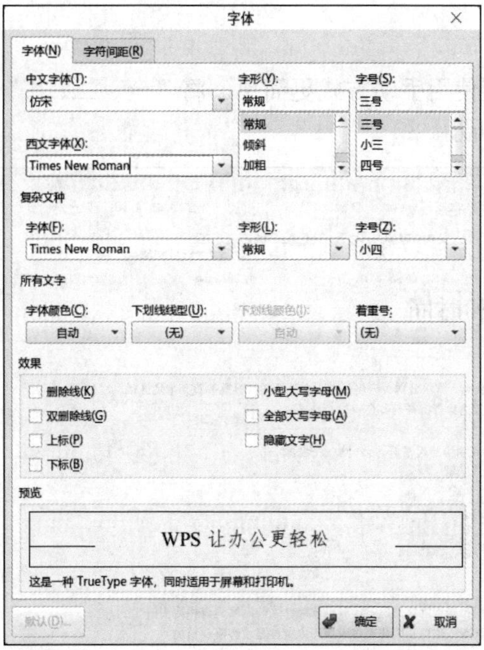

图 3-4-3　字体修改

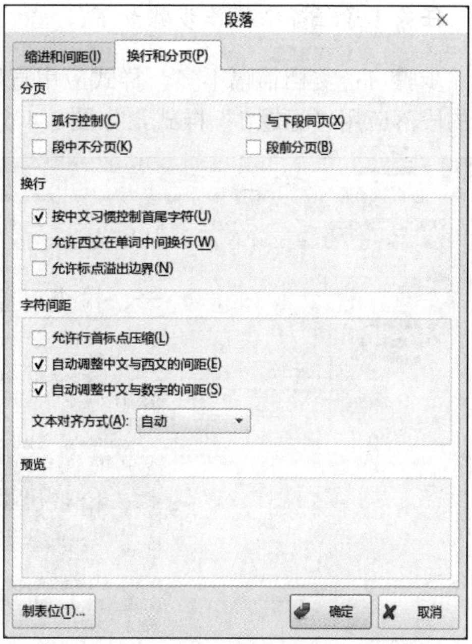

图 3-4-4　禁止标点溢出边界设置

任务 1 子任务②操作步骤如下。

步骤 1：单击“开始”→“标题 1”样式，在打开的列表中选择“修改样式”选项。

步骤 2：打开“修改样式”对话框，单击“格式”按钮，在打开的下拉列表中选择“字体”选项。

步骤 3：打开“字体”对话框，设置中文字体为黑体，西文字体为 Times New Roman，字形为常规，字号为三号，单击“确定”按钮。

步骤 4：返回“修改样式”对话框，单击“格式”按钮，在打开的下拉列表中选择“段落”选项。

步骤 5：打开“段落”对话框，在“缩进和间距”选项卡下设置段前、段后间距为 0，行距为单倍行距，单击“确定”按钮，如图 3-4-5 所示。

步骤 6：参考以上操作步骤，继续修改“标题 2”“标题 3”样式。

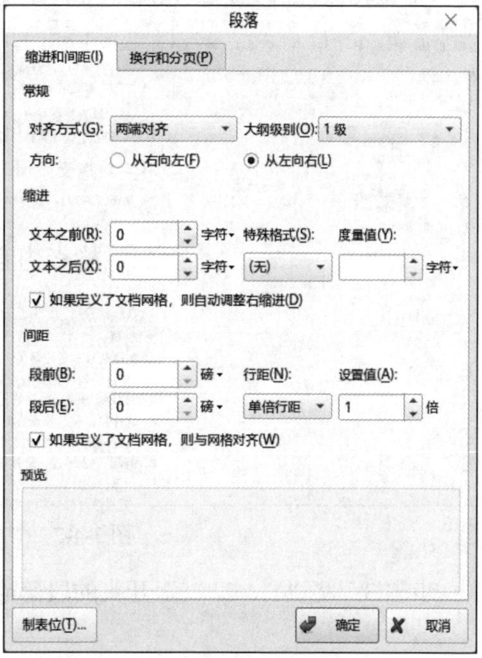

图 3-4-5　段落格式修改

任务 1 子任务③操作步骤如下。

步骤 1：文档篇幅不多，样式应用直接使用手动方式更简单。将“一、二、...”开头的段落应用“标题 1”样式，如图 3-4-6 所示。

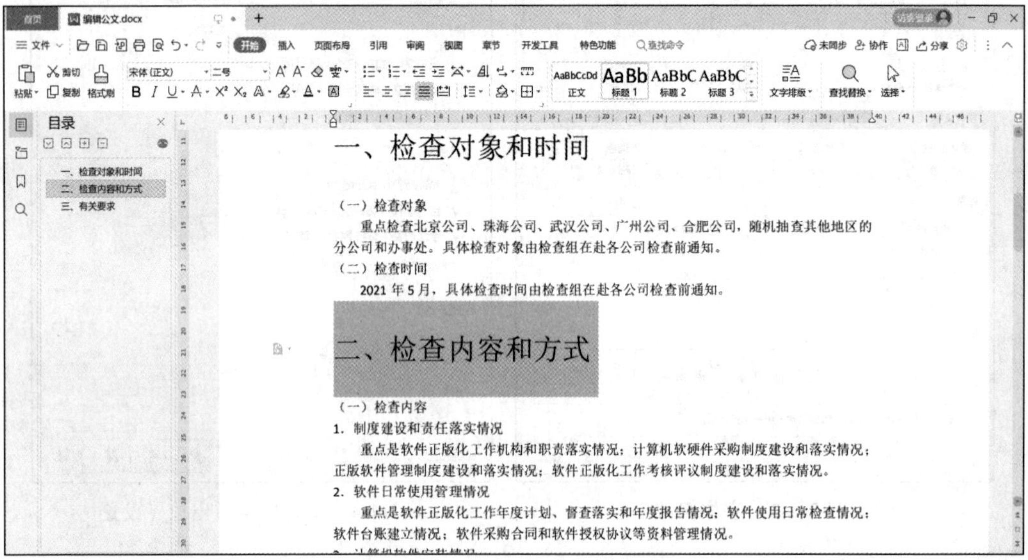

图 3-4-6 “标题 1”样式应用

步骤 2：将“（一）、（二）...”开头的段落应用 “标题 2”样式，如图 3-4-7 所示。

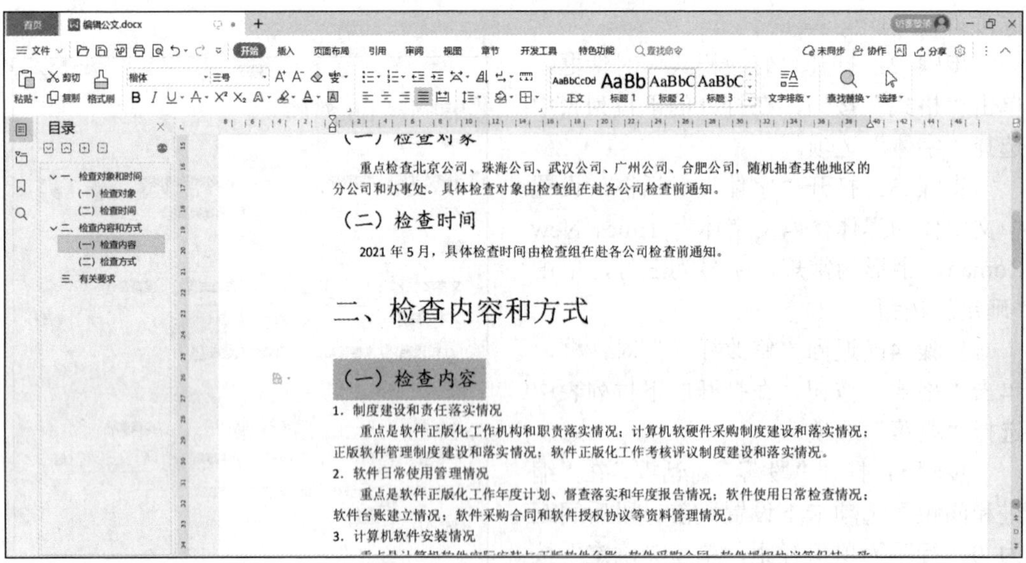

图 3-4-7 “标题 2”样式应用

步骤 3：将“1.、2. ....”开头的段落应用“标题 3”样式，如图 3-4-8 所示。

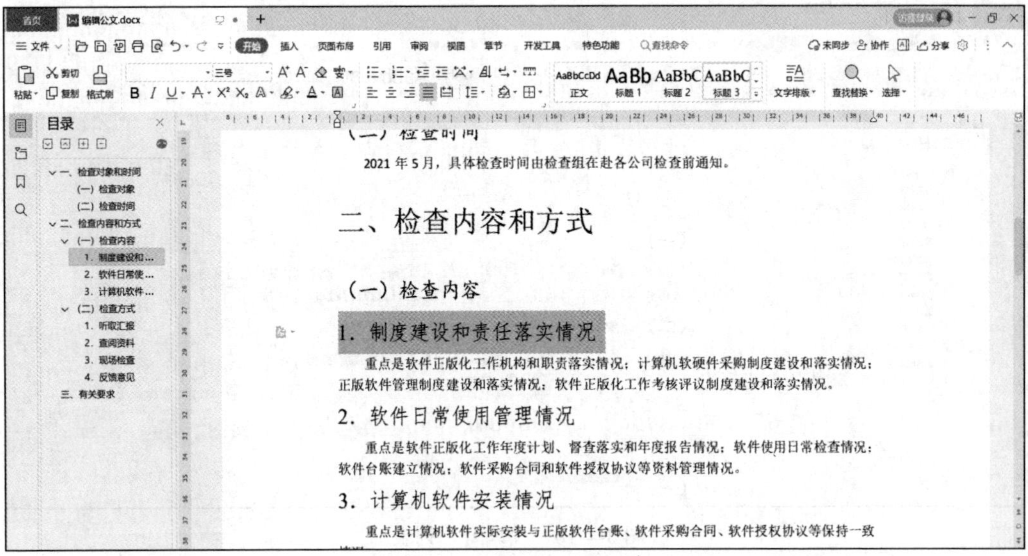

图 3-4-8 “标题 3”样式应用

步骤 4：单击“视图”→“导航窗格”按钮，在打开的下拉列表中选择“靠左”选项，如图 3-4-9 所示。

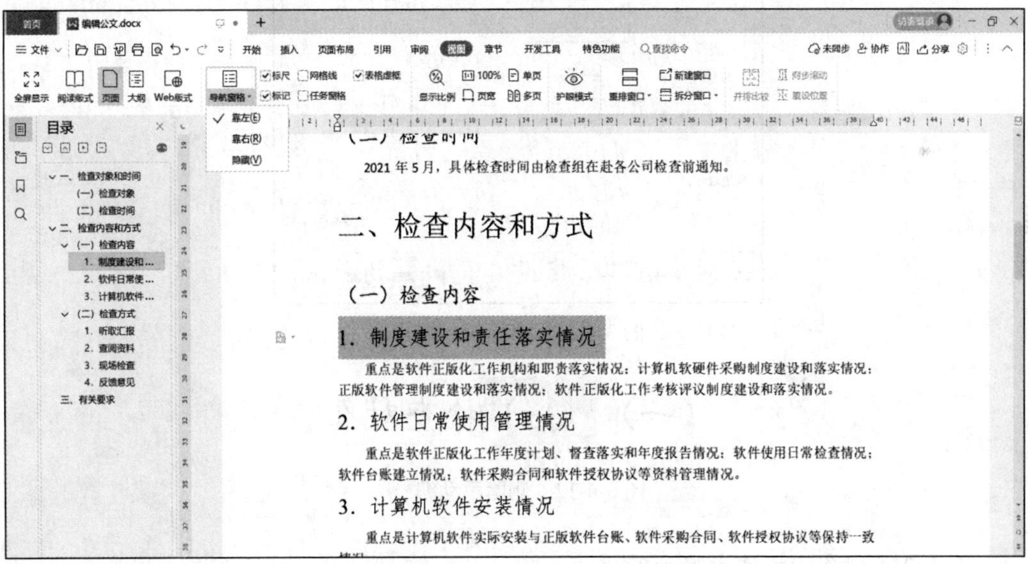

图 3-4-9 标题靠左设置

步骤 5：在“导航窗格”中单击选中“一、检查……”段落，单击“开始”→“编号”按钮，在打开的下拉列表中选择“自定义编号”选项，如图 3-4-10 所示。

步骤 6：打开“项目符号和编号”对话框，在“多级编号”选项卡下选择第 1 种编号格式，单击“确定”按钮，如图 3-4-11 所示。

步骤 7：插入多级编号后，将其后的手动编号全部删除，如图 3-4-12 所示。

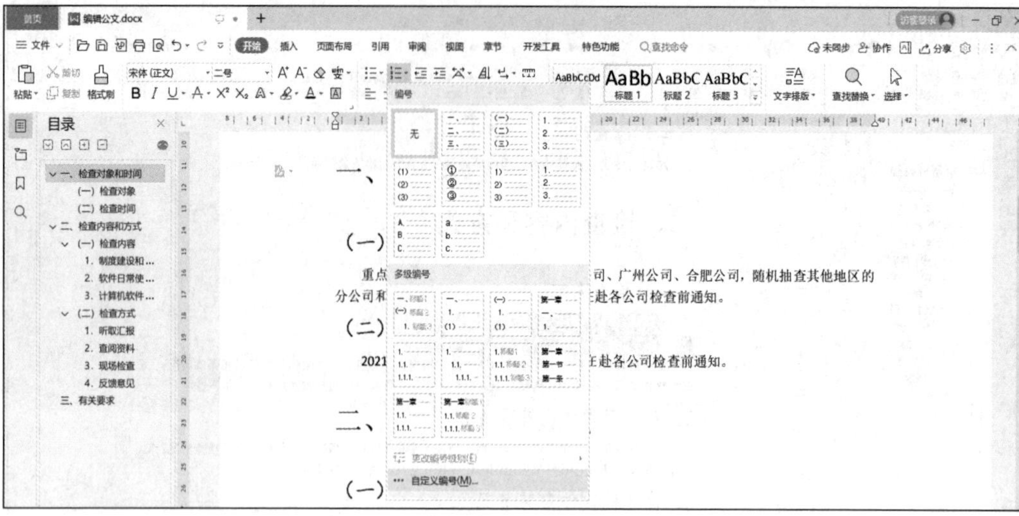

图 3-4-10 “编号”列表

图 3-4-11 多级编号选择

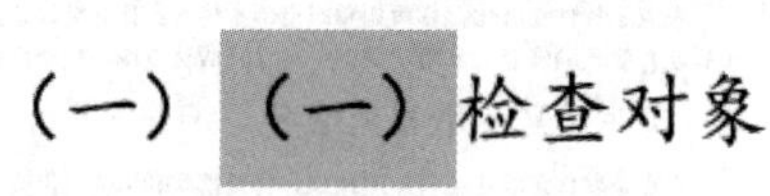

图 3-4-12 删除手动编号

任务 2 子任务①操作步骤如下。

步骤 1：单击“页面布局”→“纸张大小”按钮，在打开的下拉列表中选择“A4”选项，如图 3-4-13 所示。

步骤 2：单击“页面布局”→“页边距”按钮，在打开的下拉列表中选择“自定义页边距”选项，如图 3-4-14 所示。

步骤 3：打开“页面设置”对话框，在“页边距”选项卡“页码范围”栏中选择“对称页边距”选项，如图 3-4-15 所示。

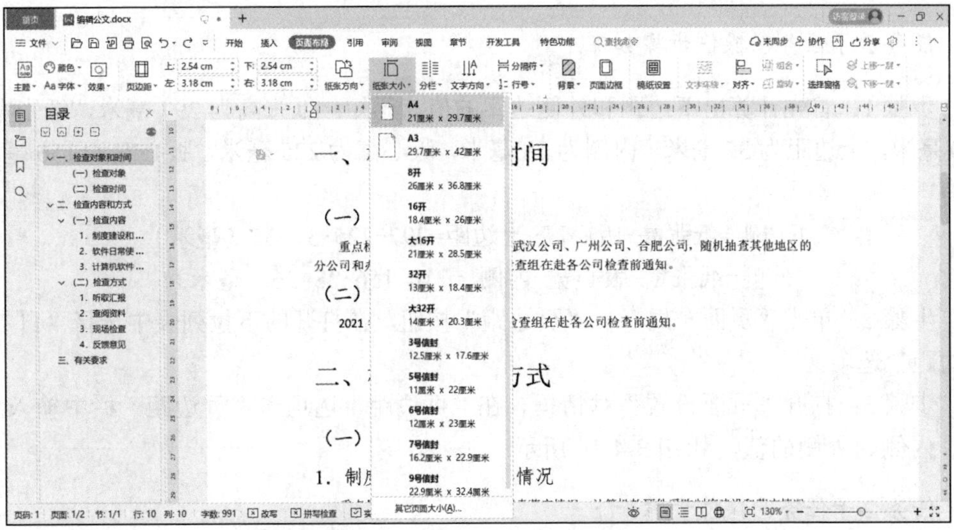

图 3-4-13　“纸张大小”列表

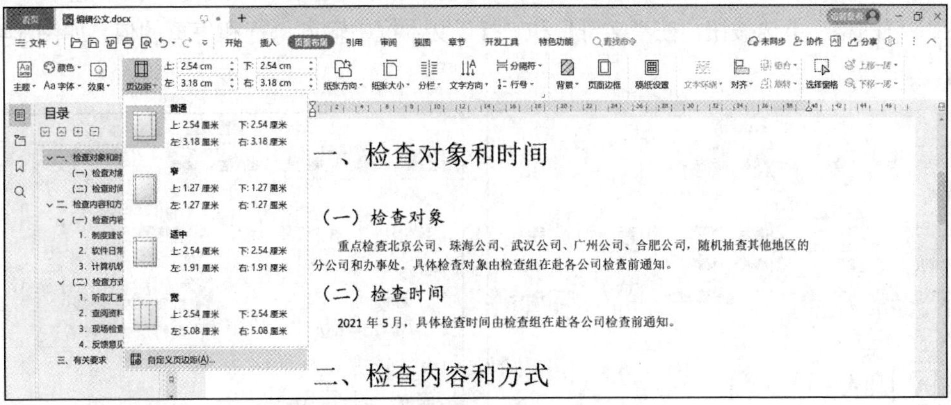

图 3-4-14　“页边距”列表

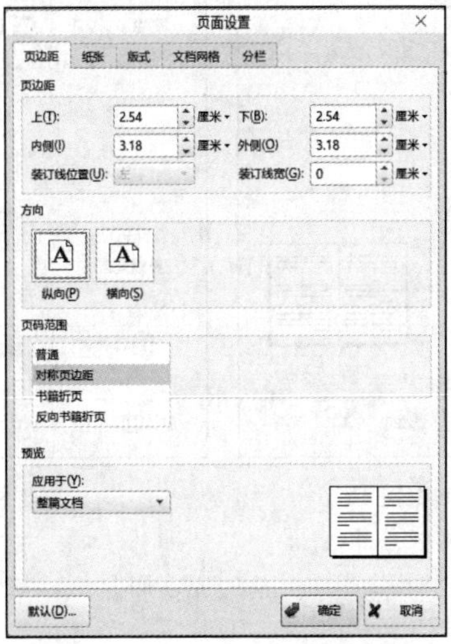

图 3-4-15　对称页边距设置

任务 2 子任务②操作步骤如下。

步骤 1：首先计算出下边距和外侧边距的值。已知：纸张高为 297 毫米，纸张宽为 210 毫米，上边距为 37 毫米，内侧为 28 毫米，版心高为 225 毫米，版心宽为 156 毫米，则有

下边距=纸张高-版心高-上边距=297-225-37=35（毫米）

外侧=纸张宽-版心宽-内侧 =210-156-28=26（毫米）

步骤 2：单击“页面布局”→“页边距”按钮，在打开的下拉列表中选择“自定义页边距”选项。

步骤 3：打开“页面设置”对话框，在“页边距”选项卡“页边距”栏中输入上、下、内侧、外侧的值，如图 3-4-16 所示。

任务 2 子任务③操作步骤如下。

步骤：打开“页面设置”对话框，在“文档网格”选项卡“网格”栏中选中“指定行和字符网格”单选按钮，在“字符”和“行”文本框中输入每行和每页的值，如图 3-4-17 所示。

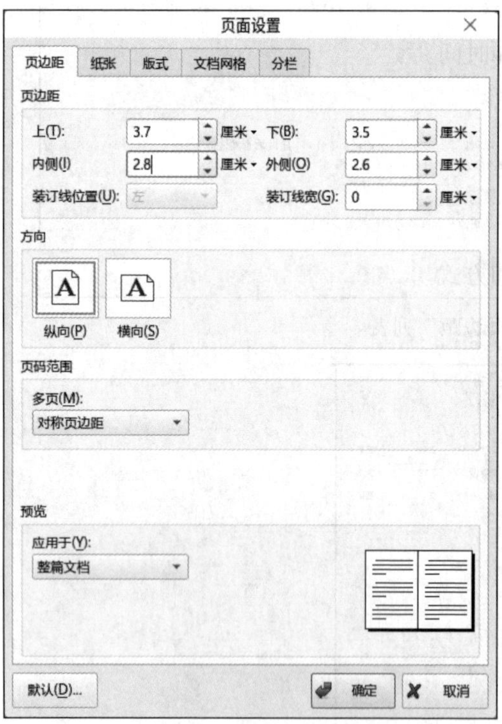

图 3-4-16 纸张页边距设置

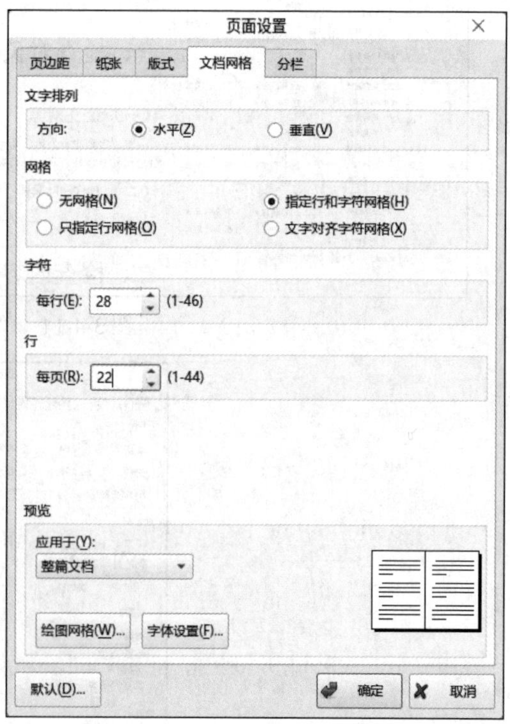

图 3-4-17 文档网格设置

任务 3 操作步骤如下。

步骤 1：选中“长城办公软件股份有限公司文件”文字，在“开始”选项卡字体组

中设置字体为楷体，字号为56，字体颜色为标准色红色，如图3-4-18所示。

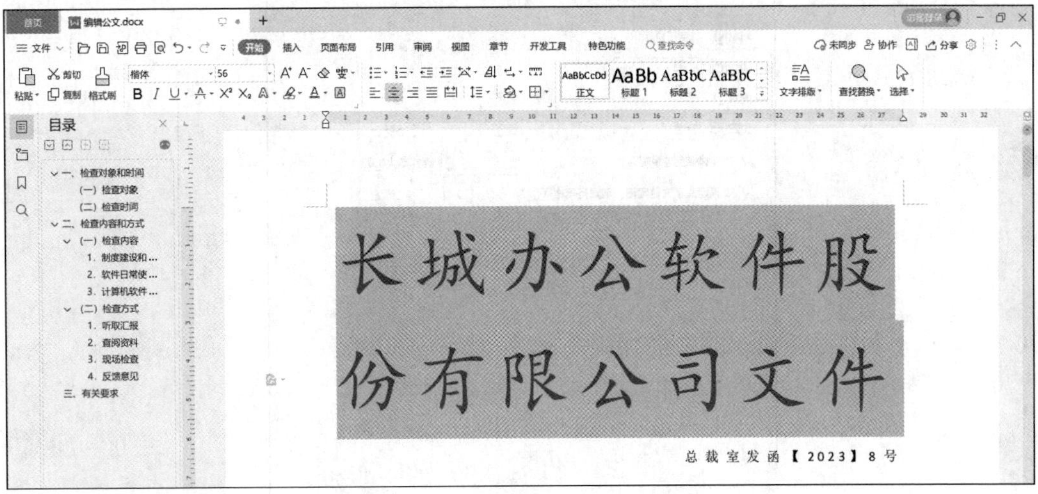

图3-4-18 修改字体、字号、颜色

步骤2：选中红色标题文字，右击，在弹出的快捷菜单中选择“段落”命令，如图3-4-19所示。

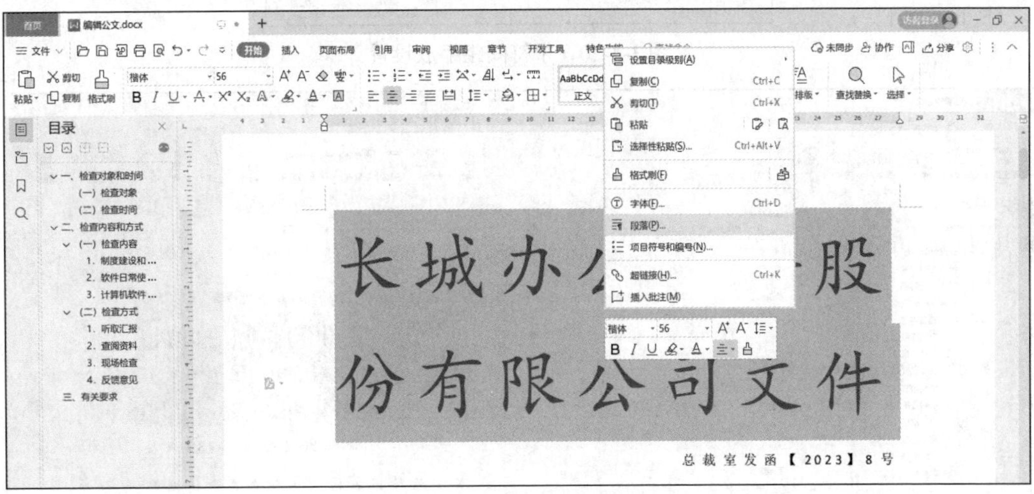

图3-4-19 标题文字段落设置

步骤3：打开“段落”对话框，在“缩进和间距”选项卡“常规”栏中设置对齐方式为分散对齐，段后间距为0.5行，单击“确定”按钮。

步骤4：选中红色标题文字，右击，在弹出的快捷菜单中选择“字体”命令。

步骤5：打开“字体”对话框，在“字符间距”选项下设置缩放为50%，单击“确定”按钮，如图3-4-20所示。

任务4操作步骤如下。

步骤1：单击“插入”→“形状”按钮，在打开的列表选择“线条”栏中的“直线”，如图 3-4-21 所示。

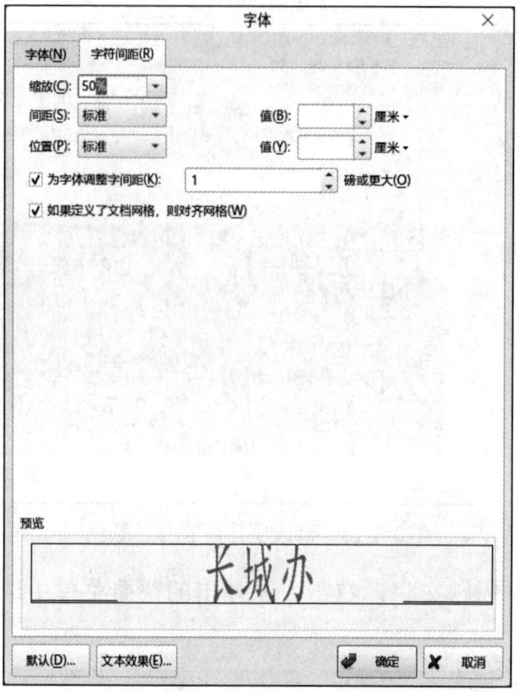

图 3-4-20　字符间距缩放设置

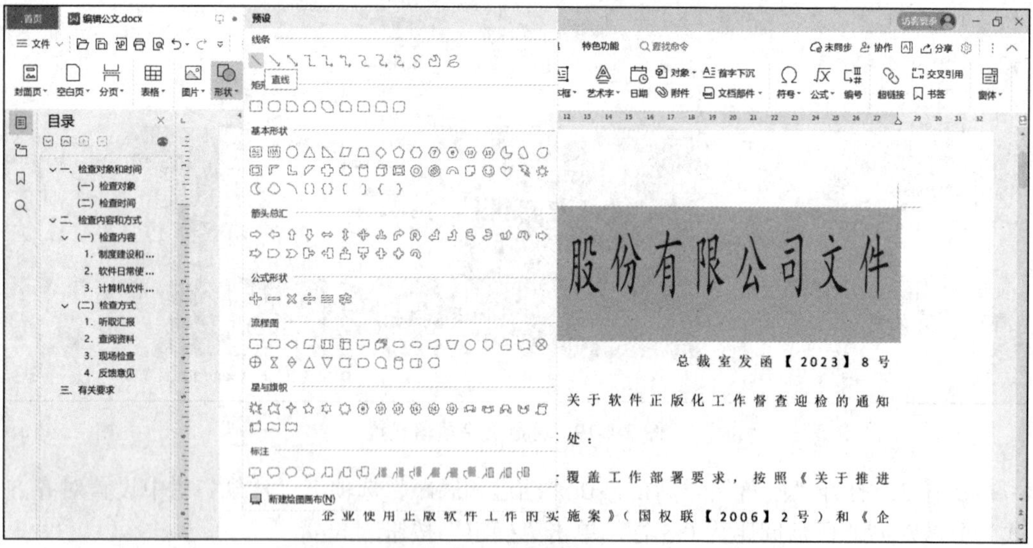

图 3-4-21　选择直线形状

步骤 2：在页眉位置，按住 Shift 键，画一条“直线”，如图 3-4-22 所示。

步骤 3：选中绘制的直线，单击“绘图工具”→“轮廓”按钮，在打开的下拉列表中选择“线型”选项，如图 3-4-23 所示。

步骤 4：打开“属性”窗格，在“填充与线条”选项卡下设置线的宽度为 5 磅，如图 3-4-24 所示。

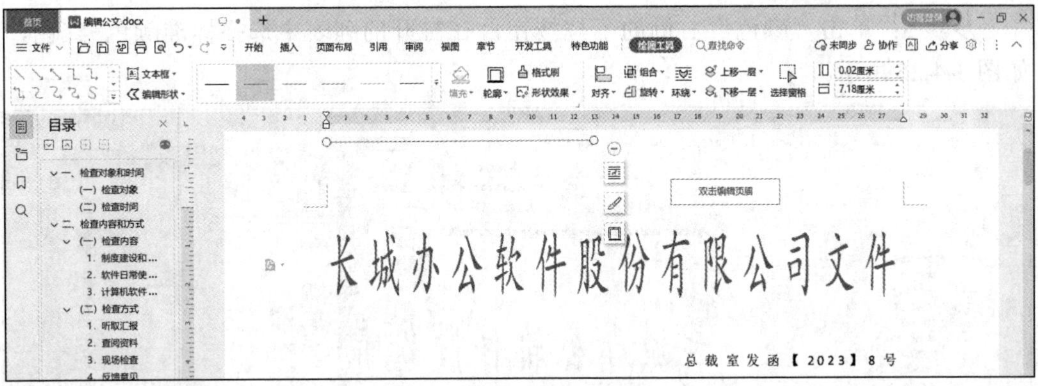

图 3-4-22　页眉处画出直线

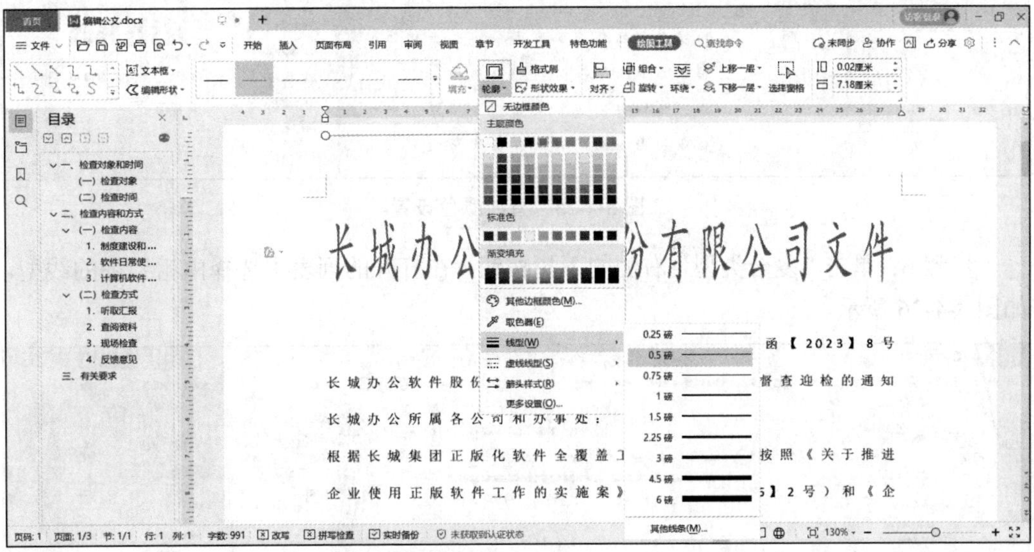

图 3-4-23　线型设置

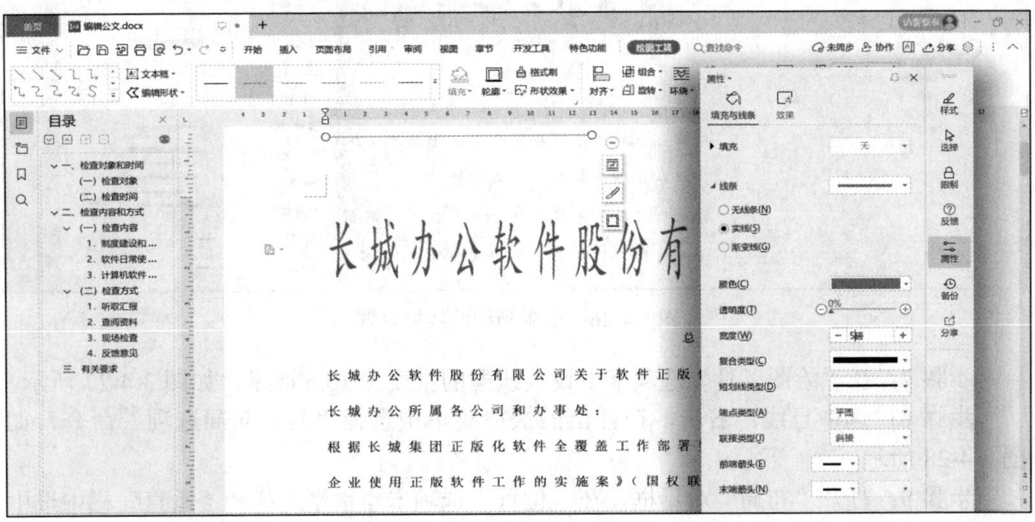

图 3-4-24　线的宽度设置

步骤 5：单击“颜色”右侧的下拉按钮，在打开的列表中选择标准颜色-红色，如图 3-4-25 所示。

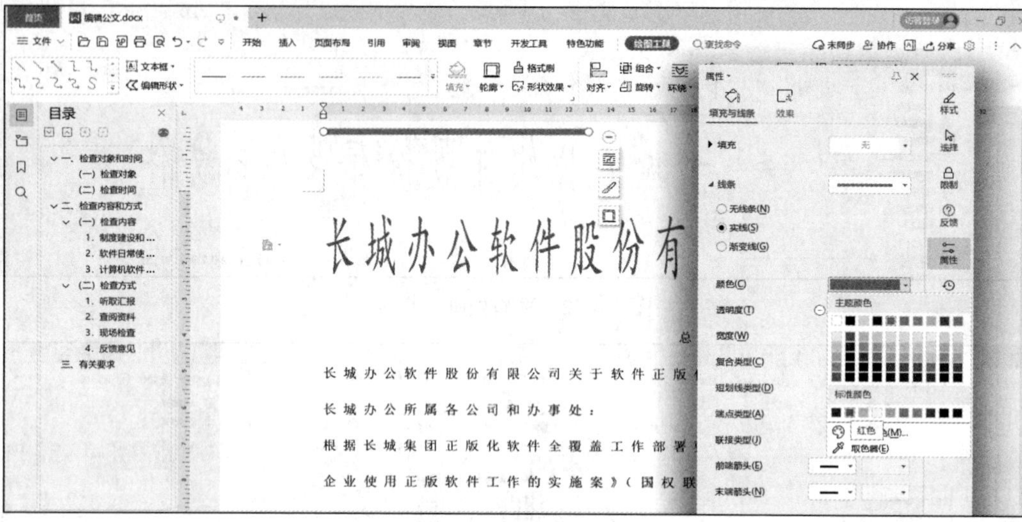

图 3-4-25　直线颜色设置

步骤 6：单击“复合类型”右侧的下拉按钮，在打开的列表中选择由粗到细的线型，如图 3-4-26 所示。

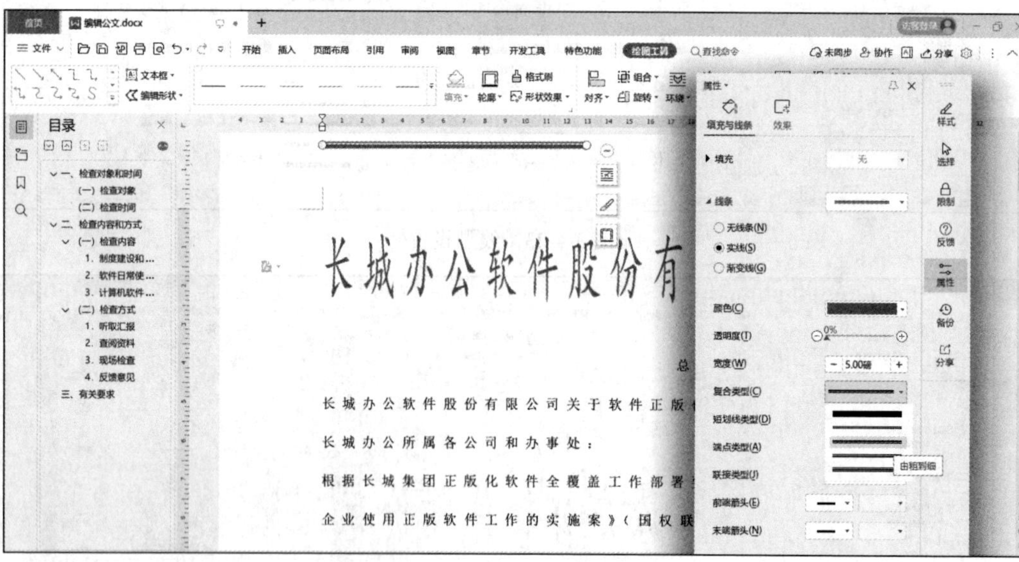

图 3-4-26　由粗到细的线型设置

步骤 7：在“绘图工具”选项卡下设置线型的宽度为 15.6 厘米，如图 3-4-27 所示。

步骤 8：选中直线，右击，在弹出的快捷菜单中选择“其他布局选项”命令，如图 3-4-28 所示。

步骤 9：打开“布局”对话框，在“位置”选项卡“水平”栏和“垂直”栏中选中“绝对位置”单选按钮，并设置水平绝对位置的值为页面右侧 2.5 厘米，垂直绝对位置的值为页面下侧 7 厘米，如图 3-4-29 所示。

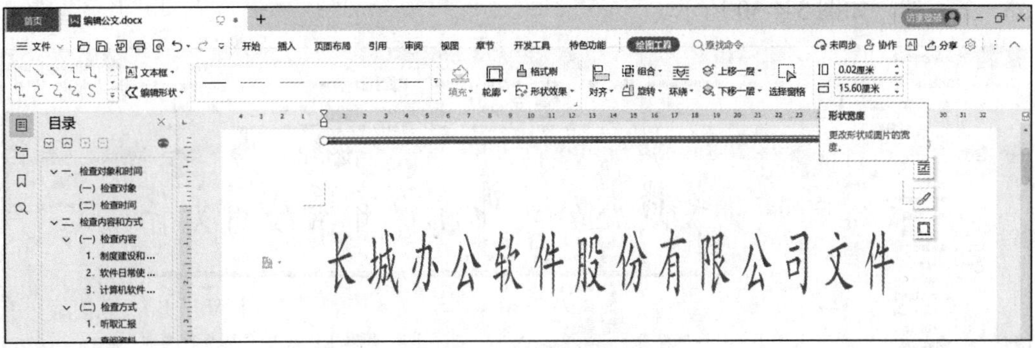

图 3-4-27　设置直线宽度

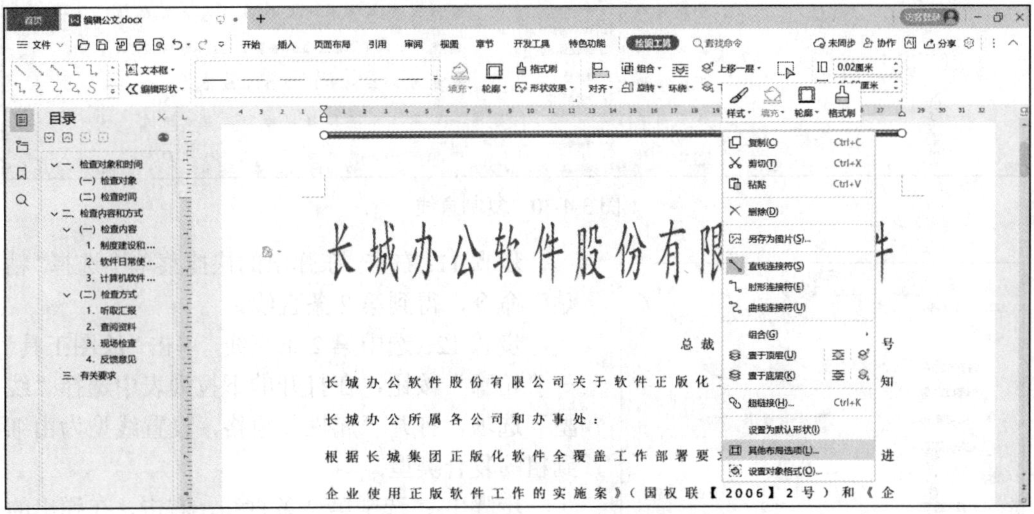

图 3-4-28　直线设置快捷菜单

图 3-4-29　设置水平和垂直的绝对位置

步骤 10：选中红色线条，右击，在弹出的快捷菜单中选择“复制”命令，复制出另外一条直线，如图 3-4-30 所示。

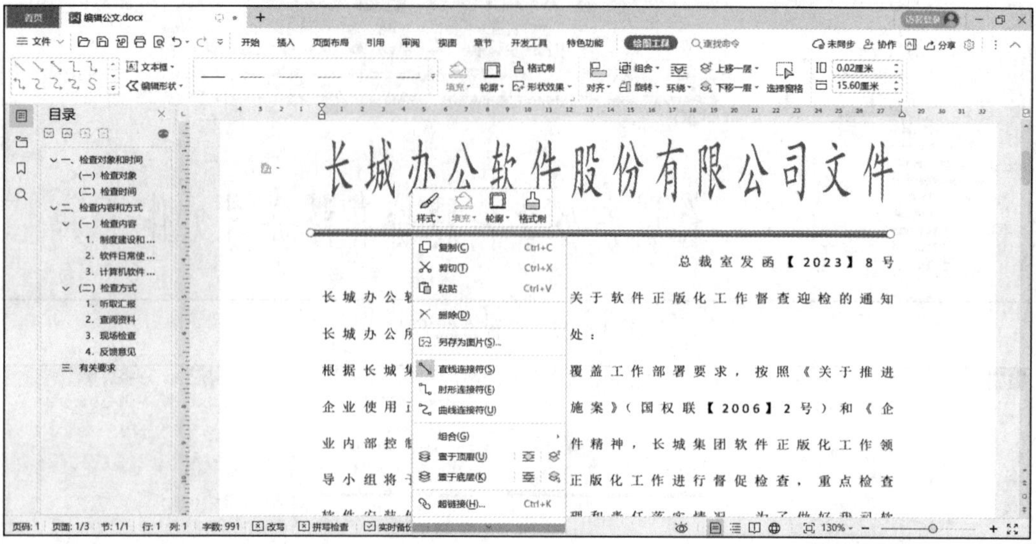

图 3-4-30 复制直线

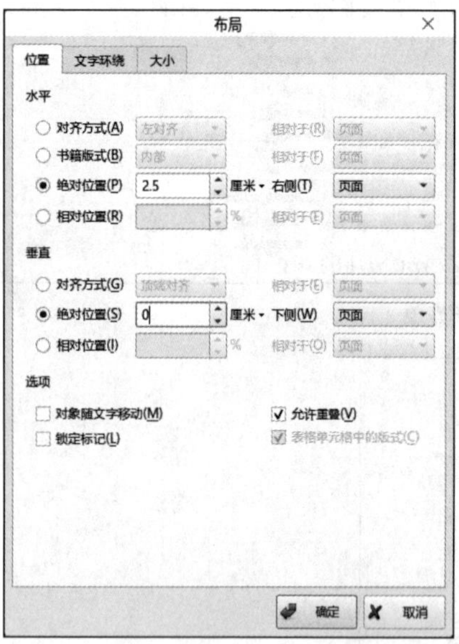

图 3-4-31 第 2 条直线位置设置

步骤 11：右击，在弹出的快捷菜单中选择“粘贴”命令，得到第 2 条直线。

步骤 12：选中第 2 条直线，单击“绘图工具”→“轮廓”按钮，在打开的下拉列表中选择“线型”选项，打开“属性”窗格，设置线型为由细到粗的复合类型。

步骤 13：选中第 2 条直线，右击，在弹出的快捷菜单中选择“其他布局选项”命令。

步骤 14：打开“布局”对话框，在“位置”选项卡“水平”栏和“垂直”栏中选中“绝对位置”单选按钮，并设置水平绝对位置的值为页面右侧 2.5 厘米，垂直绝对位置的值为页面下侧 0 厘米，如图 3-4-31 所示。

任务 5 操作步骤如下。

步骤 1：选中标题“长城办公……的通知”文字，在“开始”选项卡字体组中设置字体为宋体，字号为二号，字形为加粗，如图 3-4-32 所示。

步骤 2：选中标题“长城办公……的通知”文字，右击，在弹出的快捷菜单中选择“段落”命令。

步骤 3：打开“段落”对话框，在“缩进和间距”选项卡下设置对齐方式为居中对齐，段前、段后为 1 行，单击“确定”按钮。

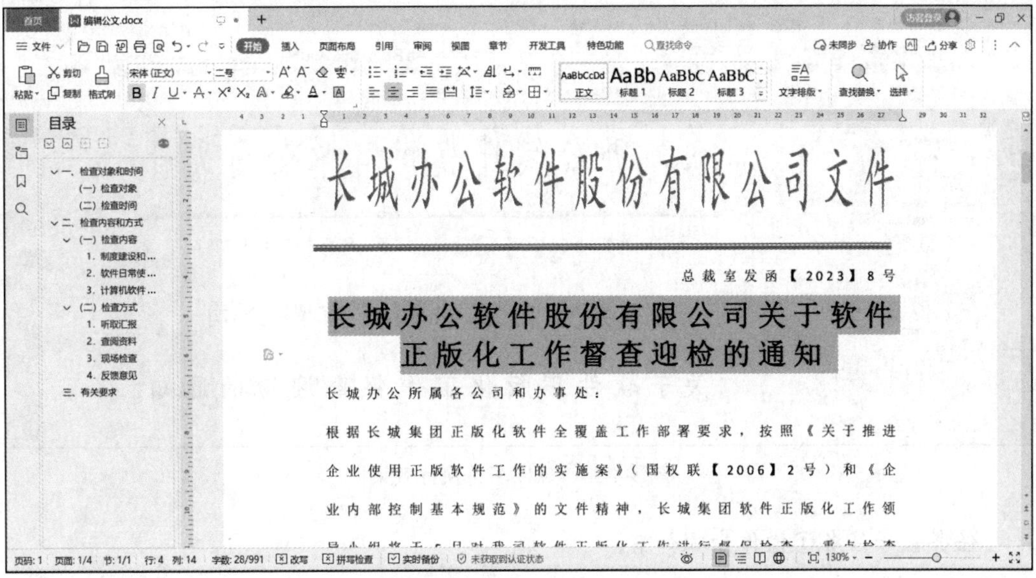

图 3-4-32 修改字体、字号

步骤 4：选中标题“长城办公……的通知”文字，右击，在弹出的快捷菜单中选择“字体”选项。

步骤 5：打开“字体”对话框，在“字符间距”选项下设置间距为加宽 1 磅，单击“确定”按钮。

步骤 6：将光标定位于“关于”之前，“公司”之后的位置，如图 3-4-33 所示。

步骤 7：按 Shift+Enter 组合键，实现软回车换行，如图 3-4-34 所示。

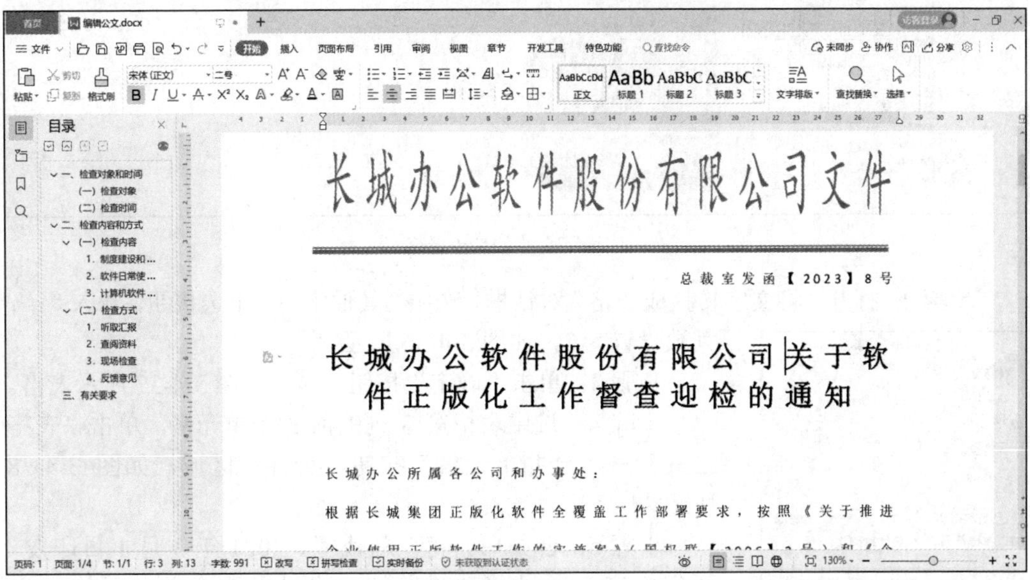

图 3-4-33 光标定位

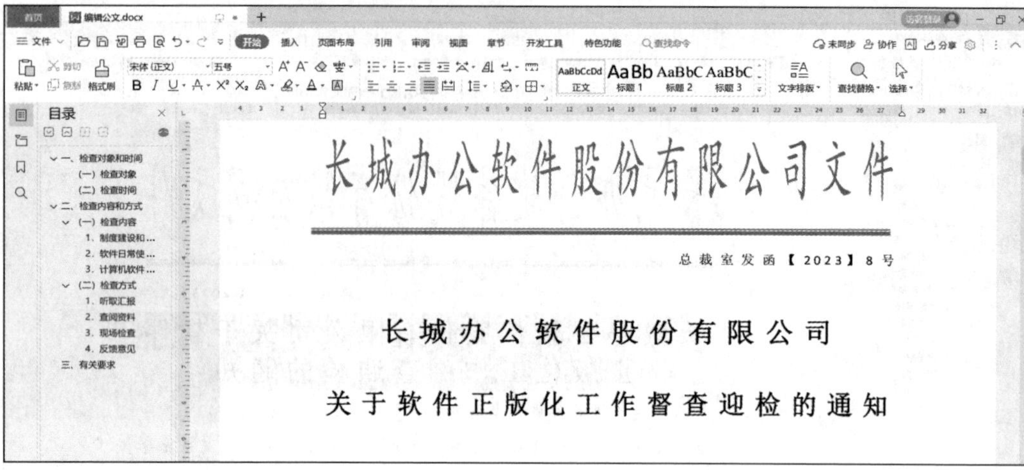

图 3-4-34　软回车符换行效果

任务 6 子任务①操作步骤如下。

步骤 1：选中文档最后“联系人……3 月 1 日印发”段落，单击“插入”→“表格”按钮，在打开的下拉列表中选择“文本转换成表格”选项，如图 3-4-35 所示。

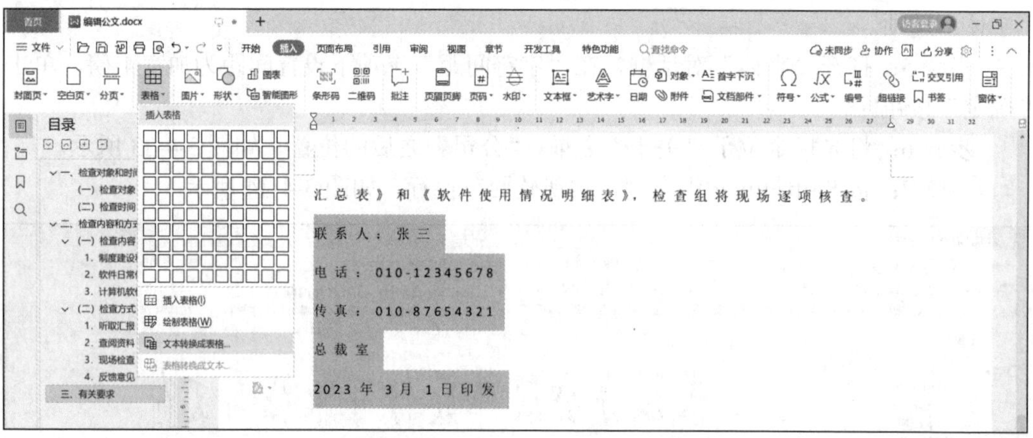

图 3-4-35　文本转表格

步骤 2：打开“将文字转换成表格”对话框，选中“其他字符”单选按钮，输入“：”；列数设置为 3，如图 3-4-36 所示。

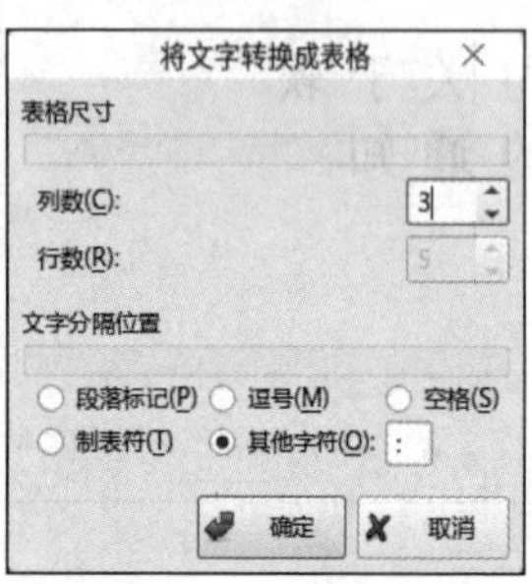

图 3-4-36　分隔符设置

步骤 3：单击“确定”按钮，显示如图 3-4-37 所示表格。

步骤 4：选中表格第 3 列的前 3 个单元格，单击“表格工具”→“合并单元格”按钮，合并该区域，如图 3-4-38 所示。

步骤 5：合并后，将“总裁室、2021 年 3 月 1 日印发”两行文字，通过移动或剪切命令粘贴到合并单元格，如图 3-4-39 所示。

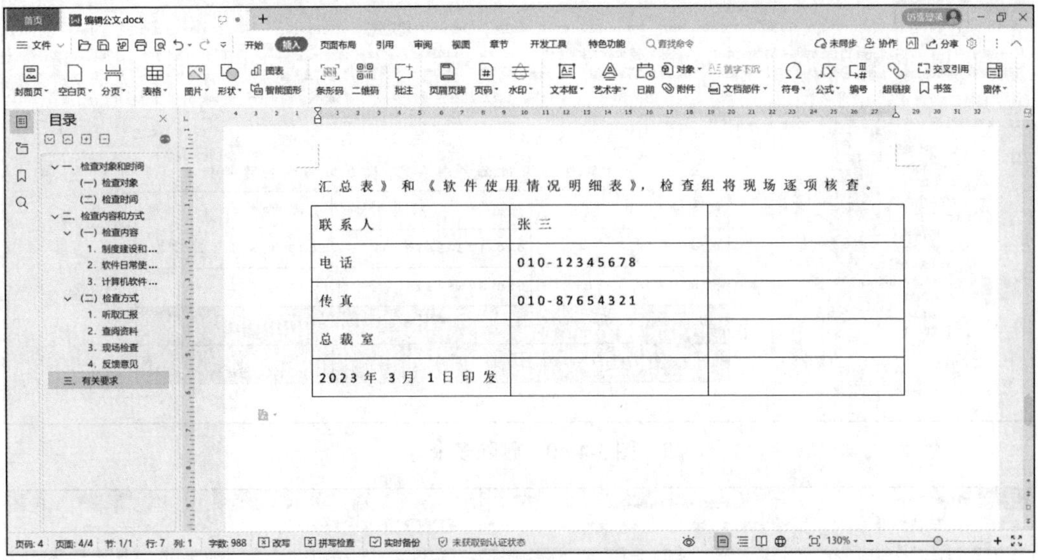

图 3-4-37　转换后的表格

图 3-4-38　合并单元格

联系人	张三	总裁室 2023 年 3 月 1 日印发
电话	010-12345678	
传真	010-87654321	

图 3-4-39　粘贴文字

步骤 6：选中表格最后 2 行，单击“表格工具”→“删除”按钮，在打开的下拉列表中选择“行”选项，将最后 2 个空行删除，如图 3-4-40 所示。

步骤 7：选中表格，单击“表格工具”→“自动调整”按钮，在打开的下拉列表中选择“适应窗口大小”选项，对表格样式进行调整，如图 3-4-41 所示。

步骤 8：分别在第 1 列中的“联系人”“电话”“传真”之后输入“：”，如图 3-4-42 所示。

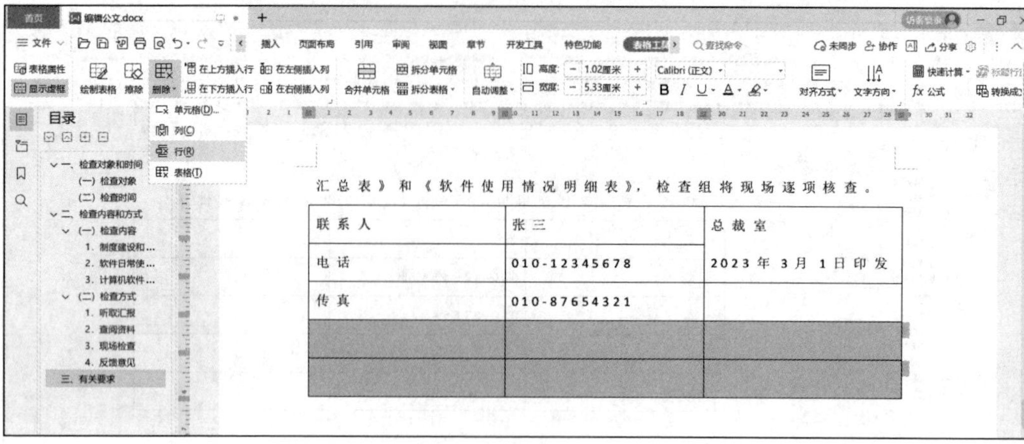

图 3-4-40　删除多余行

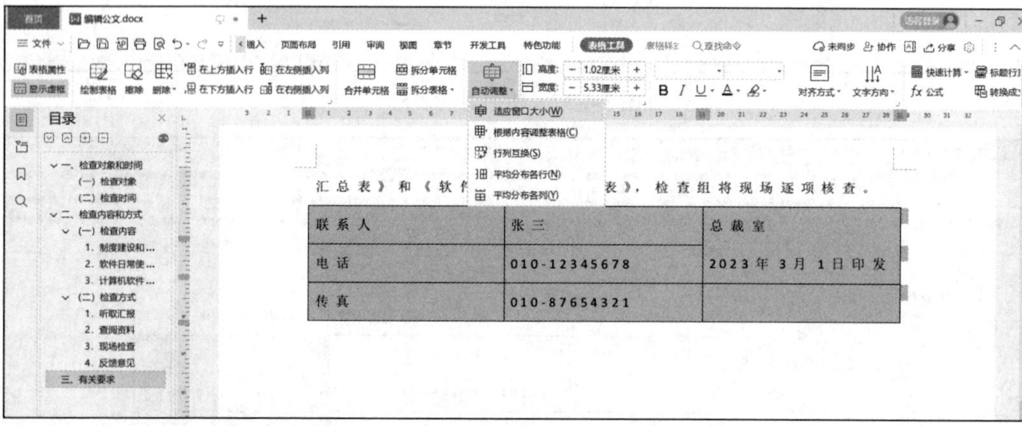

图 3-4-41　调整表格样式

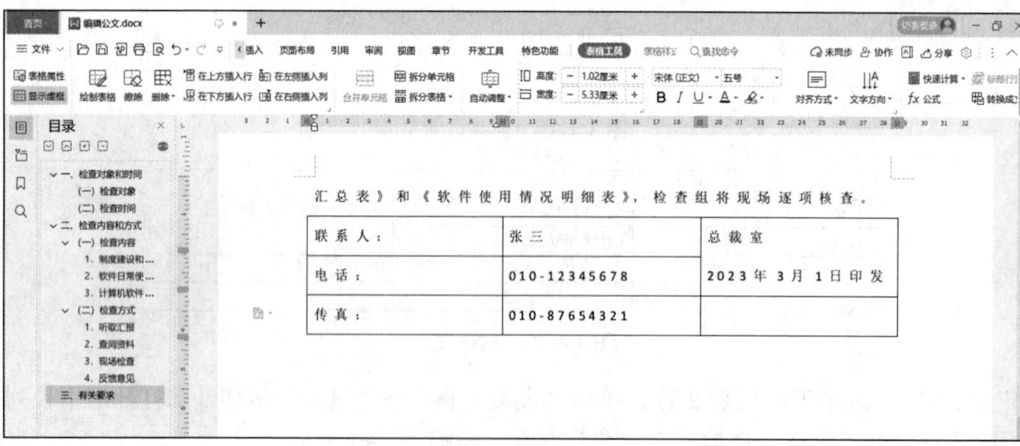

图 3-4-42　输入“：”

任务 6 子任务②操作步骤如下。

步骤 1：选中表格，单击“表格工具”→“对齐方式”按钮，在打开的下拉列表中选择“水平居中”选项，如图 3-4-43 所示。

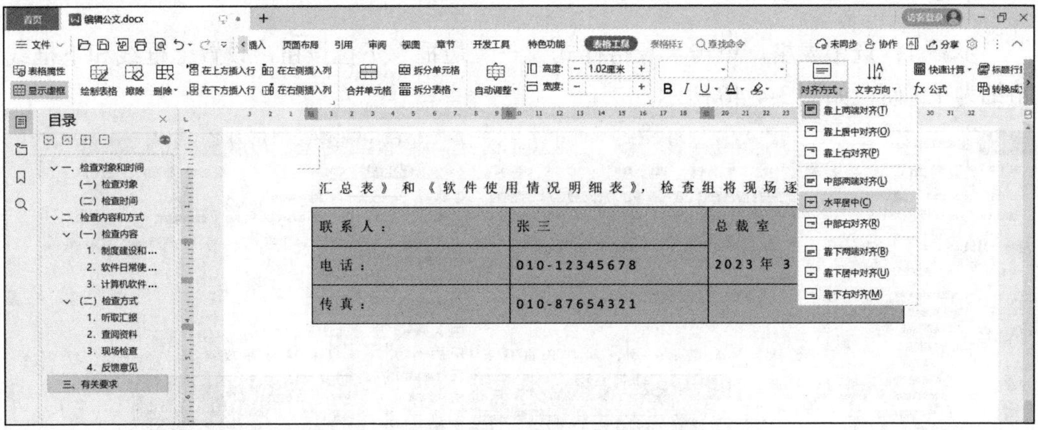

图 3-4-43　水平居中设置

步骤 2：选中第 1 列，单击“开始”→“分散对齐”按钮，如图 3-4-44 所示。

图 3-4-44　分散对齐设置

步骤 3：选中第 2 列，单击“开始”→“左对齐”按钮，如图 3-4-45 所示。

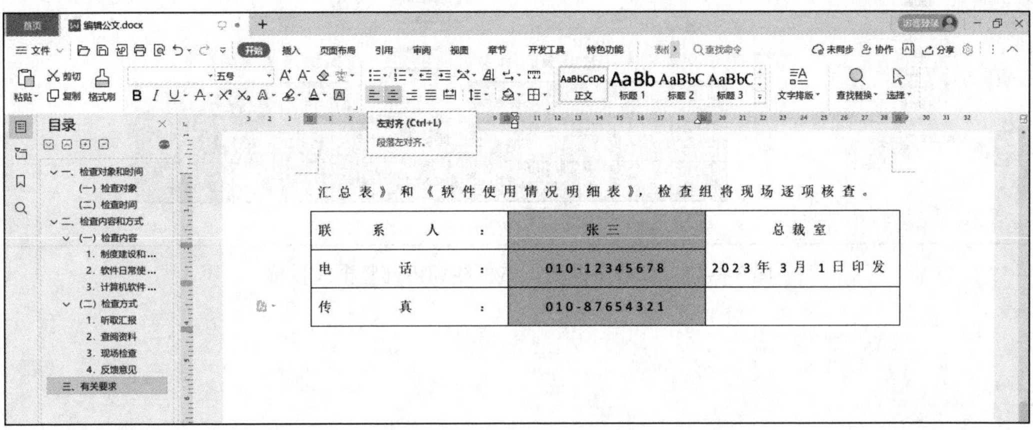

图 3-4-45　左对齐设置

任务 6 子任务③操作步骤如下。

步骤 1：选中表格，单击“表格样式”→“边框”下拉按钮，设置上框线和下框线粗细为 1.5 磅，如图 3-4-46 所示。

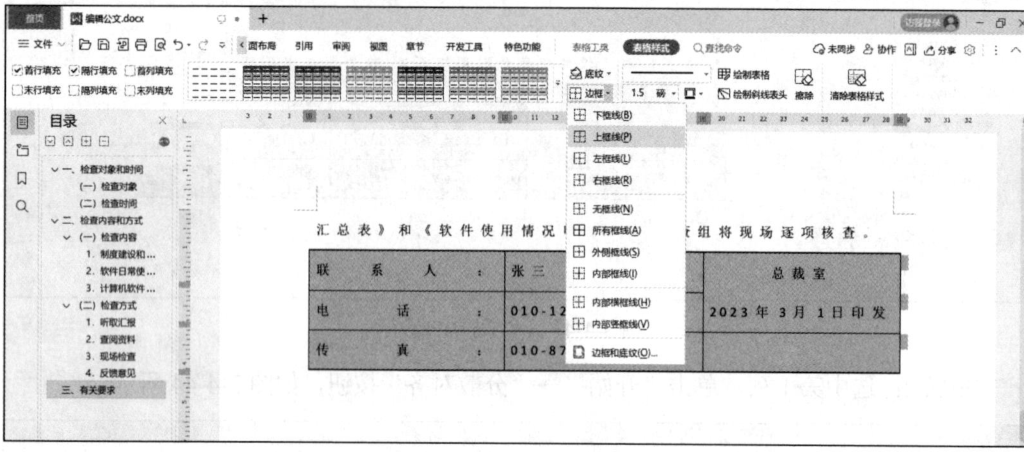

图 3-4-46 上框线和下框线粗细设置

步骤 2：选中表格，单击“表格样式”→“边框”下拉按钮，设置内部横框线粗细为 0.5 磅。

步骤 3：选中表格，单击“表格样式”→“边框”按钮，在打开的下拉列表中取消应用左框线、右框线和内部竖框线三种边框效果，如图 3-4-47 所示。

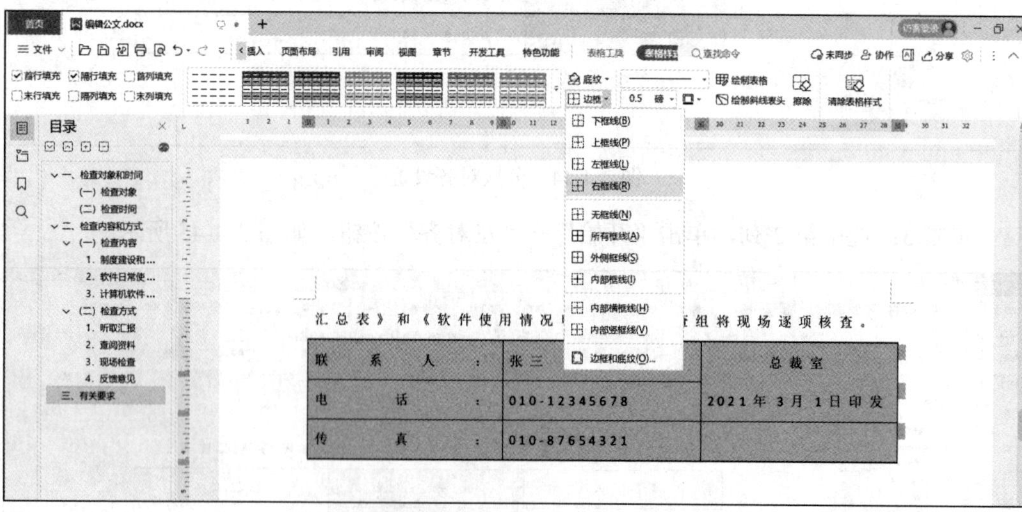

图 3-4-47 取消左框线、右框线和内部竖框线设置

任务五　制作宣传册

任务要求

1. 在配套资源包中打开“实训三—任务五”文件夹中的“宣传册.docx”文档，设置文档属性的摘要信息：标题为金山文档教育版宣传册，作者为KSO。

2. 设置页面：纸张为21厘米×14.8厘米（高×宽），上、下页边距均为1.5厘米，左、右页边距均为2厘米，页眉、页脚距边界均为0.75厘米。

3. 美化封面标题内容，操作要求具体如下：

① 将封面标题前两行文字的颜色设置为标准色中的蓝色。

② 将封面标题第三行文字设置为斜体字，并应用艺术字预设样式为渐变填充-钢蓝。

③ 将封面标题的首字母K设置为首字下沉3行。

4. 宣传册各部分已应用预设样式并已完成部分格式化工作，请进一步修改“标题1”样式格式，要求如下：

① 字号为小一号、不加粗、白色，所用中文字体为黑体，所用英文、数字和符号字体均为Arial。

② 居中对齐，段前、段后间距各0.5行，单倍行距。

③ 设置段落上、下边框为1.5磅粗黑实线，段落左、右无边框，段落底纹颜色为钢蓝，着色5。

④ 设置标题段落均自动另起一页，即始终位于下页首行。

5. 在“教学内容深度定制……”处对文档进行分节，使该文本及其后内容成为文档的第2节。同时要求第2节从新的一页开始（必要时删除空白页），且该节的纸张方向为横向。

6. 对“教学内容深度定制……”之后每页的图片（共4张），按如下要求进行设置：

① 将图片的文字环绕方式由默认的嵌入型修改为四周型。

② 将图片固定在页面上的特定位置，水平方向相对于页边距右对齐，垂直方向相对于页边距下对齐，在不影响文字段落格式的前提下允许适当修改图片大小。

③ 为图片添加右下斜偏移的阴影效果。

任务解析

任务1操作步骤如下。

步骤1：打开“实训三—任务五”文件夹，右击“宣传册.docx”文档，在弹出的快捷菜单中选择“属性”命令，如图3-5-1所示。

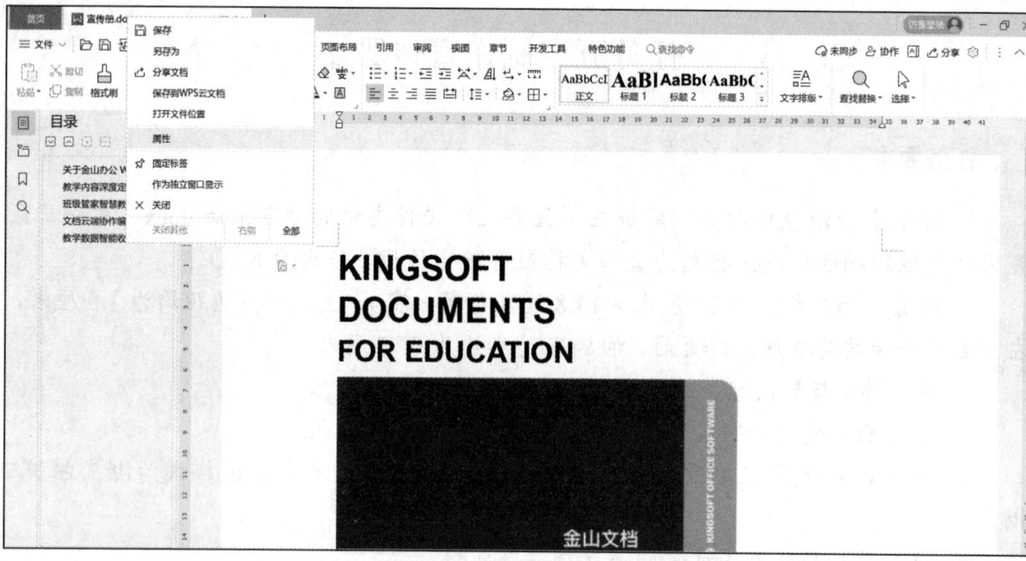

图 3-5-1 属性设置选项

步骤 2：打开“宣传册 属性”对话框，在“摘要”选项卡“标题”文本框中输入“金山文档教育版宣传册”，“作者”文本框中输入“KSO”，如图 3-5-2 所示。

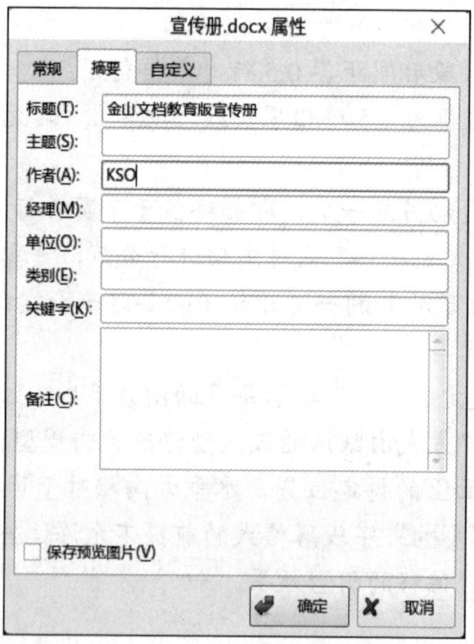

图 3-5-2 “宣传册 属性”对话框

任务 2 操作步骤如下。

步骤 1：单击“页面布局”→“纸张大小”按钮，在打开的下拉列表中选择“其它页面大小”选项，如图 3-5-3 所示。

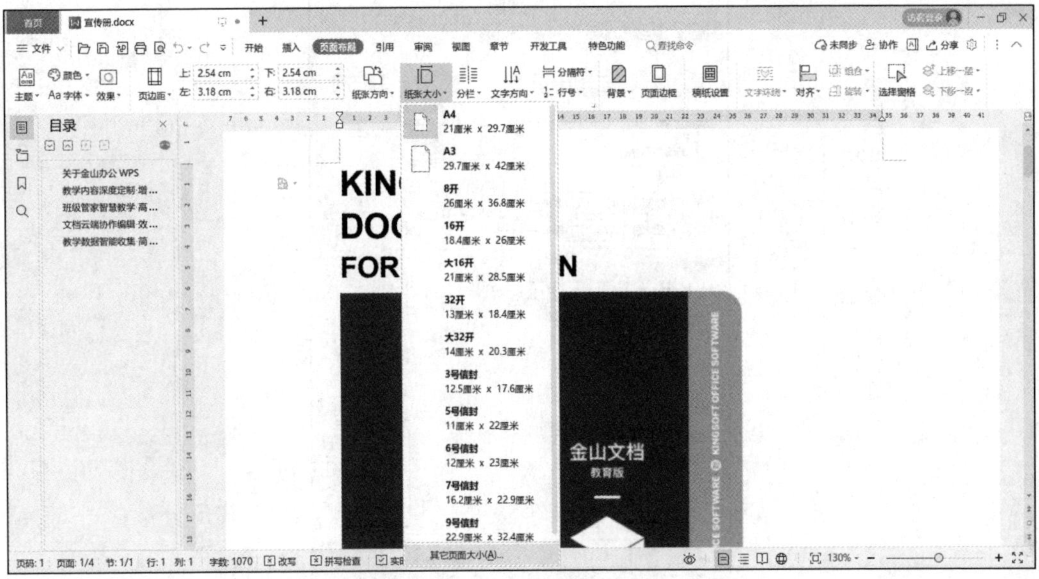

图 3-5-3 自定义纸张大小

步骤 2：打开“页面设置”对话框，在“纸张”选项卡“纸张大小”栏中设置纸张宽度为 14.8 厘米，纸张高度为 21 厘米，如图 3-5-4 所示。

步骤 3：在“页边距”选项卡“页边距”栏中设置上、下页边距均为 1.5 厘米，左、右页边距均为 2 厘米，如图 3-5-5 所示。

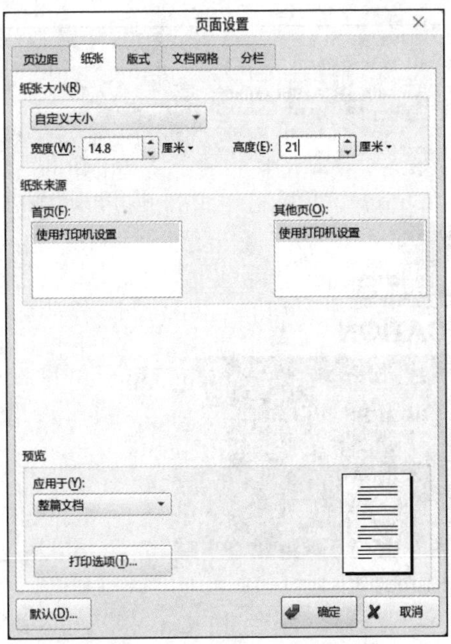

图 3-5-4 纸张宽度和高度设置

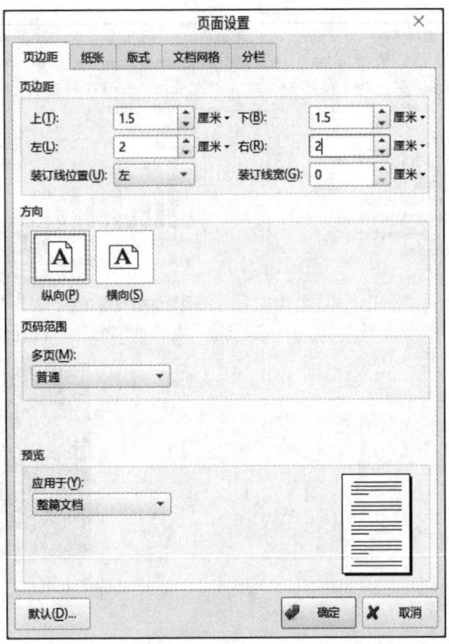

图 3-5-5 页边距设置

步骤 4：在“版式”选项卡下设置页眉、页脚距边界均为 0.75 厘米，单击“确定”按钮，如图 3-5-6 所示。

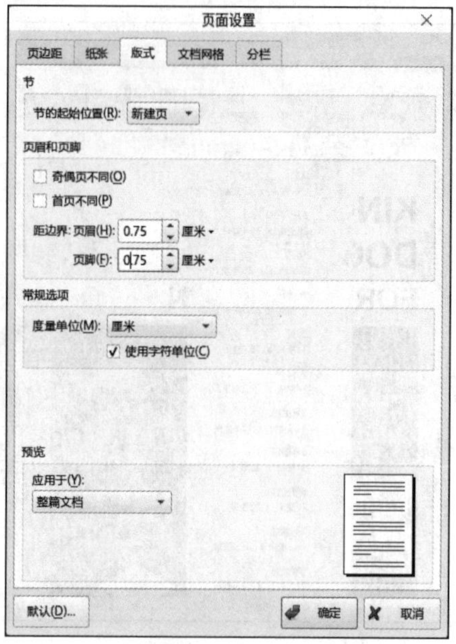

图 3-5-6　页眉、页脚距边界设置

任务 3 子任务①操作步骤如下。

步骤：选中前两行文字，在“开始”选项卡字体组中设置字体颜色为标准色中的蓝色，如图 3-5-7 所示。

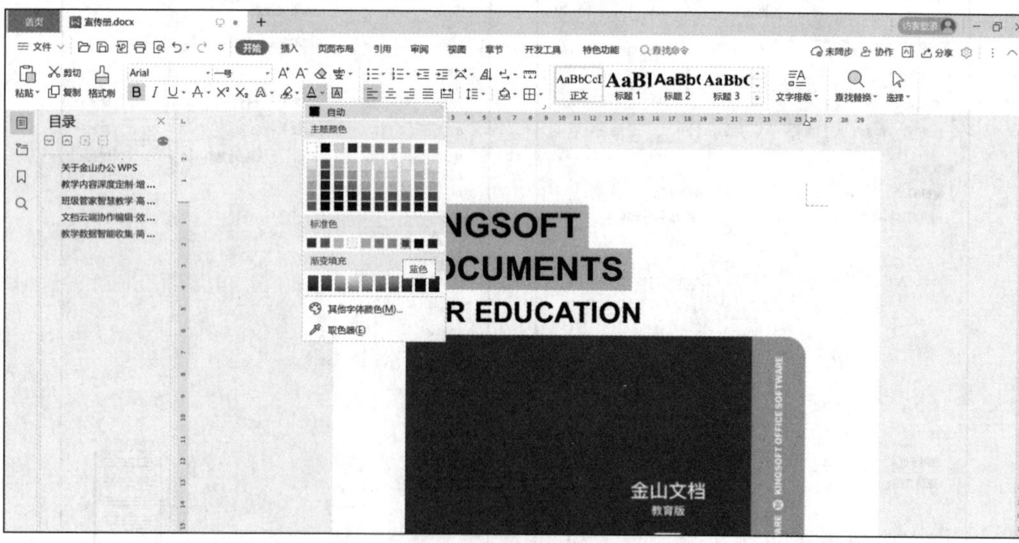

图 3-5-7　字体颜色设置

任务 3 子任务②操作步骤如下。

步骤 1：选中第 3 行文字，在“开始”选项卡字体组中设置字形为斜体，如图 3-5-8 所示。

图 3-5-8 字形设置

步骤 2：单击“开始”→“艺术字”按钮，在打开的下拉列表中设置艺术字预设样式为“渐变填充-钢蓝”，如图 3-5-9 所示。

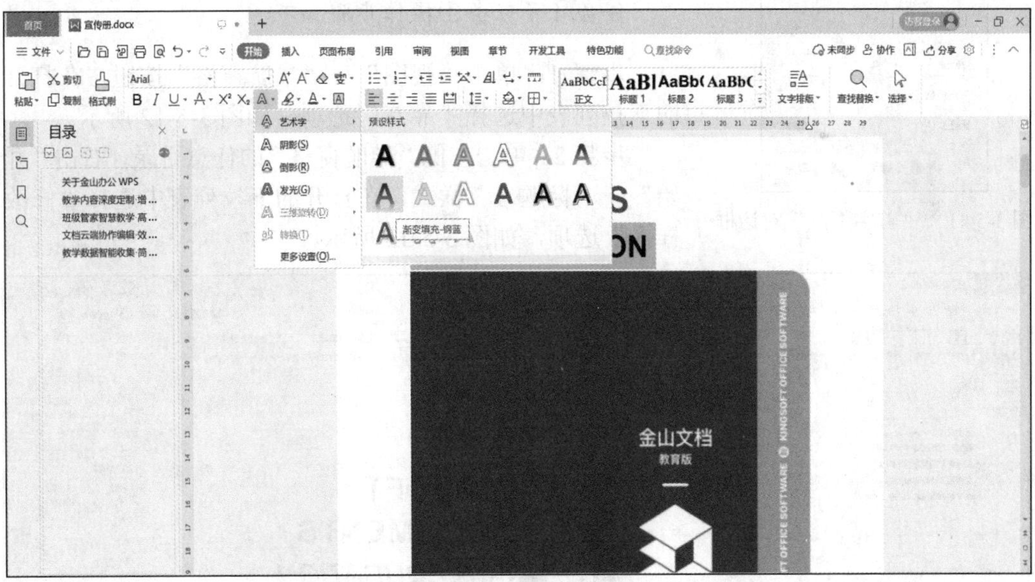

图 3-5-9 艺术字预设样式设置

任务 3 子任务③操作步骤如下。

步骤 1：选中前 3 行文字，单击“插入”→“首字下沉”按钮，如图 3-5-10 所示。

图 3-5-10　首字下沉设置选项

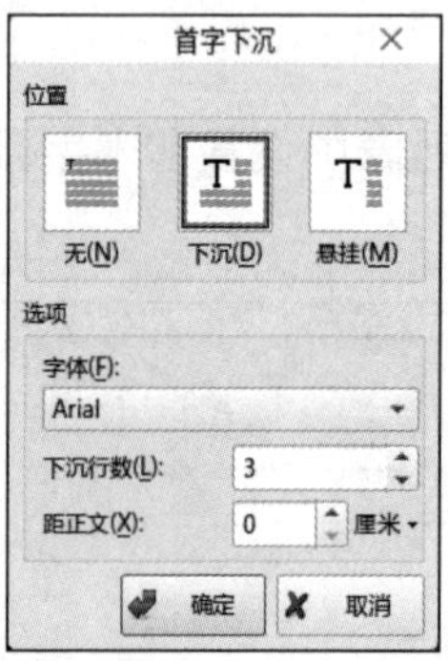

图 3-5-11　“首字下沉”对话框

步骤 2：打开“首字下沉”对话框，在“位置”栏中选择“下沉”选项，在“选项”栏中选择“下沉行数”为“3 行”，如图 3-5-11 所示。

任务 4 子任务①操作步骤如下。

步骤 1：单击“视图”→“导航窗格”按钮，在打开的下拉列表中选择“靠左”选项，如图 3-5-12 所示。

步骤 2：单击左侧“导航窗格”的任意目录，右击“开始”→“标题 1”样式，在打开的下拉列表中选择“修改样式”选项，如图 3-5-13 所示。

图 3-5-12　首字下沉后靠左设置

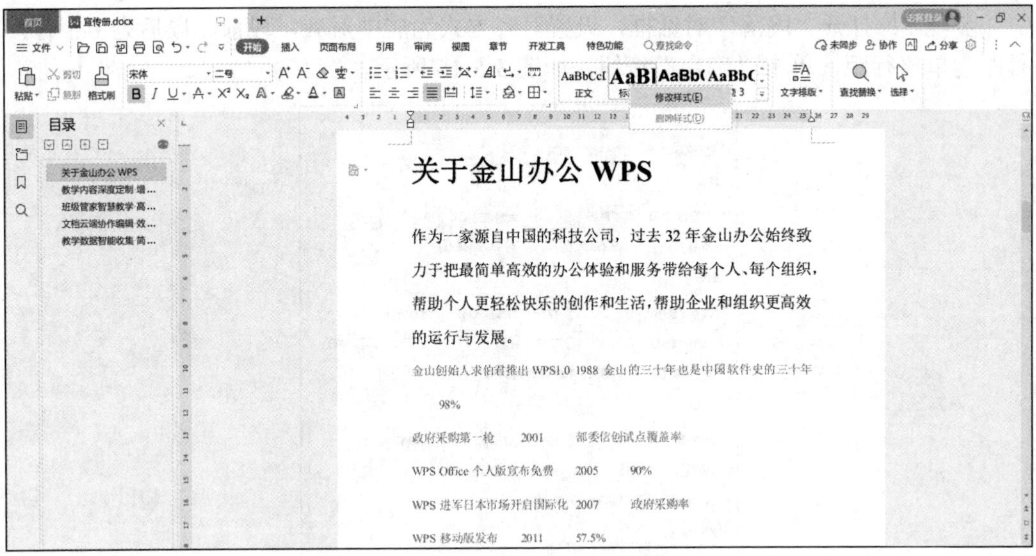

图 3-5-13　修改样式设置选项

步骤 3：打开“修改样式”对话框，单击“格式”按钮，在打开的下拉列表中选择“字体”选项，如图 3-5-14 所示。

步骤 4：打开“字体”对话框，按照任务要求设置中英文字体、字形、字号和字体颜色，如图 3-5-15 所示。

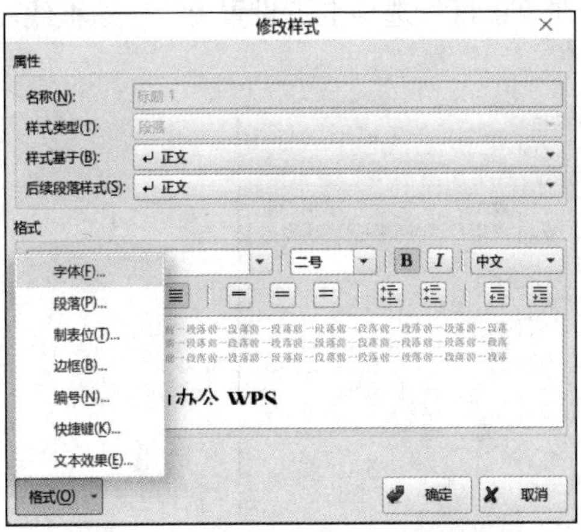

图 3-5-14　修改“标题 1”样式字体

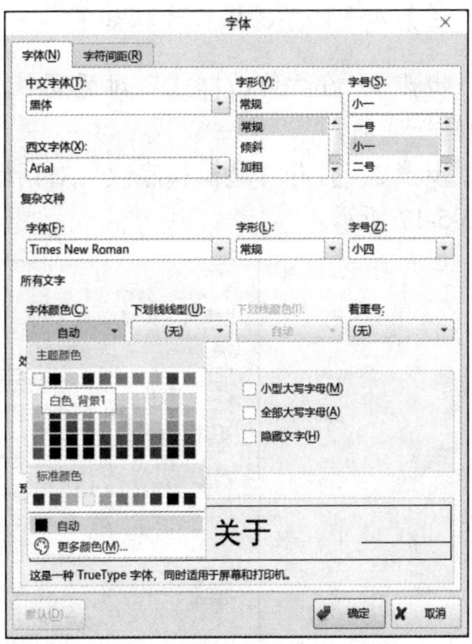

图 3-5-15　字体格式设置

任务 4 子任务②操作步骤如下。

步骤 1：在“修改样式”对话框中，单击“格式”按钮，在打开的下拉列表中选择“段落”选项。

步骤 2：打开“段落”对话框，设置对齐方式为居中对齐，段前、段后为 0.5 行，行距为单倍行距，单击“确定”按钮，如图 3-5-16 所示。

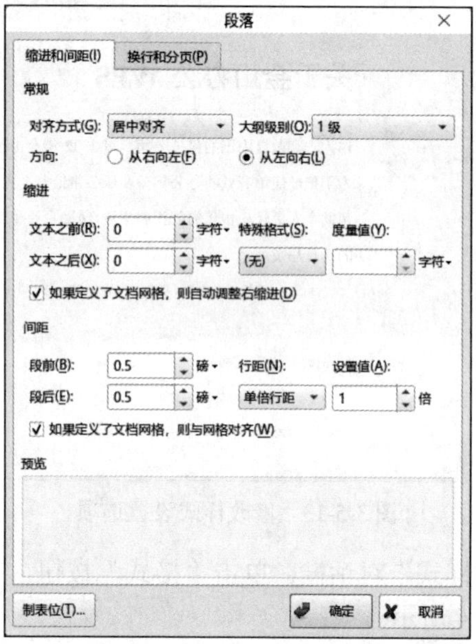

图 3-5-16 段落对齐方式和间距设置

任务 4 子任务③操作步骤如下。

步骤 1：在“修改样式”对话框中，单击“格式”按钮，在打开的下拉列表中选择“边框”选项。

步骤 2：打开“边框和底纹”对话框，在“边框”选项卡下设置上、下边框线，如图 3-5-17 所示。

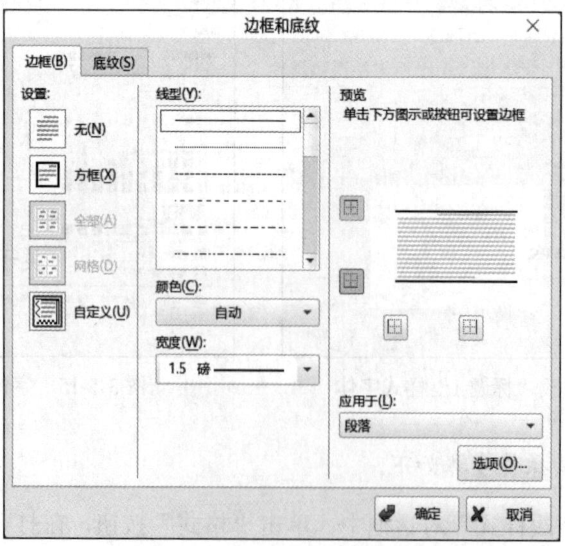

图 3-5-17 上、下边框线设置

步骤3：在“底纹”选项卡下设置填充颜色为主题颜色中的“钢蓝，着色5”，单击“确定”按钮，如图3-5-18所示。

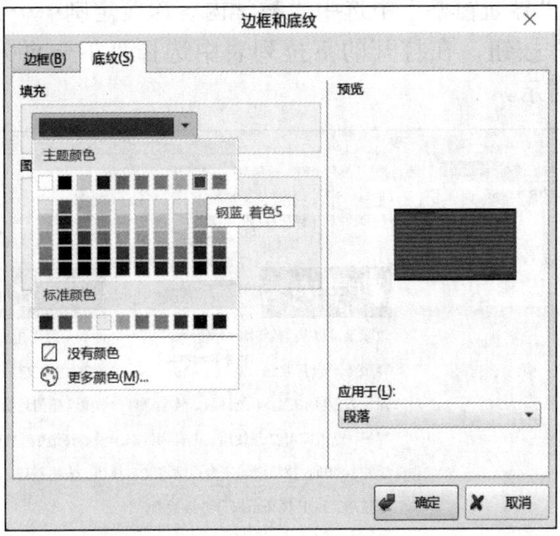

图3-5-18　填充颜色

任务4子任务④操作步骤如下。

步骤1：在“修改样式”对话框中，单击“格式”按钮，在打开的下拉列表中选择“段落”选项。

步骤2：打开“段落”对话框，在“换行和分页”选项卡“分页”栏中选中“段前分页”复选框，单击“确定”按钮，如图3-5-19所示。

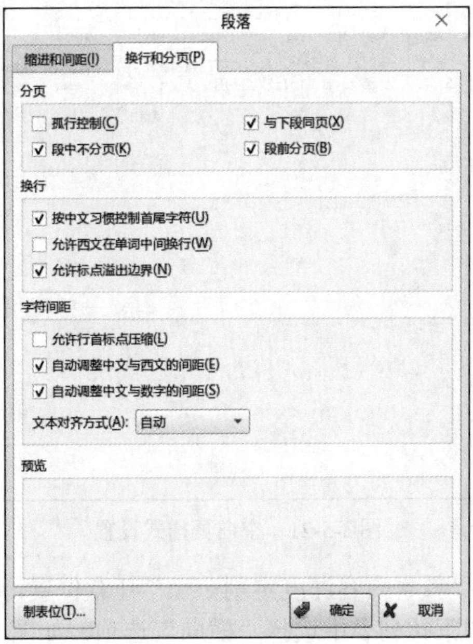

图3-5-19　段前分页设置

任务 5 操作步骤如下。

步骤 1：在左侧“导航窗格”中选中“教学内容深度定制……”文本，单击“页面布局”→“分隔符”按钮，在打开的下拉列表中选择“下一页分节符”选项，进行分节，如图 3-5-20 所示。

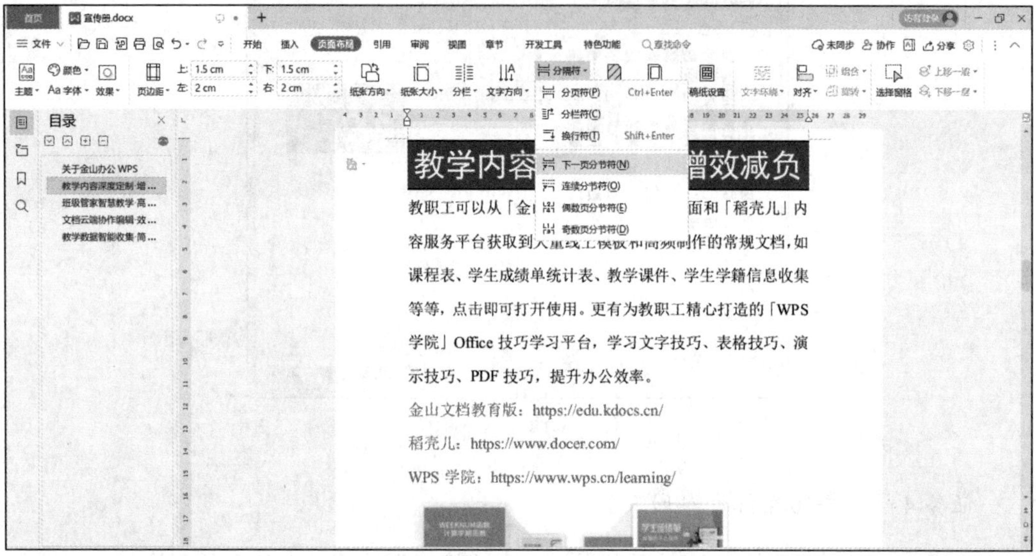

图 3-5-20　分节设置

步骤 2：分节之后，“教学内容深度定制……”之前存在空白页，光标定位于空白页最上面的分节符位置，切换至“开始”选项卡，选择“正文”样式，如图 3-5-21 所示。

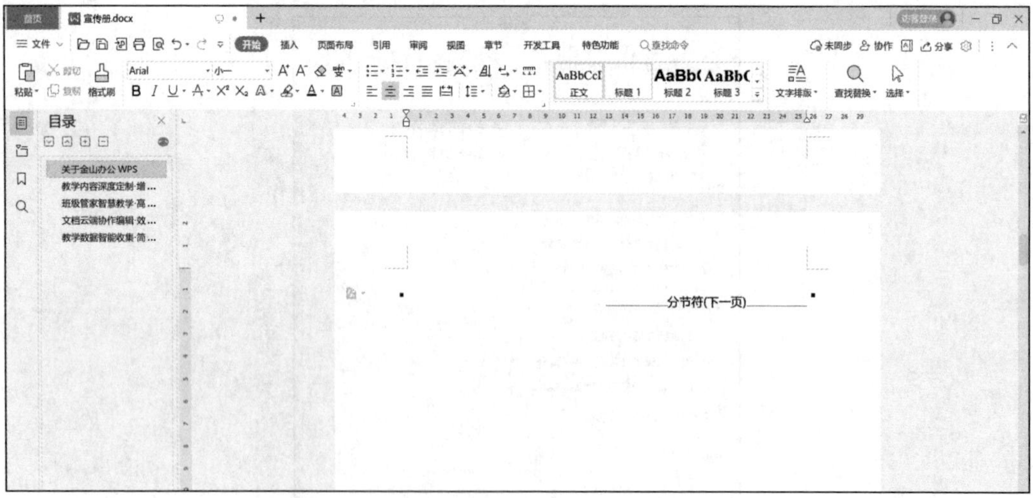

图 3-5-21　空白页样式设置

步骤 3：将光标置于“教学内容深度定制……”任意位置，单击“页面布局”→“纸张方向”按钮，在打开的下拉列表中选择“横向”选项，如图 3-5-22 所示。

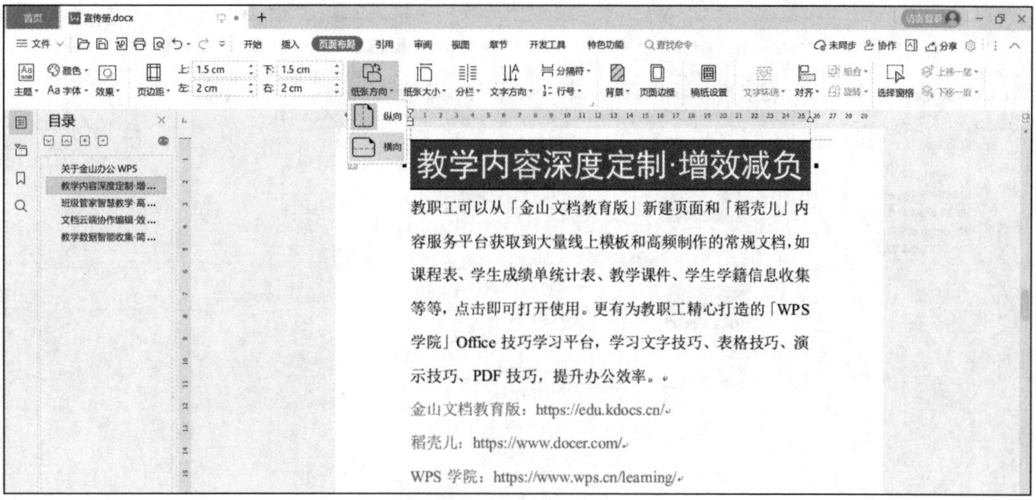

图 3-5-22 纸张横向设置

任务 6 子任务①操作步骤如下。

步骤：选中文档中的第 1 张图片，单击“图片工具”→“环绕”按钮，在打开的下拉列表中选择“四周型环绕”选项，如图 3-5-23 所示。

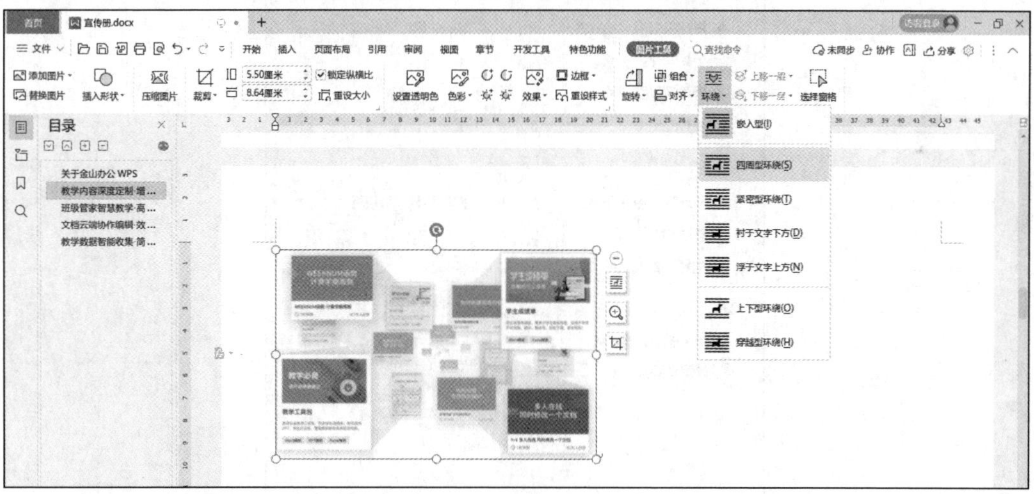

图 3-5-23 图片环绕设置

任务 6 子任务②操作步骤如下。

步骤 1：选中文档第 1 张图片，右击，在弹出的快捷菜单中选择“其他布局选项”命令，如图 3-5-24 所示。

步骤 2：打开“布局”对话框，在“位置”选项卡“水平”栏和“垂直”栏中设置水平方向相对于页边距右对齐，垂直方向相对于页边距下对齐，单击“确定”按钮，如图 3-5-25 所示。

图 3-5-24 布局选项设置

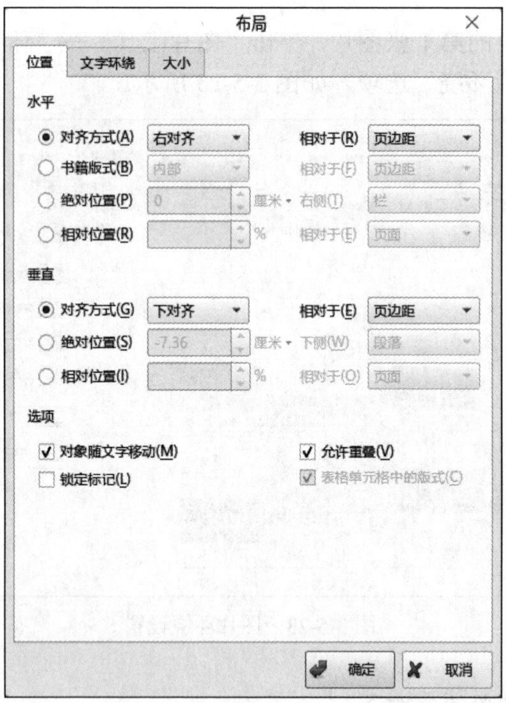

图 3-5-25 水平和垂直位置设置

任务 6 子任务③操作步骤如下。

步骤：选中文档第 1 张图片，单击“图片工具”→“效果”按钮，在打开的下拉列表中选择“阴影”→“外部”栏中的“右下斜偏移”阴影效果，如图 3-5-26 所示。

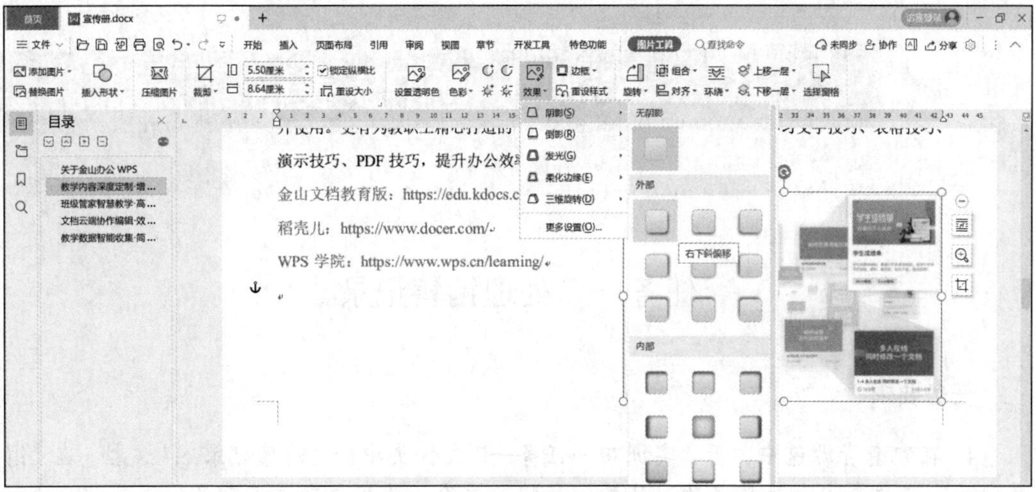

图 3-5-26　图片阴影效果设置

使用同样的方法设置其后的 3 张图片。

实训四　WPS 表格

任务一　处理销售记录

任务要求

1. 在配套资源包中打开“实训四—任务一”文件夹中的“销售记录.et”文档，在“销售记录”工作表中，商品名称、品类、品牌、单价、购买金额这五列已经设置好公式，请在 D1:G1 单元格中已有内容的后面增加“(自动计算)”字样，新增的内容需要换行显示，字号设置为 9 号。

2. 在“销售记录”工作表中，使用条件格式对“购买金额”(I2:I20)进行标注：大于等于 20000 的单元格，单元格底纹显示浅蓝色(颜色面板：第 2 行第 5 个)；小于 10000 的单元格，单元格底纹显示浅橙色(颜色面板：第 2 行第 8 个)。

3. 在“销售记录”工作表中，对“折扣优惠”(J2:J20)中的内容进行规范填写，并按照如下要求设置：

① 在该列插入下拉列表，列表中的内容需要引用“基础信息表”工作表中的“折扣优惠”(H3:H6)。

② “折扣优惠”列(J2:J20)中原本描述与下拉列表内容不一致的单元格，需要重新修改为规范描述。

4. 在“销售记录”工作表中，“折后金额”(K2:K20)中使用 IFS 函数，按照表 4-1-1 所示规则计算折后金额。

表 4-1-1　具体要求

折扣优惠	折扣优惠
折扣优惠=无优惠	折扣优惠=购买金额×100%
折扣优惠=普通	折扣优惠=购买金额×95%
折扣优惠=VIP	折扣优惠=购买金额×85%
折扣优惠=SVIP	折扣优惠=购买金额×80%

5. 在“销售记录”工作表中，为方便查看销售表数据，设置表格上下翻页时，标题行始终显示；左右滚动时，“日期”和“客户名称”列始终显示。

6. 将“销售记录”工作表设置为选择某个单元格时，自动将该单元格所在行、列标记为与其他行、列不同的颜色。

7. 对“销售记录”工作表进行如下打印页面设置：

① 设置“销售记录”工作表横向，打印在 A4 纸上。

② 在打印时，每页都打印标题行。

8. 请在“目录”工作表中的 B3:B5 单元格中分别设置超链接，单击单元格自动跳转至对应“工作表”。

任务解析

任务 1 操作步骤如下。

步骤 1：打开配套资源包中的素材文档“销售记录.et”，在“销售记录”工作表中，选中“D1”单元格，在编辑栏的“商品名称”之后输入“（自动计算）”，如图 4-1-1 所示。

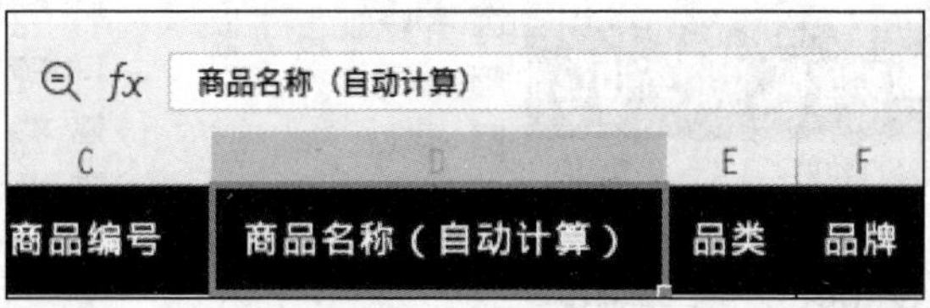

图 4-1-1　输入“（自动计算）”文字

步骤 2：选中编辑栏的“（自动计算）”文字，设置字号大小为 9，如图 4-1-2 所示。

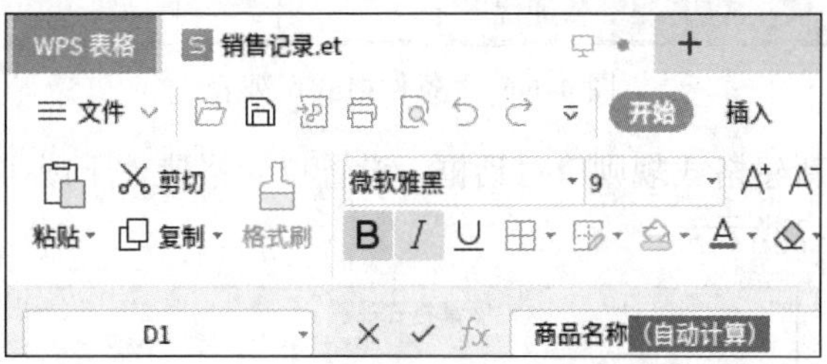

图 4-1-2　“（自动计算）”设置字号

步骤 3：将光标置于“商品名称”之后，如图 4-1-3 所示，按 Alt+Enter 组合键换行显示，如图 4-1-4 所示。

图 4-1-3　光标位置

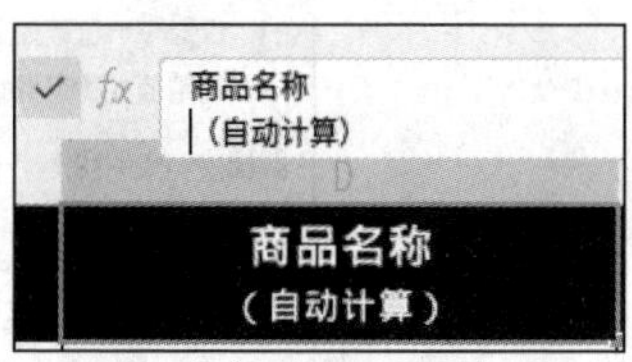

图 4-1-4　换行显示效果

使用同样的方法，在 E1:G1 单元格中增加“（自动计算）”字样，新增的内容换行显示。整体效果如图 4-1-5 所示。

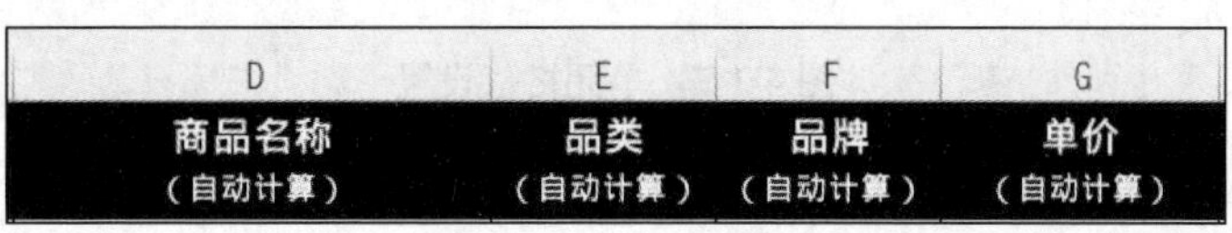

图 4-1-5　整体效果

任务 2 操作步骤如下。

步骤 1：选中 I2:I20 区域，单击“开始”→“条件格式”按钮，在打开的下拉列表中选择“突出显示单元格规则”→“其他规则”选项，如图 4-1-6 所示。

图 4-1-6 “条件格式”列表

步骤 2：打开“新建格式规则”对话框，设置单元格值大于或等于 20000，单击“格式”按钮，如图 4-1-7 所示。

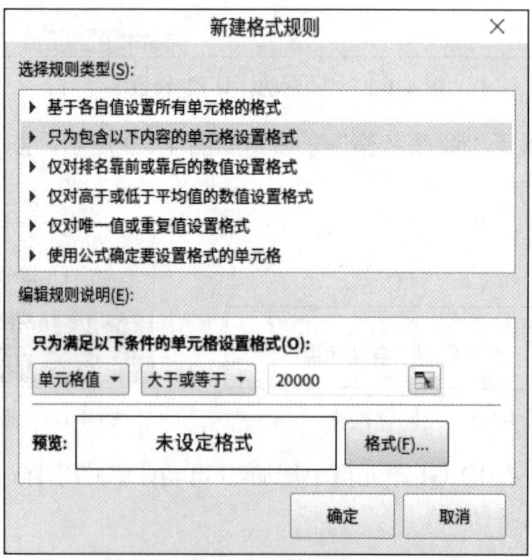

图 4-1-7 单元格值设置

步骤 3：打开“单元格格式”对话框，在“图案”选项卡下设置单元格底纹颜色为浅蓝色，单击“确定”按钮，如图 4-1-8 所示。

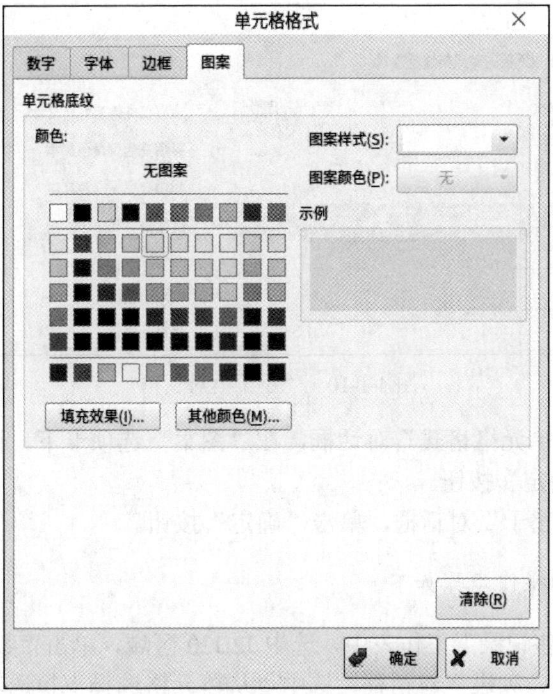

图 4-1-8 单元格底纹颜色设置

步骤 4：返回“新建格式规则”对话框，单击“确定”按钮。

步骤 5：再选择 I2:I20 区域，单击“开始”→“条件格式”按钮，在打开的下拉列表中选择“突出显示单元格规则”→“小于”选项，如图 4-1-9 所示。

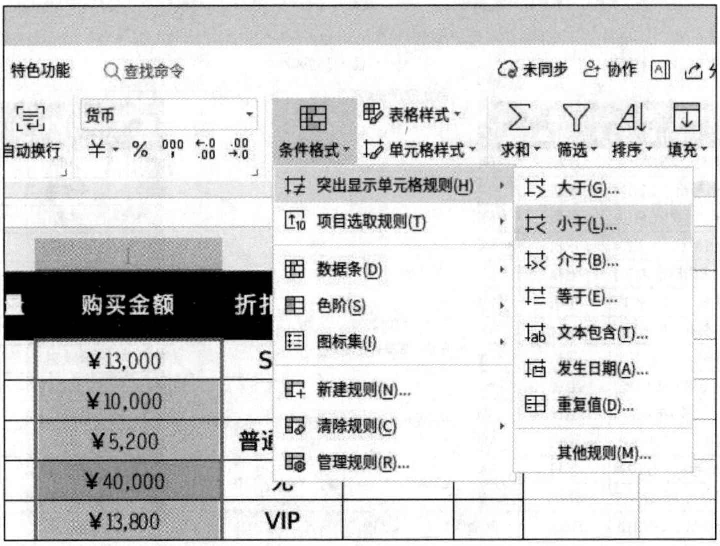

图 4-1-9 条件格式-小于设置

步骤 6：打开“小于”对话框，在“为小于以下值的单元格设置格式”文本框中输入“10000”，将填充颜色设置为“自定义格式”，如图 4-1-10 所示。

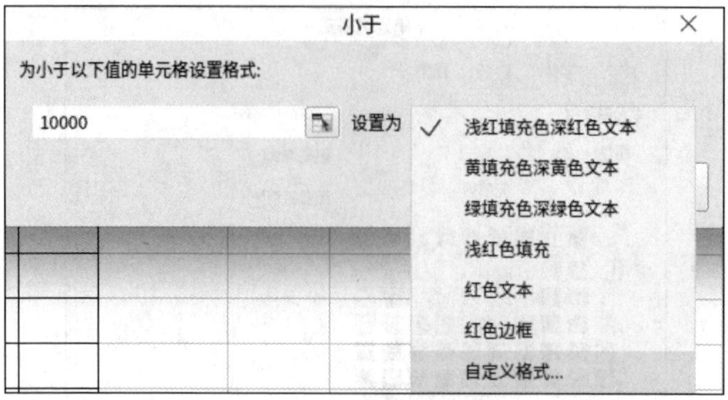

图 4-1-10 “小于”对话框

步骤 7：打开“单元格格式”对话框，在“图案”选项卡下，设置单元格底纹颜色为浅橙色，单击“确定”按钮。

步骤 8：返回“小于”对话框，单击“确定”按钮。

任务 3 子任务①操作步骤如下。

步骤 1：在“销售记录”工作表中，选中 J2:J20 区域，单击“数据”→“下拉列表”按钮，打开“插入下拉列表”对话框，选中“从单元格选择下拉选项”单选按钮，并将光标定位于文本框中，如图 4-1-11 所示。

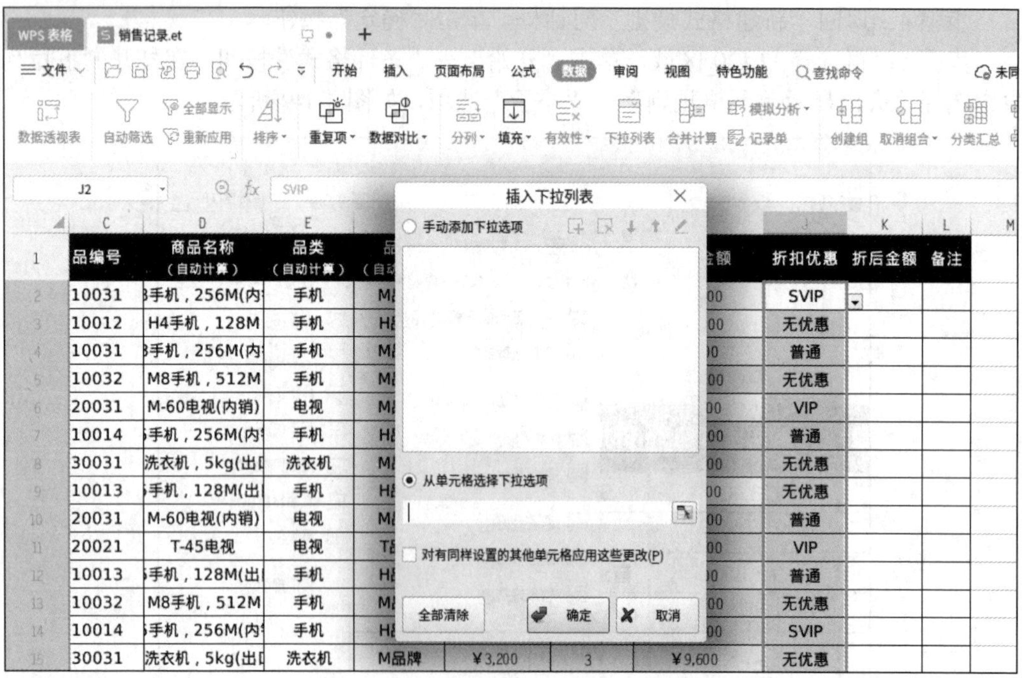

图 4-1-11 “插入下拉列表”对话框

步骤 2：切换至“基础信息表”，选中该表的 H3:H6 区域作为单元格的下拉选项，如图 4-1-12 所示。

图 4-1-12　区域引用

任务 3 子任务②操作步骤如下。

步骤："折扣优惠"列（J2:J20）中原本描述与下拉列表内容不一致的单元格，需要重新修改，如图 4-1-13 所示。

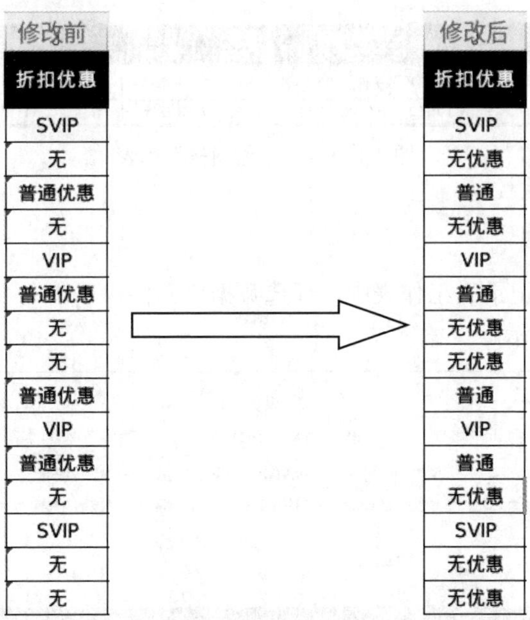

图 4-1-13　修改前后对比

任务 4 操作步骤如下。

步骤 1：选中 K2 单元格后，在编辑栏中输入公式"=IFS(J2="无优惠",I2*1,J2="普通",I2*0.95,J2="VIP",I2*0.85,J2="SVIP",I2*0.8)"，按 Enter 键执行，如图 4-1-14 所示。

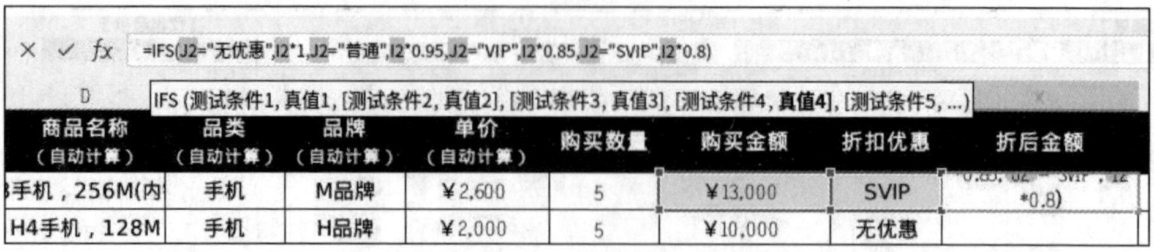

图 4-1-14 编辑公式

图 4-1-15 折后金额填充柄填充

步骤 2：计算出 K2 单元格的值后，双击或者拖动“填充柄”进行填充，如图 4-1-15 所示。

任务 5 操作步骤如下。

步骤：选中 C2 单元格，单击“视图”→“冻结窗格”按钮，在打开的下拉列表中选择“冻结至第 1 行 B 列”选项，如图 4-1-16 所示。

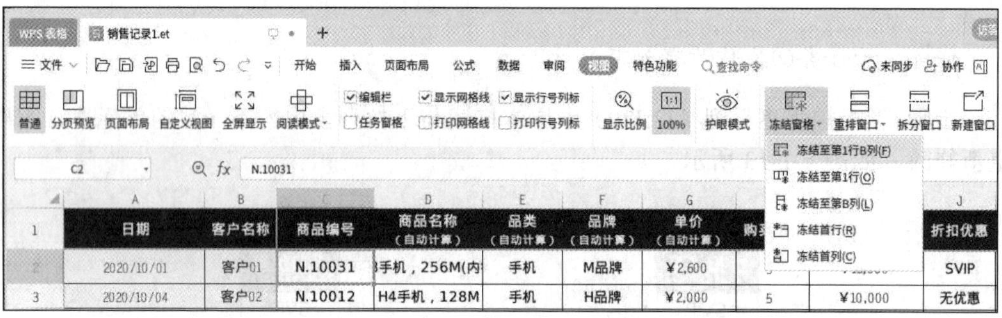

图 4-1-16 “冻结窗格”列表

任务 6 操作步骤如下。

步骤：在“销售记录”工作表中，任选数据单元格，单击“视图”→“阅读模式”按钮，如图 4-1-17 所示。

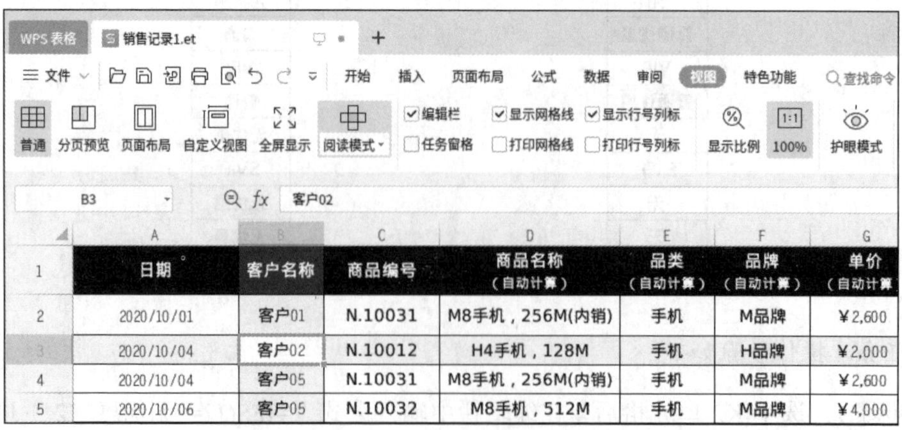

图 4-1-17 阅读模式

任务 7 子任务①操作步骤如下。

步骤 1：选中“销售记录”工作表任意数据单元格，单击“页面布局”→“纸张方向”按钮，在打开的下拉列表中选择“横向”选项，如图 4-1-18 所示。

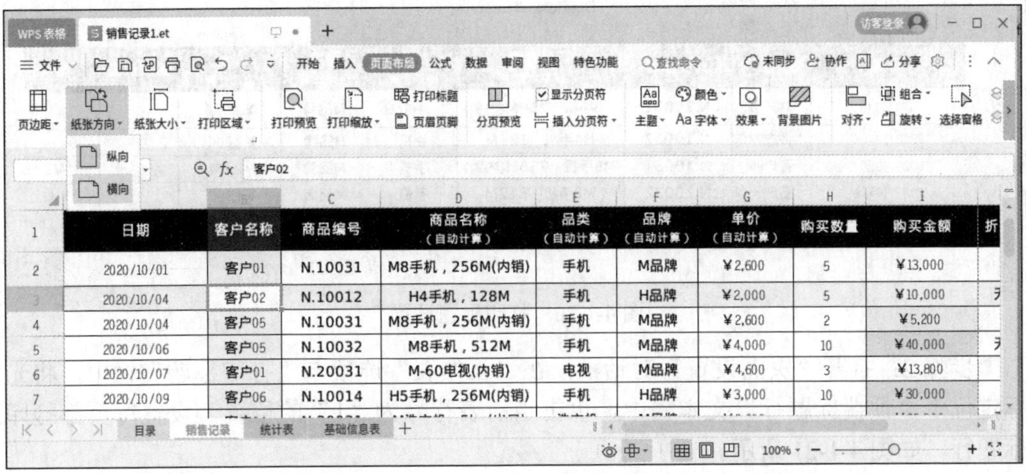

图 4-1-18　纸张为横向设置

步骤 2：单击“页面布局”→“纸张大小”按钮，在打开的下拉列表中选择“A4”选项，如图 4-1-19 所示。

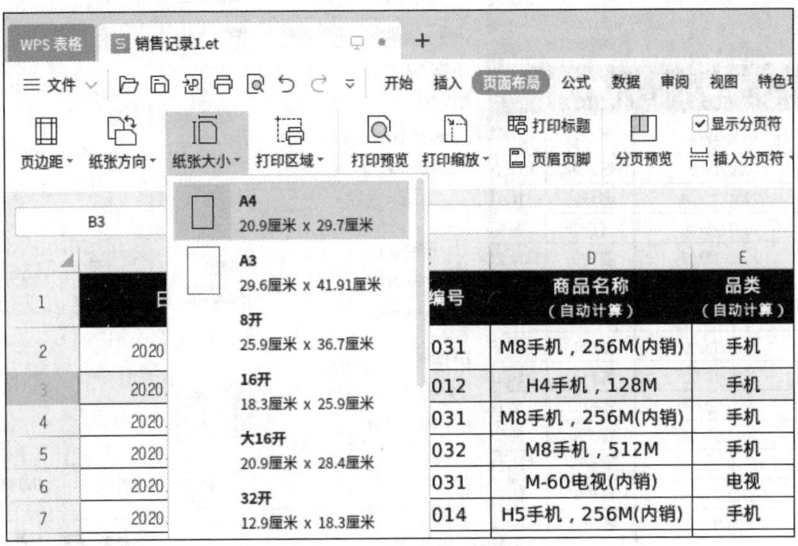

图 4-1-19　纸张大小设置

任务 7 子任务②操作步骤如下。

步骤 1：选中“销售记录”工作表任意数据单元格，单击“页面布局”→“打印标题”按钮，如图 4-1-20 所示。

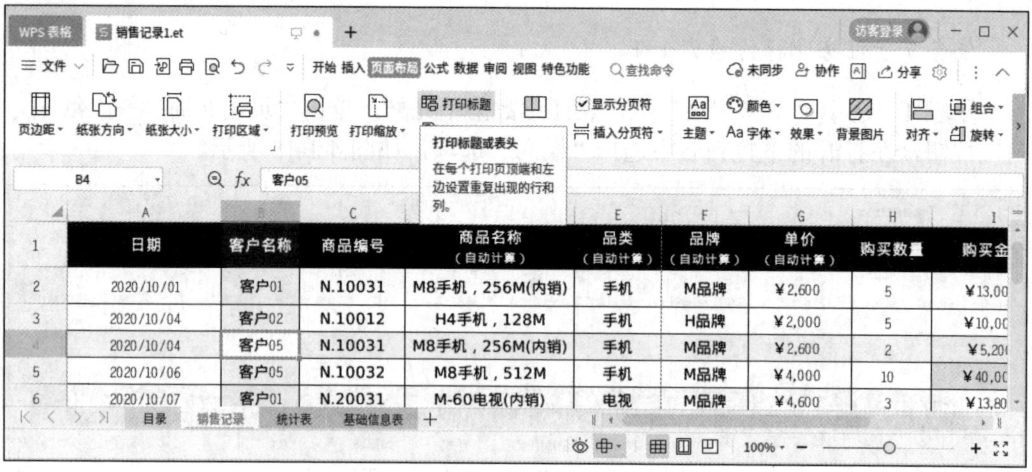

图 4-1-20　打印标题设置

步骤 2：打开“页面设置”对话框，在“工作表”选项卡“打印标题”栏中，将光标定位于“顶端标题行”文本框中，单击当前表行号为“1”的位置，设置每页都打印标题行，如图 4-1-21 所示。

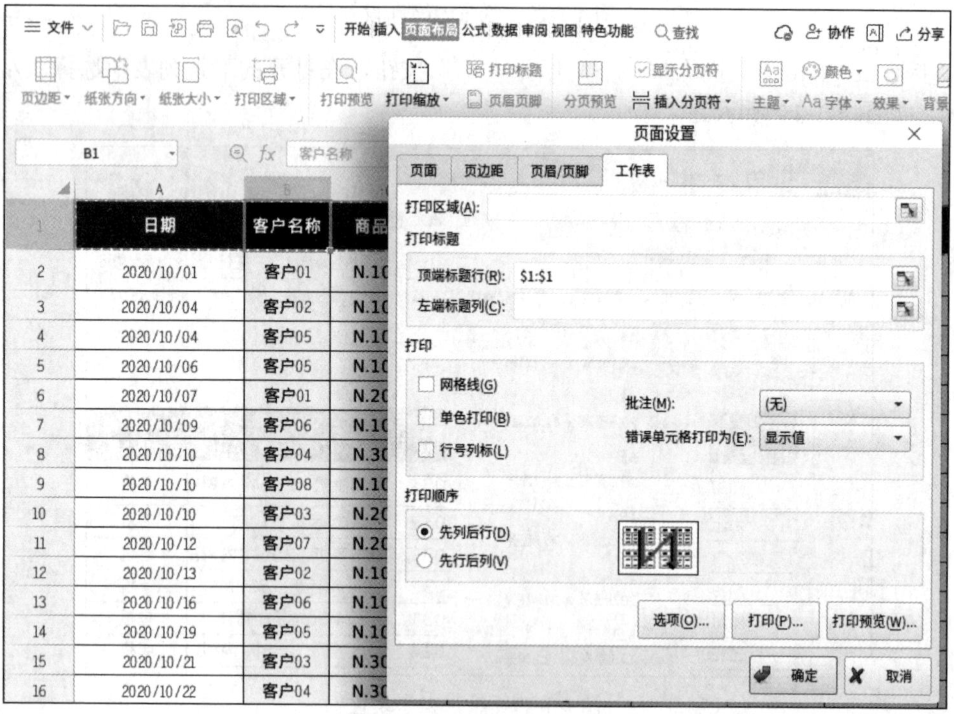

图 4-1-21　顶端标题行引用位置

任务 8 操作步骤如下。

步骤 1：切换至“目录”工作表，选中 B3 单元格，单击“插入”→“超链接”按钮，如图 4-1-22 所示。

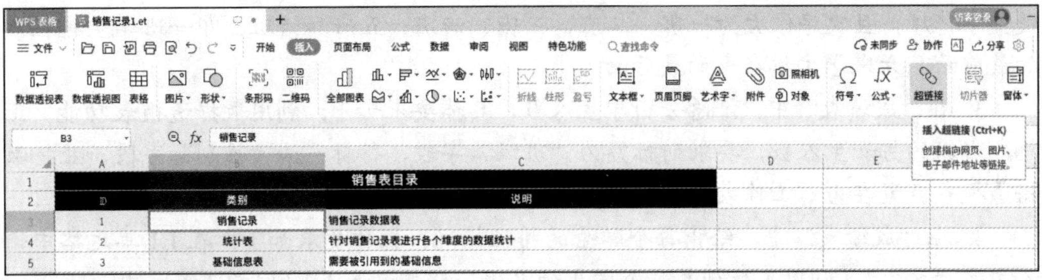

图 4-1-22　超链接

步骤 2：打开“超链接”对话框，在“本文档中的位置”选项卡“请选择文档中的位置”栏中选择“销售记录”工作表，如图 4-1-23 所示。

采用同样的方法，将 B4、B5 单元格设置跳转至对应工作表的超链接。

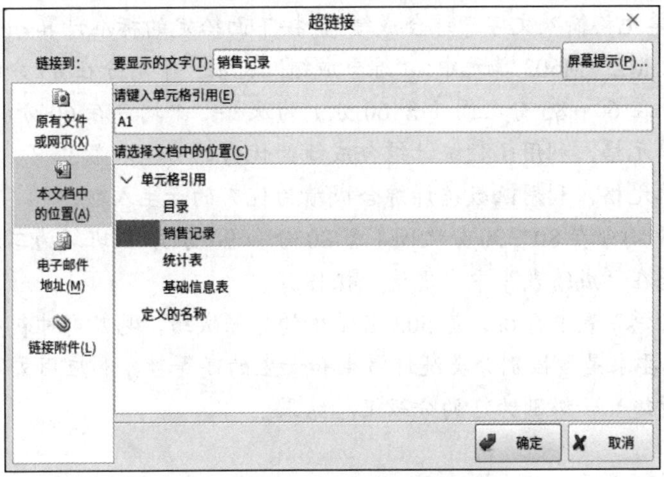

图 4-1-23　“超链接”对话框

任务二　加工成绩表

任务要求

1. 在配套资源包中打开“实训四—任务二”文件夹中的“成绩表.et”文档，在“成绩表”中，完成以下计算：

① 计算每个学生的总分，将其放入 J2 到 J503 单元中。

② 计算每个学生的平均分，将其放入 K2 到 K503 单元中，并将区域 K2:K503 的数值格式设置为小数点后保留 2 位。

2. 为了给按班级打印成绩做准备，需要完成以下操作：

① 将“成绩表”中现有数据全部复制到“成绩排序”工作表中（从 A1 单元格开始存放），其数据的结构和内容与“成绩表”中数据一致。

② 在“成绩排序”表中完成排序操作，具体要求如下：将表中数据以“班级”为

关键字排序，且次序依次为一班、二班、三班、四班、五班和六班，即一班学生排在表的最前面，六班学生排在表的最后面。

3. 在“成绩表”中，汇总分析学生人数，具体要求如下：利用数据透视表功能，汇总各班级的男女生人数，要求列标签为“班级”字段，行标签为“性别”字段，且将数据透视表放置在当前工作表的A505单元格。

4. 在“成绩表”中，给出每个学生的排位情况，操作要求如下：在L1单元格中输入文字“名次”，利用函数计算每个学生的名次，将其放入L2到L503单元中。

说明：学生名次按其总分或平均分排位给出，对于成绩相同的学生则排位名次相同。相同成绩的存在将影响后续成绩的排位。例如，表中有两个学生的平均分都是91.4，则他们的名次就都是7，紧排在他们之后的学生的名次为9，表中将没有排位为8的名次。

5. 为了更好地分析学生的成绩情况，在“成绩表”中继续完成以下操作：

① 在M1单元格输入文字“综合成绩”，按下面给定的标准计算每个学生的综合成绩，并将其放入M2～M503单元中；“综合成绩”标准：平均分在85分以上（含85分）为优秀，平均分在60～85分之间（含60分）为及格，平均分在60分以下为不及格。

② 在P5单元格，利用函数统计综合成绩为优秀的男生人数。

③ 在P6单元格，利用函数统计综合成绩为优秀的女生人数。

6. 筛选出平均分在80～90分之间（含80分和90分），且班级为二班的男生。请利用自动筛选功能在“成绩表”中实现这一操作。

7. “成绩汇总”表中存放的是502名学生的原始成绩，现需要对表中数据进行分类汇总分析，具体要求是按性别分类统计男生和女生的高等数学和应用文写作这两门课程的平均分，且最终显示级别为2的分级汇总结果。

任务解析

任务1子任务①操作步骤如下。

步骤1：打开配套资源包下的素材文档“成绩表.et”，在“成绩表”中选中J2单元格，在编辑栏中输入公式“=SUM(E2:I2)”，如图4-2-1所示。

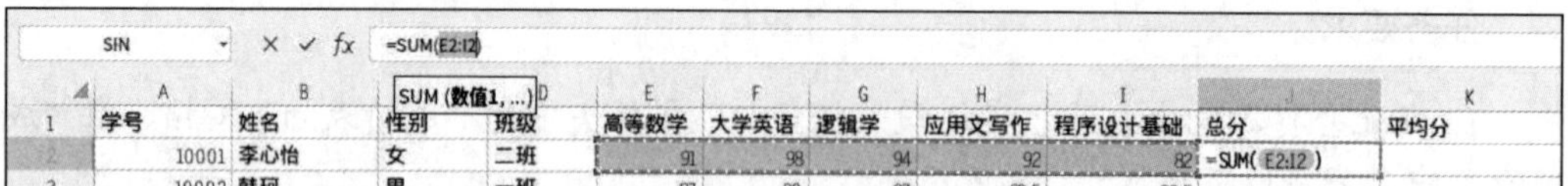

图4-2-1 在J2单元格中编辑公式

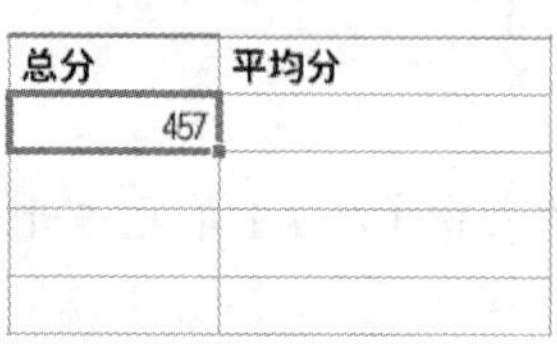

图4-2-2 总分成绩填充柄填充

步骤2：选中该单元格，双击或拖动填充柄进行填充，如图4-2-2所示。

任务1子任务②操作步骤如下。

步骤1：选中K2单元格，在编辑栏中输入公式“=AVERAGE(E2:I2)”，如图4-2-3所示。

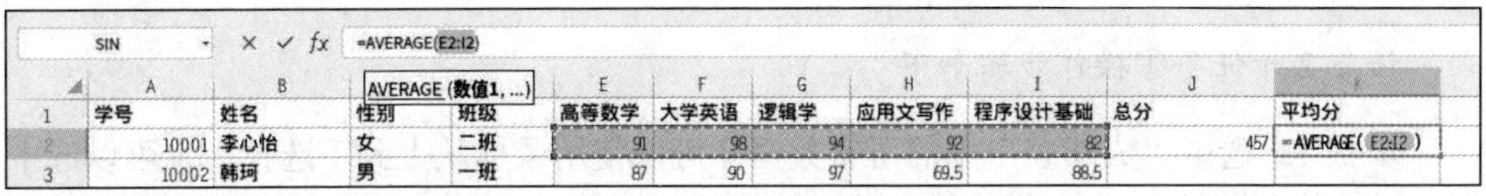

图 4-2-3　K2 单元格编辑公式

步骤 2：选中该单元格，双击或拖动填充柄进行填充，如图 4-2-4 所示。

图 4-2-4　平均分成绩填充柄填充

步骤 3：选中 K2:K502 区域，单击“开始”选项卡数字格式组的对话框启动器按钮，如图 4-2-5 所示。

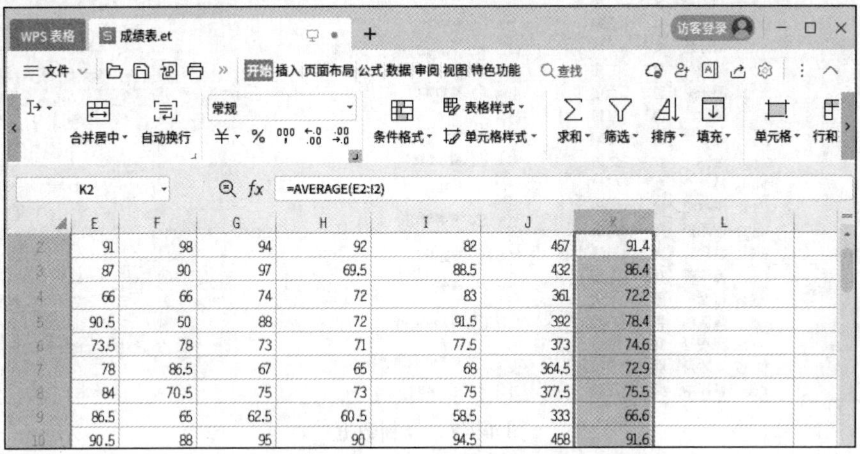

图 4-2-5　数字格式组对话框启动器按钮

步骤 4：打开“单元格格式”对话框，在“数字”选项卡“分类”栏中选择“数值”选项，设置小数位数为 2，单击“确定”按钮，如图 4-2-6 所示。

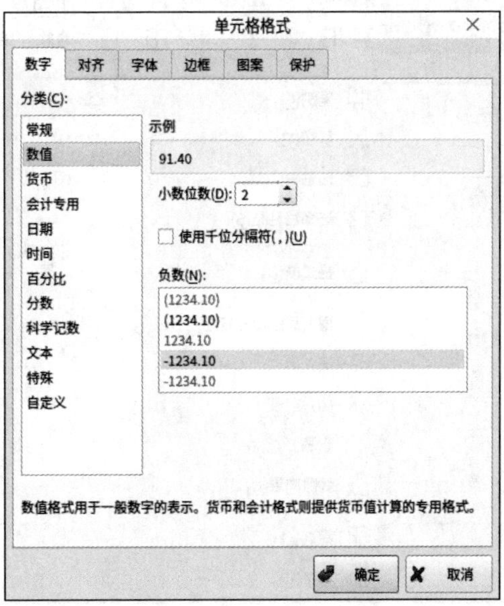

图 4-2-6　数值格式设置

任务 2 子任务①操作步骤如下。

步骤 1：选中“成绩表”中的所有数据（可以使用鼠标从上到下选择，也可以选中某一单元格后，按 Ctrl+A 组合键全选，选择的区域包括 A1:K502），右击，在弹出的快捷菜单中选择“复制”命令，如图 4-2-7 所示。

图 4-2-7 复制数据

步骤 2：切换到“成绩排序”工作表，选中该表的 A1 单元格，右击，在弹出的快捷菜单中选择“粘贴”命令，如图 4-2-8 所示。

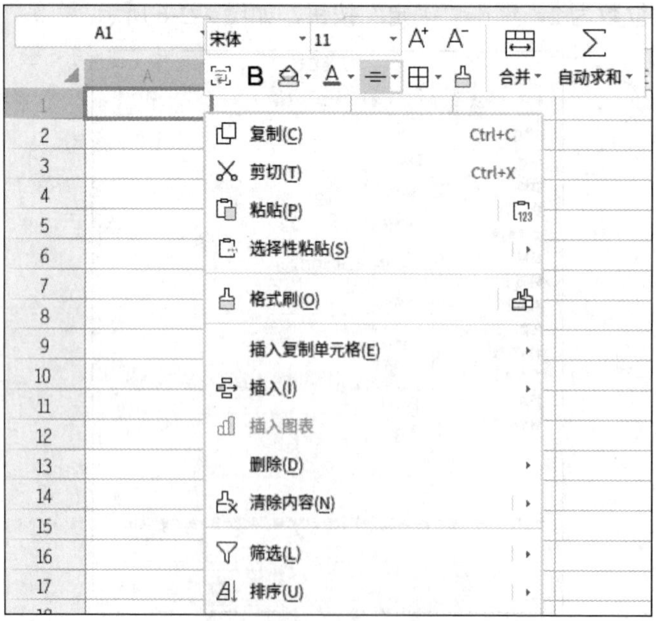

图 4-2-8 粘贴数据

步骤 3："粘贴"之后的效果如图 4-2-9 所示。

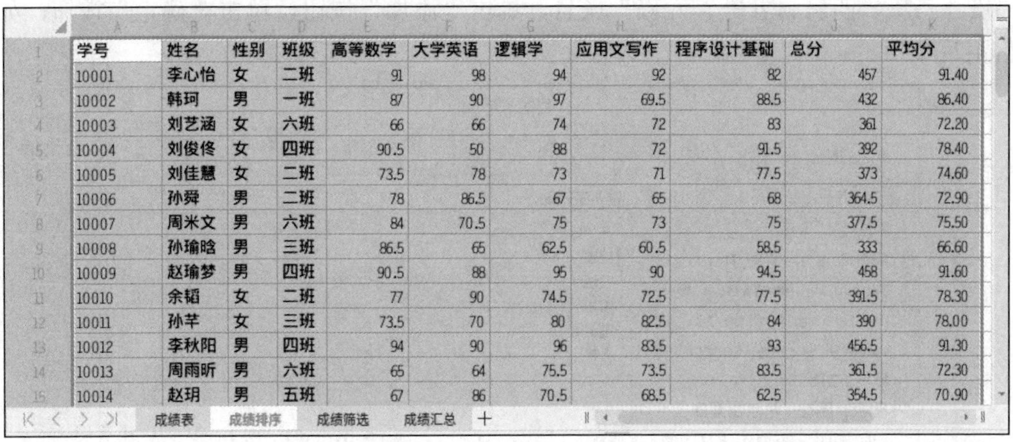

学号	姓名	性别	班级	高等数学	大学英语	逻辑学	应用文写作	程序设计基础	总分	平均分
10001	李心怡	女	二班	91	98	94	92	82	457	91.40
10002	韩珂	男	一班	87	90	97	69.5	88.5	432	86.40
10003	刘艺涵	女	六班	66	66	74	72	83	361	72.20
10004	刘俊佟	女	四班	90.5	50	88	72	91.5	392	78.40
10005	刘佳慧	女	二班	73.5	78	73	71	77.5	373	74.60
10006	孙舜	男	二班	78	86.5	67	65	68	364.5	72.90
10007	周米文	男	六班	84	70.5	75	73	75	377.5	75.50
10008	孙瑜晗	男	三班	86.5	65	62.5	60.5	58.5	333	66.60
10009	赵瑜梦	男	四班	90.5	88	95	90	94.5	458	91.60
10010	余韬	女	二班	77	90	74.5	72.5	77.5	391.5	78.30
10011	孙芊	女	三班	73.5	70	80	82.5	84	390	78.00
10012	李秋阳	男	四班	94	90	96	83.5	93	456.5	91.30
10013	周雨昕	男	六班	65	64	75.5	73.5	83.5	361.5	72.30
10014	赵玥	男	五班	67	86	70.5	68.5	62.5	354.5	70.90

图 4-2-9　"成绩排序"工作表

任务 2 子任务②操作步骤如下。

步骤 1：在"成绩排序"工作表中任选数据单元格，单击"开始"→"排序"按钮，在打开的下拉列表中选择"自定义排序"选项，如图 4-2-10 所示。

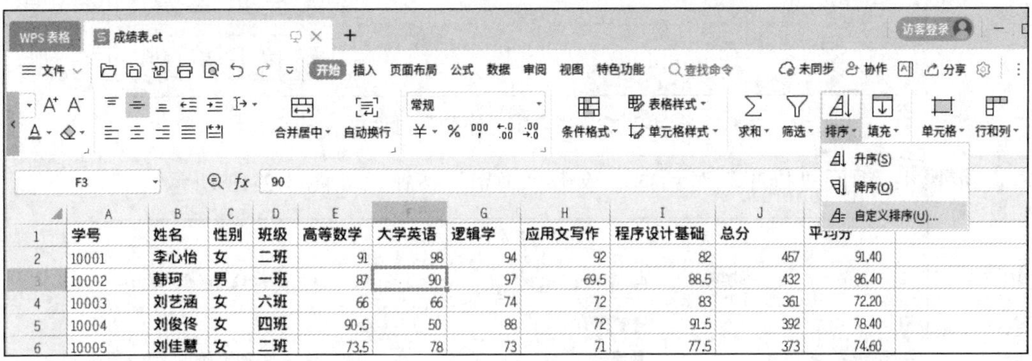

图 4-2-10　"排序"列表

步骤 2：打开"排序"对话框，主要关键字选择"班级"，排序依据选择"数值"，次序选择"自定义序列"，如图 4-2-11 所示。

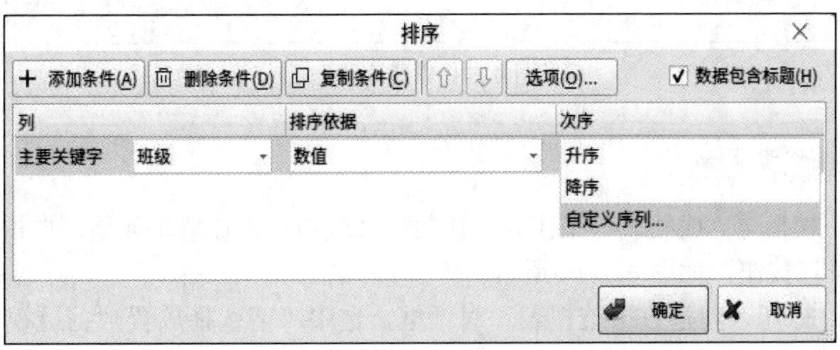

图 4-2-11　"排序"对话框

步骤 3：打开“自定义序列”对话框，在右侧“输入序列”列表框中输入“一班、二班、三班、四班、五班、六班”条目，单击“添加”按钮，单击“确定”按钮，如图 4-2-12 所示。

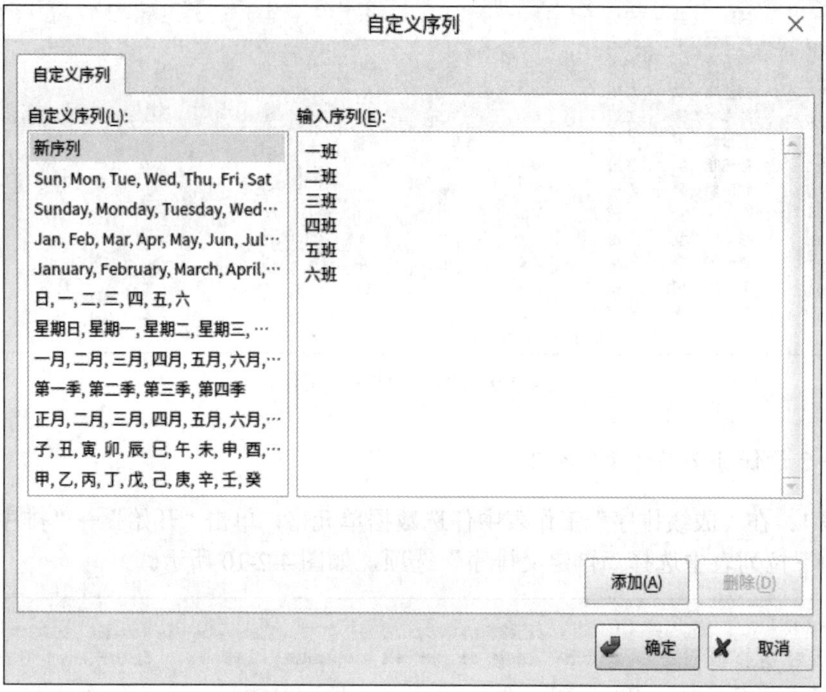

图 4-2-12 “自定义序列”对话框

步骤 4：返回“排序”对话框，单击“确定”按钮，如图 4-2-13 所示。

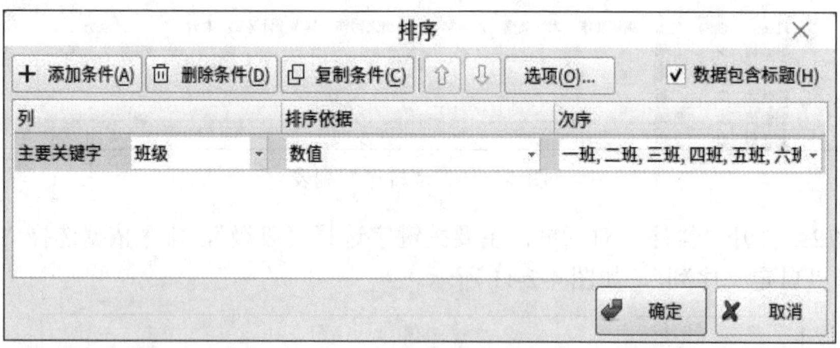

图 4-2-13 排序依据

任务 3 操作步骤如下。

步骤 1：切换至“成绩表”工作表，在数据区域中单击任意单元格，单击“插入”→“数据透视表”按钮，如图 4-2-14 所示。

步骤 2：打开“创建数据透视表”对话框，选中“请选择放置数据透视表的位置”栏中的“现有工作表”单选按钮，并在对应文本位置中选择“成绩表”工作表的 A505

单元格作为数据透视表的位置，如图 4-2-15 所示。

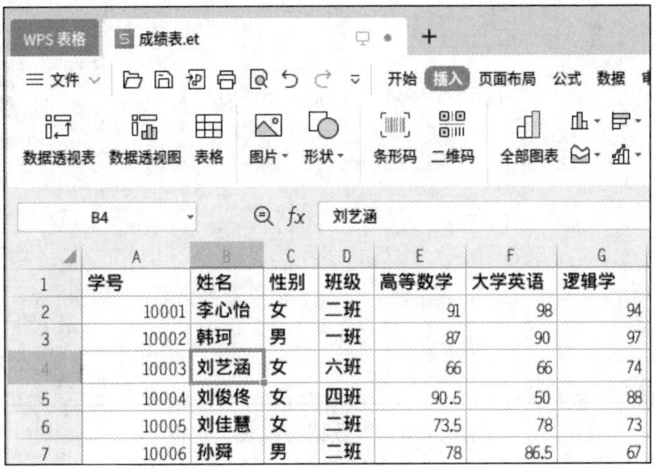

图 4-2-14　数据透视表

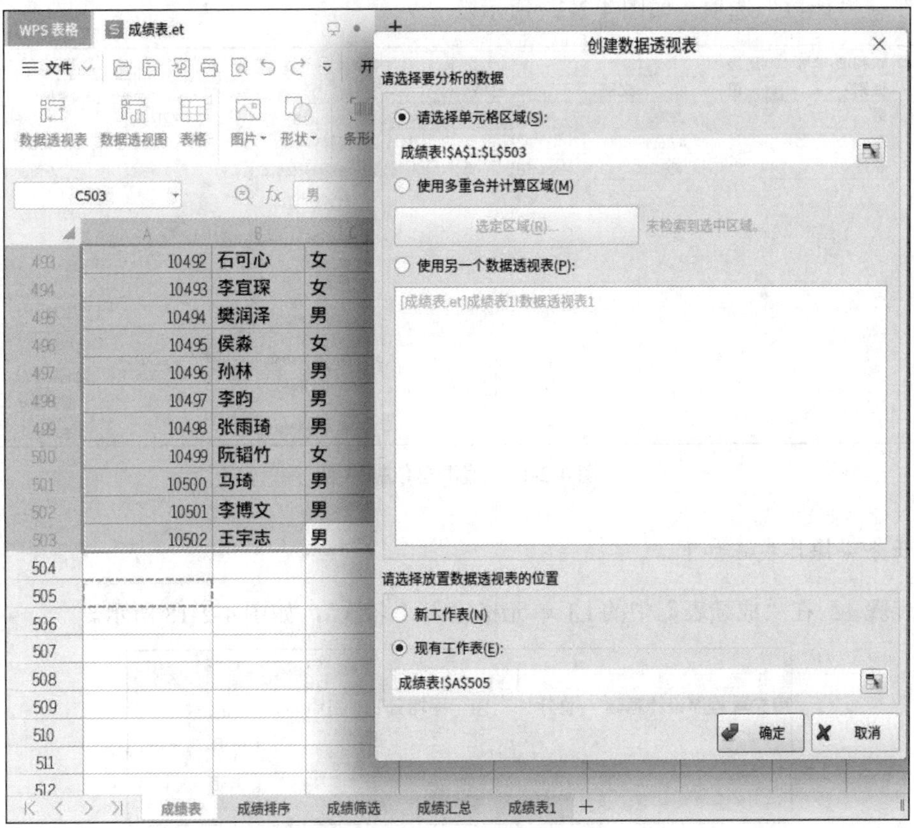

图 4-2-15　透视表位置设置

步骤 3：打开“数据透视表”窗格，在“字段列表”栏选中“学号”“性别”“班级”复选框，将“班级”字段拖进“列”列表框，“性别”字段拖进“行”列表框，“学号”字段拖进“值”列表框，如图 4-2-16 所示。

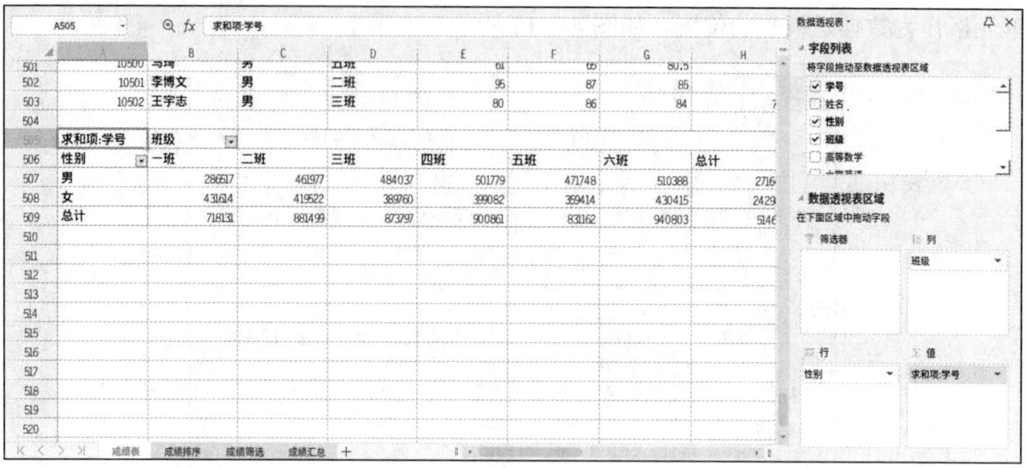

图 4-2-16 “数据透视表”窗格

步骤 4：选中数据透视表中的任意数值，右击，在弹出的快捷菜单中选择“值汇总依据”→“计数”选项，如图 4-2-17 所示。

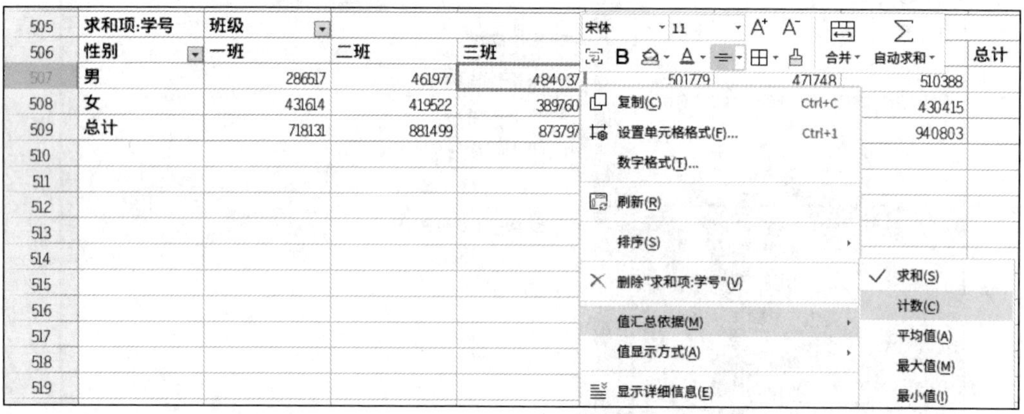

图 4-2-17 值汇总依据设置

任务 4 操作步骤如下。

步骤 1：在“成绩表”中的 L1 单元格输入“名次”，如图 4-2-18 所示。

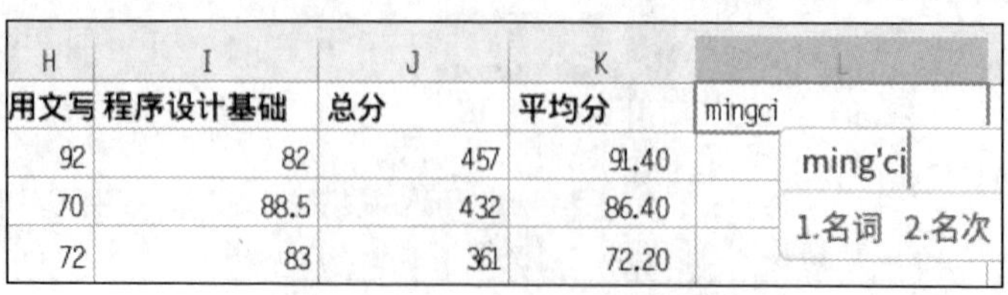

图 4-2-18 L1 单元格编辑文字

步骤 2：选中单元格 L2，在编辑栏中输入公式“=RANK(J2,$J$2:$J$503,0)”，如图 4-2-19 所示。

步骤 3：选中当前单元格，拖动或双击填充柄进行填充。

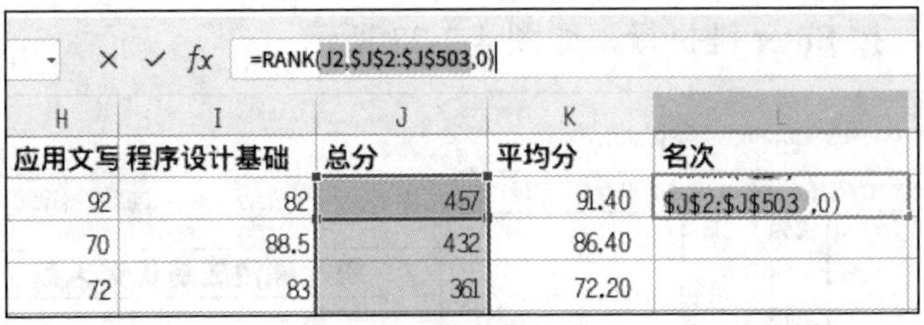

图 4-2-19 L2 单元格编辑公式

任务 5 子任务①操作步骤如下。

步骤 1：在 M1 单元格中输入“综合成绩”，如图 4-2-20 所示。

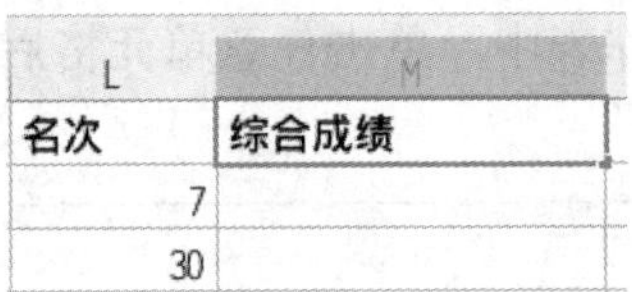

图 4-2-20 M1 单元格编辑文字

步骤 2：选中 M2 单元格后，在编辑栏中输入公式“=IFS(K2<60,"不及格",K2<85,"及格",K2>=85,"优秀")”，按 Enter 键执行，如图 4-2-21 所示。

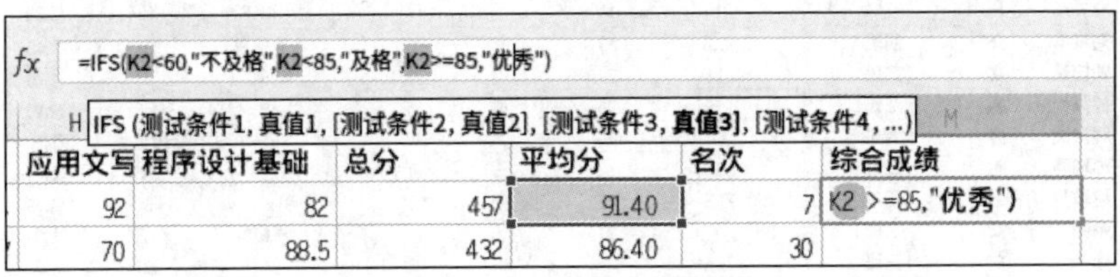

图 4-2-21 M2 单元格编辑公式

步骤 3：选中当前单元格，拖动或双击填充柄进行填充。

任务 5 子任务②操作步骤如下。

步骤：选中 P5 单元格，在编辑栏中输入公式“=COUNTIFS(M2:M503,"优秀",C2:C503,"男")”，按 Enter 键执行，如图 4-2-22 所示。

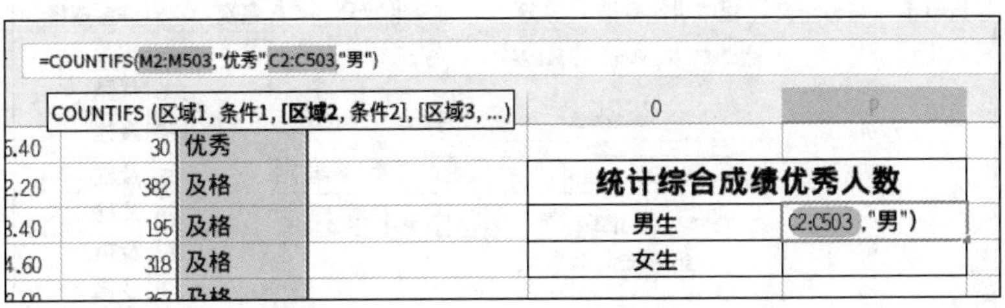

图 4-2-22 P5 单元格编辑公式

任务 5 子任务③操作步骤如下。

步骤：选中 P6 单元格，在编辑栏中输入公式“=COUNTIFS(M2:M503,"优秀

",C2:C503,"女")"，按 Enter 键执行，如图 4-2-23 所示。

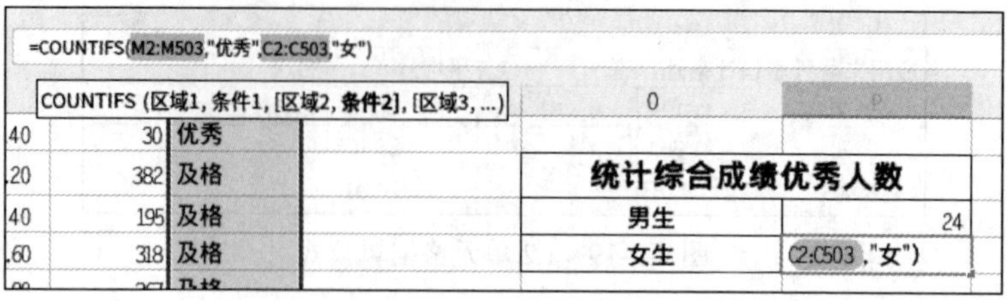

图 4-2-23 P6 单元格编辑公式

任务 6 操作步骤如下。

步骤 1：在"成绩表"工作表中，单击任意单元格后，单击"开始"→"筛选"下拉按钮，如图 4-2-24 所示。

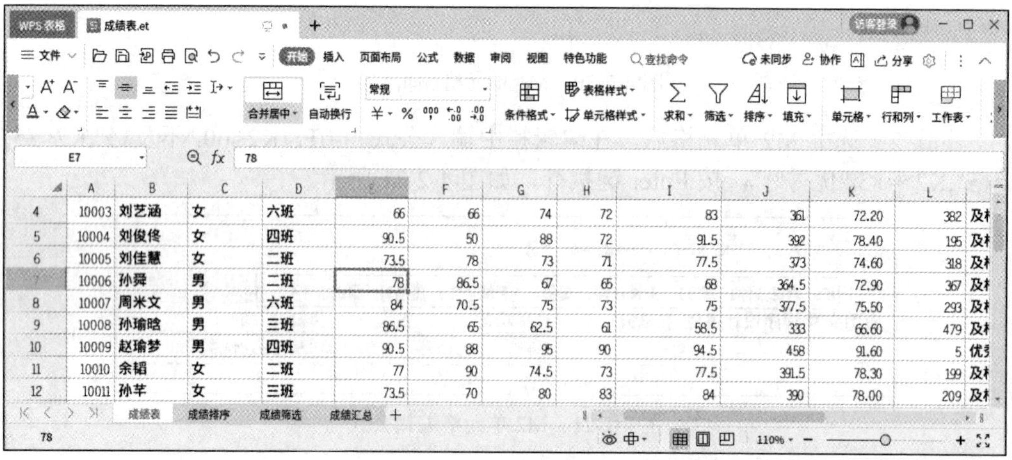

图 4-2-24 筛选

步骤 2：在打开的下拉列表中选择"平均分"选项，单击"数字筛选"按钮，如图 4-2-25 所示。

图 4-2-25 数字筛选

步骤 3：在打开的列表中选择“介于”选项，如图 4-2-26 所示。

步骤 4：打开“自定义自动筛选方式”对话框，在“平均分”栏设置大于或等于 80，小于或等于 90，选中“与”单选按钮，单击“确定”按钮，如图 4-2-27 所示。

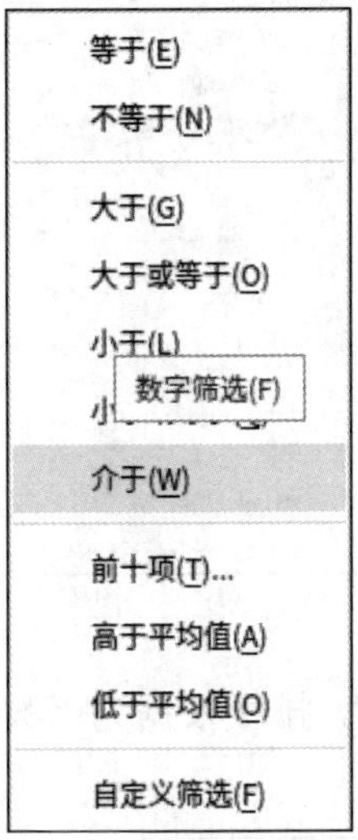

图 4-2-26 “数字筛选”列表

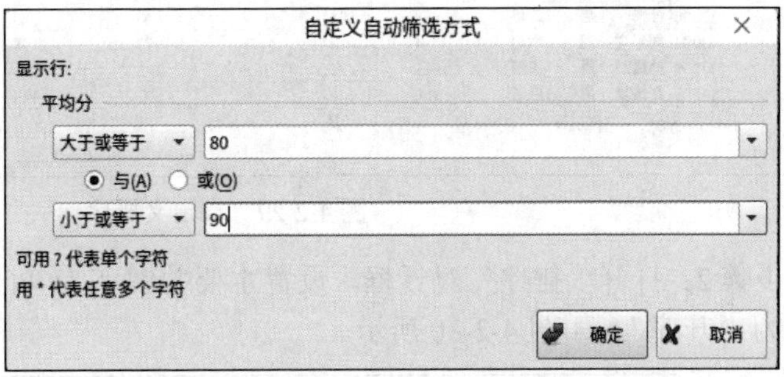

图 4-2-27 “自定义自动筛选方式”对话框

步骤 5：单击“开始”→“筛选”下拉按钮，在打开的下拉列表中选择“班级”选项，在打开的窗格中只选“二班”复选框，如图 4-2-28 所示。

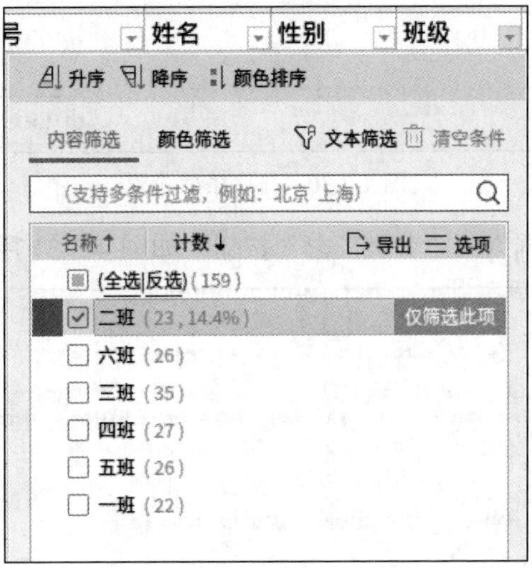

图 4-2-28 筛选班级设置

任务 7 操作步骤如下。

步骤 1：在“成绩汇总”工作表中，单击“开始”→“排序”按钮，在打开的下拉列表中选择“自定义排序”选项，如图 4-2-29 所示。

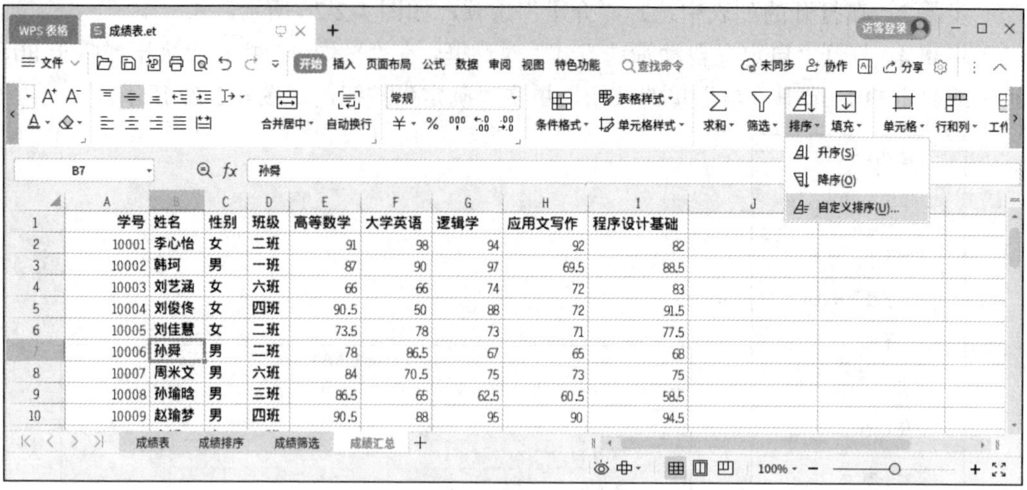

图 4-2-29　自定义排序

步骤 2：打开“排序”对话框，设置主要关键字为“性别”，排序依据为“数值”，次序为“升序”，如图 4-2-30 所示。

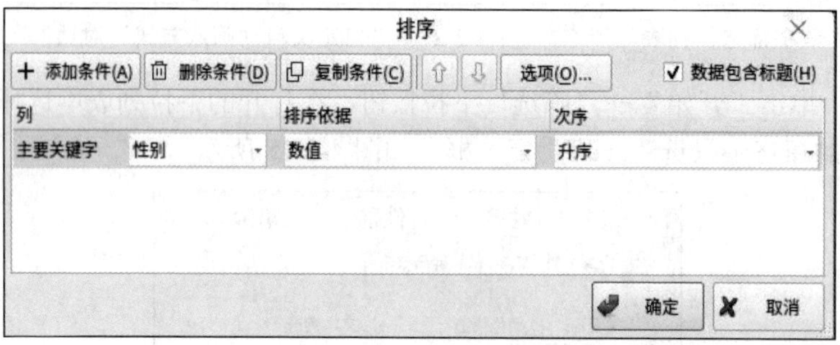

图 4-2-30　排序条件设置

步骤 3：单击“数据”→“分类汇总”按钮，如图 4-2-31 所示。

图 4-2-31　分类汇总

步骤 4：打开“分类汇总”对话框，设置分类字段为性别，汇总方式平均值，在“选定汇总项”列表框中选中“高等数学”复选框和“应用文写作”复选框，单击“确定”按钮，如图 4-2-32 所示。

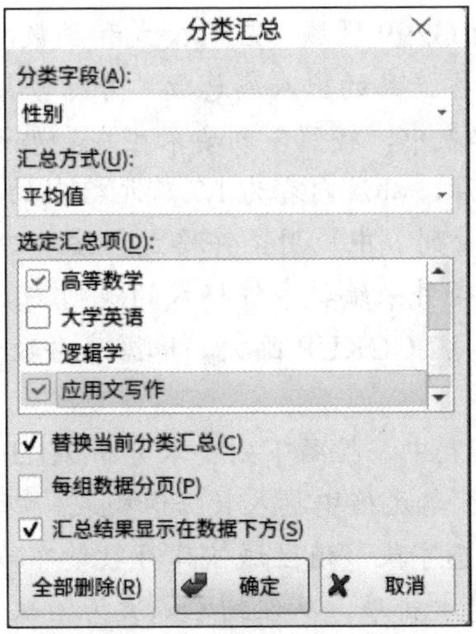

图 4-2-32　“分类汇总”对话框

步骤 5：在汇总列表中，选中显示级别为“2”的分级汇总效果，如图 4-2-33 所示。

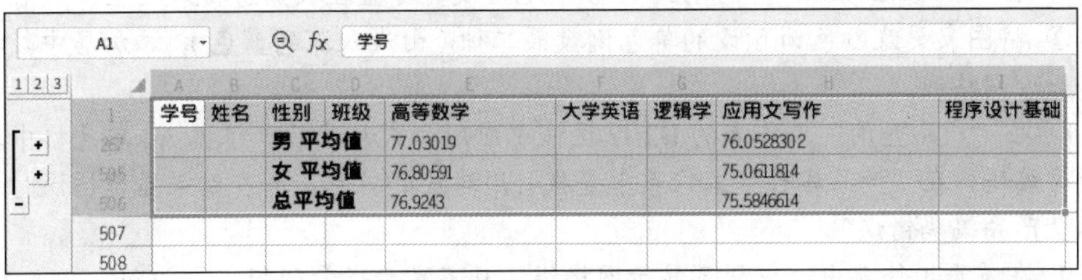

图 4-2-33　分级汇总效果

任务三　设计仓库管理系统

任务要求

1. 在配套资源包中打开“实训四—任务三”文件夹中的“仓库管理系统.et”文档，为了将工作表合理分类，请按下列要求设置工作表标签颜色：“入库明细”和“出库明细”工作表标为“橙色，着色 4”，“产品库存”和“产品查询”工作表标为“钢蓝，着色 5”，“产品信息”和“使用帮助”工作表标为“浅绿，着色 6”。

2. 在产品信息工作表中，按照下列要求制表：

① 应用“表样式中等深浅 6”，并确保不增加新的行或列。

② 将表中列宽全部设置为 10 字符。

③ 将配套资源包中的图片分别按名称对应嵌入 F 列单元格展示。

3. 在“入库明细”和“出库明细”两个工作表中，按照下列要求整理和计算数据：

① 将 A 列设置为形如“2001/03/07”的日期格式。

② 在 C2:F17 区域中应用公式和函数，根据产品编码返回产品信息工作表中对应的数据。

4. 在产品库存工作表的 G2:I9 区域中应用公式和函数，根据“入库明细”和“出库明细”表中的数据分别统计各产品的出入库总数，并结合期初库存计算当前库存数量。

5. 在“产品库存”工作表中，按照下列要求生成和展示库存状态信息：

① 在 J1 单元格插入批注，批注内容为 L7 单元格中的文本“库存数量……紧缺”。

② 在第 I 列（库存数量列）中应用条件格式，按“四等级”图标集进行标示，并按照上述批注内容中的阈值条件来编辑条件格式的规则。

③ 在 J2:J9 区域中应用 VLOOKUP 函数，根据库存数量返回 L1:M5 区域中对应的库存状态。

6. 在“产品库存”工作表中，按照下列要求分析 A1:J9 数据区域：

① 在现有工作表的 A15 单元格中插入数据透视表，行区域为产品名称和产品规格两个字段，列区域为库存状态字段，值区域按库存数量字段求和。

② 对列标签（库存状态）排序，从左到右依次为紧缺、预警、正常和充足。

③ 设置不显示分类汇总，且对行和列禁用总计。

7. 在上述数据透视表基础上，按照下列要求进一步生成数据透视图：

① 插入堆积柱形图，并移动到 A15 单元格使其覆盖在数据透视表之上。

② 将图表更改颜色为预设的单色倒数第二种（由浅入深的蓝色），添加居中数据标签并删除网格线。

8. 在“产品查询”工作表的 B2:J2 区域中应用公式和函数，根据 A2 单元格中输入的产品编码，在“产品库存”工作表中查找引用对应的信息，并在结果显示错误时返回文本“产品编码错误”。

9. 在首页工作表中，设置不显示网格线，且不显示行号列标。

任务解析

任务 1 操作步骤如下。

步骤 1：打开配套资源包中的素材文档“仓库管理系统.et”，按住 Ctrl 键，分别选中“入库明细”和“出库明细”工作表标签，右击，在弹出的快捷菜单中选择“工作表标签颜色”命令，在打开的主题颜色列表中选择“橙色，着色 4”，如图 4-3-1 所示。

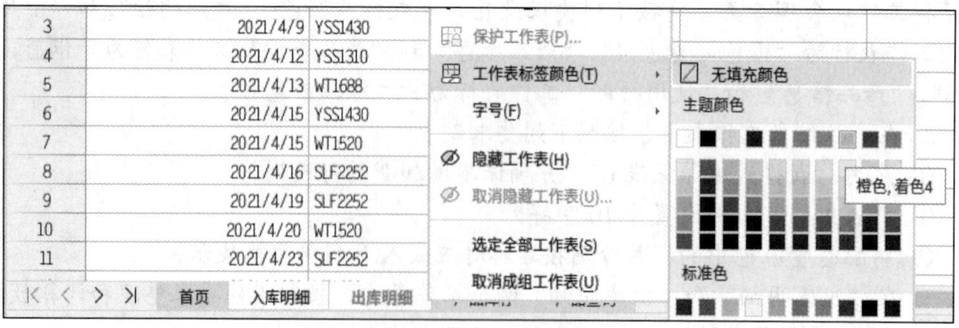

图 4-3-1 工作表标签颜色“橙色，着色 4”设置

步骤 2：按 Ctrl 键不放，分别选中“产品库存”和“产品查询”工作表标签，右击，

在弹出的快捷菜单中选择“工作表标签颜色”命令，在打开的主题颜色列表中选择“钢蓝，着色 5”。

步骤 3：按 Ctrl 键不放，分别选中“产品信息”和“使用帮助”工作表标签，右击，在弹出的快捷菜单中选择“工作表标签颜色”命令，在打开的主题颜色列表中选择“浅绿，着色 6”。

任务 2 子任务①操作步骤如下。

步骤 1：将光标置于“产品信息”工作表任意单元格，单击“开始”→“表格样式”下拉按钮，在打开的列表中选择“中等”栏中的“表样式中等深浅 6”，如图 4-3-2 所示。

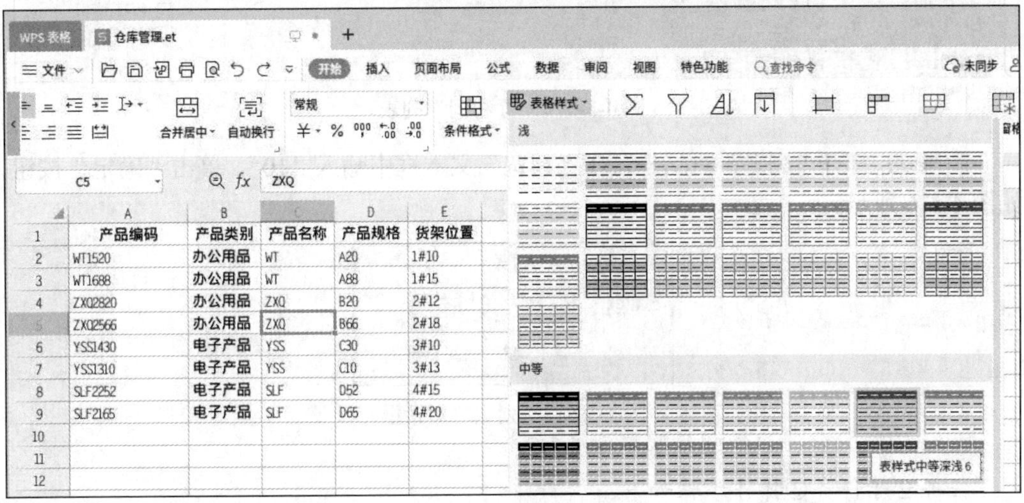

图 4-3-2　表格样式设置

步骤 2：打开“套用表格样式”对话框，选中“转换成表格，并套用表格样式”单选按钮、“表包含标题”和“筛选按钮”复选框，单击“确定”按钮，如图 4-3-3 所示。

步骤 3：套用表格样式后，效果如图 4-3-4 所示。

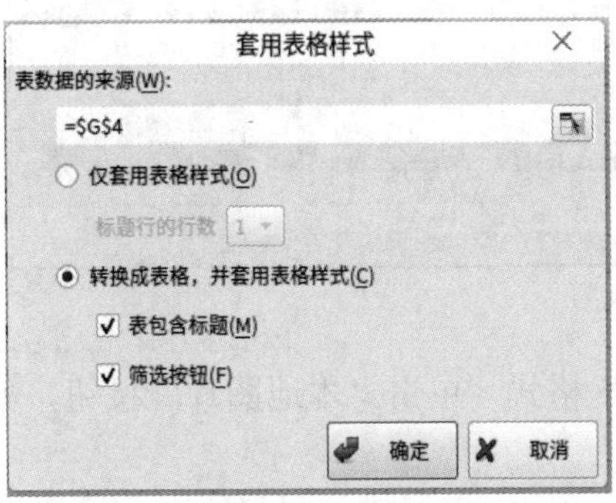

图 4-3-3　“套用表格样式”对话框

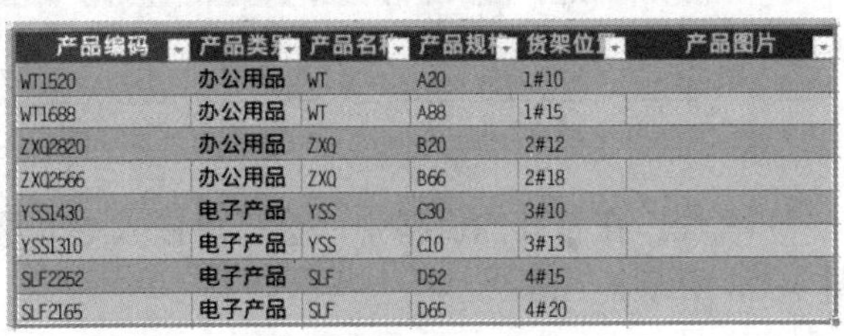

图 4-3-4　表格样式效果

任务 2 子任务②操作步骤如下。

步骤 1：先选中 A 到 F 列，单击“开始”→“行和列”按钮，在打开的下拉列表中选择“列宽”选项，如图 4-3-5 所示。

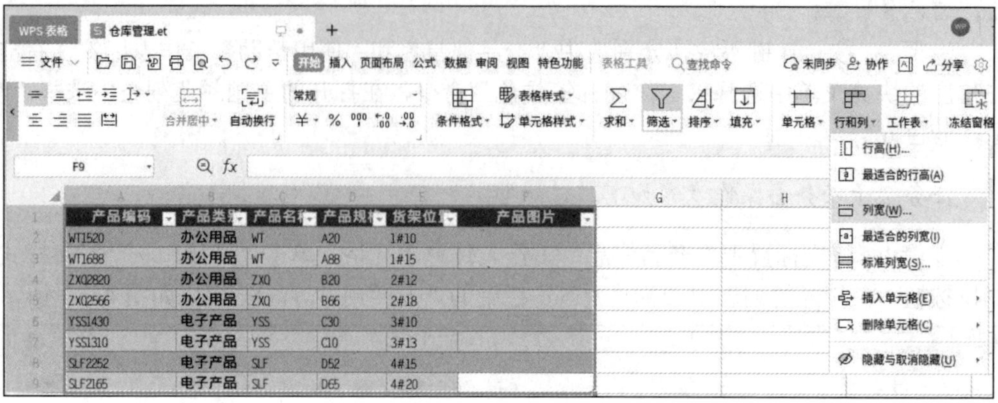

图 4-3-5 “行和列”列表

步骤 2：打开“列宽”对话框，在“列宽”文本框中输入“10”，单击“确定”按钮，如图 4-3-6 所示。

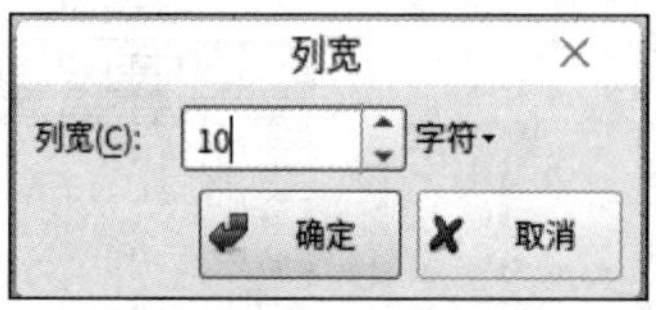

图 4-3-6 “列宽”对话框

任务 2 子任务③操作步骤如下。

步骤 1：选中 F1 单元格，单击“插入”→“图片”按钮，如图 4-3-7 所示。

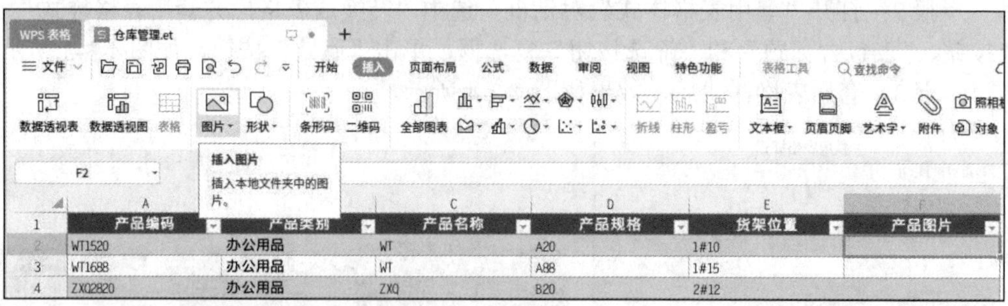

图 4-3-7 插入图片

步骤 2：在打开的窗格中，选择“嵌入单元格”格式，单击“本地图片”按钮，如图 4-3-8 所示。

图 4-3-8 图片格式设置

步骤 3：打开“插入图片”窗口，选择配套资源包的位置，按名称选择对应图片插入，如图 4-3-9 所示。

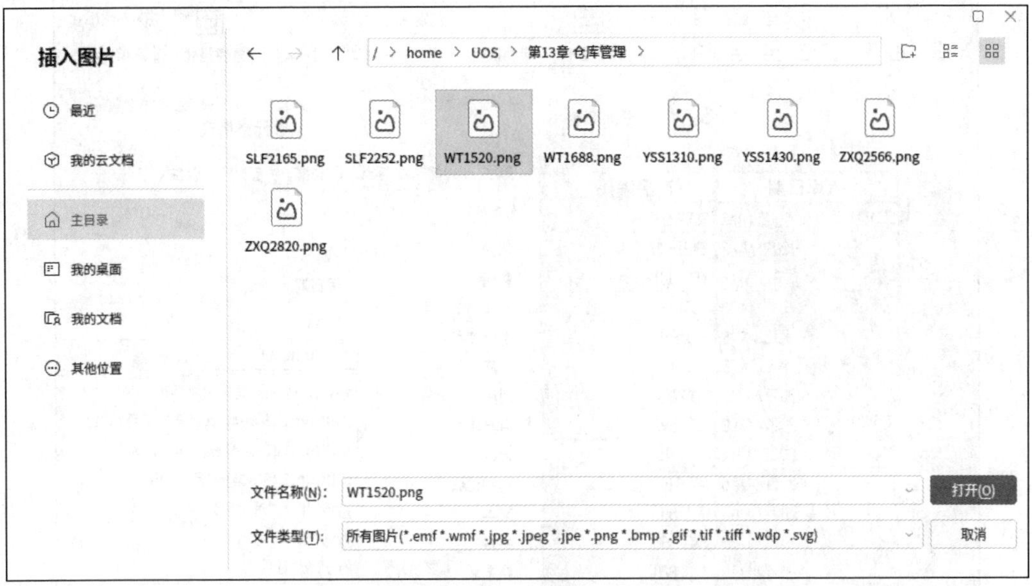

图 4-3-9 选择插入图片的路径

步骤 4：使用步骤 1 至步骤 3 的同样方法，将所有产品编号对应的图片插入 F 列对应的单元格，如图 4-3-10 所示。

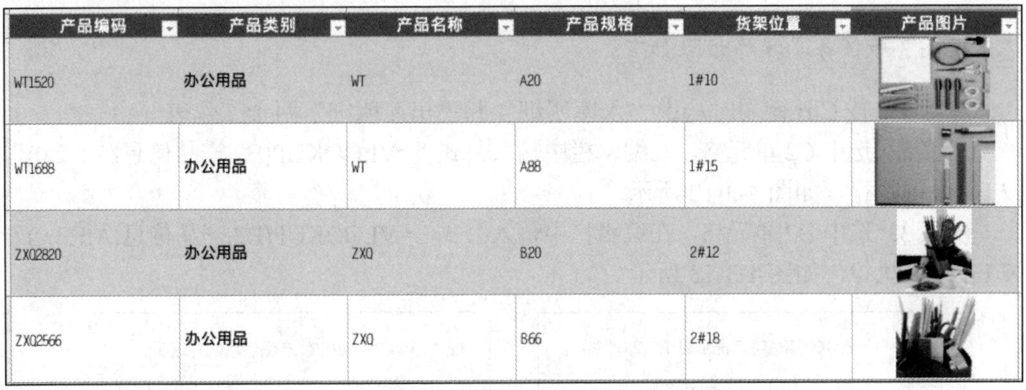

产品编码	产品类别	产品名称	产品规格	货架位置	产品图片
WT1520	办公用品	WT	A20	1#10	
WT1688	办公用品	WT	A88	1#15	
ZXQ2820	办公用品	ZXQ	B20	2#12	
ZXQ2566	办公用品	ZXQ	B66	2#18	

图 4-3-10 单元格嵌入图片效果

任务 3 子任务①操作步骤如下。

步骤：选中 A 列后，单击“开始”选项卡下的单元格格式数字组对话框启动器按钮，打开“单元格格式”对话框，在“数字”选项卡“分类”列表框中选择“自定义”选项，设置日期类型为“yyyy/mm/dd”格式，如图 4-3-11 所示。

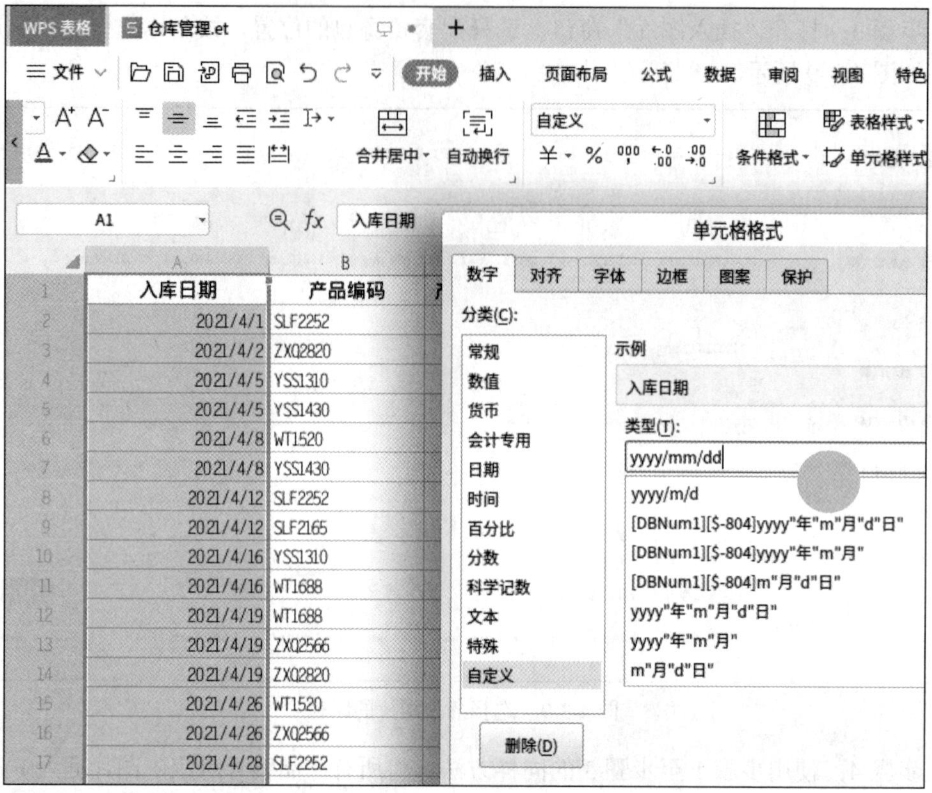

图 4-3-11　日期格式设置

任务 3 子任务②操作步骤如下。

步骤 1：按 Ctrl 键同时选中“入库明细”和“出库明细”两个工作表。

步骤 2：选中 C2 单元格，在编辑栏中输入公式“=VLOOKUP(B2,产品信息!A:F,2,0)”，按 Enter 键执行，如图 4-3-12 所示。

步骤 3：选中 D2 单元格，在编辑栏中输入公式“=VLOOKUP(B2,产品信息!A:F,3,0)”，按 Enter 键执行，如图 4-3-13 所示。

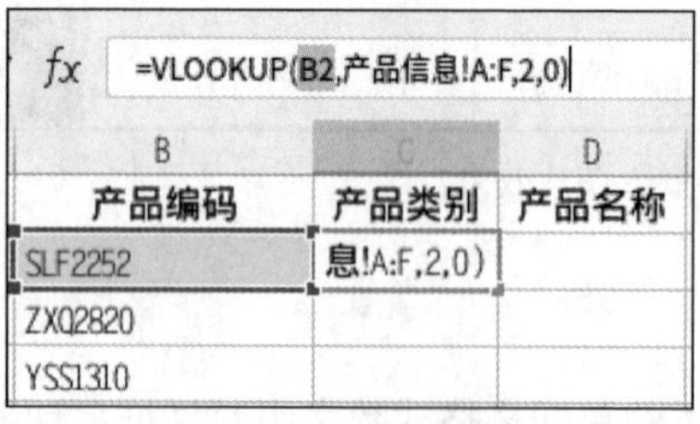

图 4-3-12　C2 单元格编辑公式

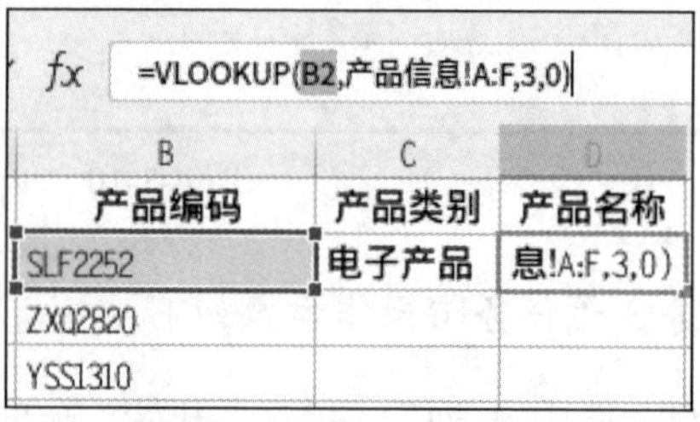

图 4-3-13　D2 单元格编辑公式

步骤 4：选中 E2 单元格，在编辑栏中输入公式“=VLOOKUP(B2,产品信息!A:F,4,0)”，按 Enter 键执行，如图 4-3-14 所示。

步骤 5：选中 F2 单元格，在编辑栏中输入公式“=VLOOKUP(B2,产品信息!A:F,5,0)”，按 Enter 键执行，如图 4-3-15 所示。

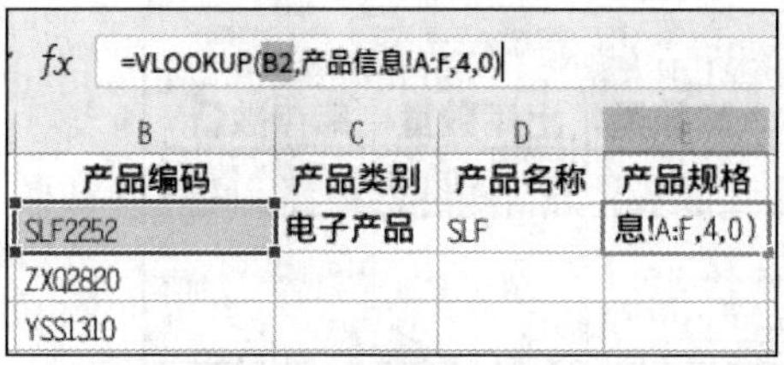

图 4-3-14　E2 单元格编辑公式

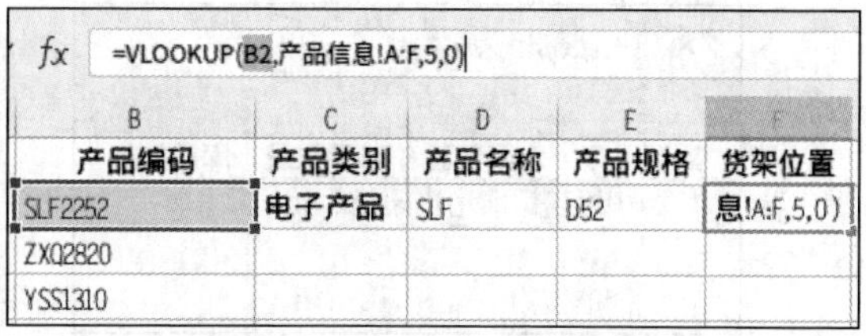

图 4-3-15　F2 单元格编辑公式

步骤 6：在 C2:F2 区域中，双击或拖动右下角的填充柄进行填充，如图 4-3-16 所示。

图 4-3-16　C2:F2 区域填充柄填充

此时“入库明细”工作表已计算完毕，按照同样的方法计算“出库明细”工作表。

任务 4 操作步骤如下。

步骤 1：选中“产品库存”工作表的 G2 单元格，在编辑栏中输入公式“=SUMIFS(入库明细!G:G,入库明细!B:B,A2)”，按 Enter 键执行，如图 4-3-17 所示。

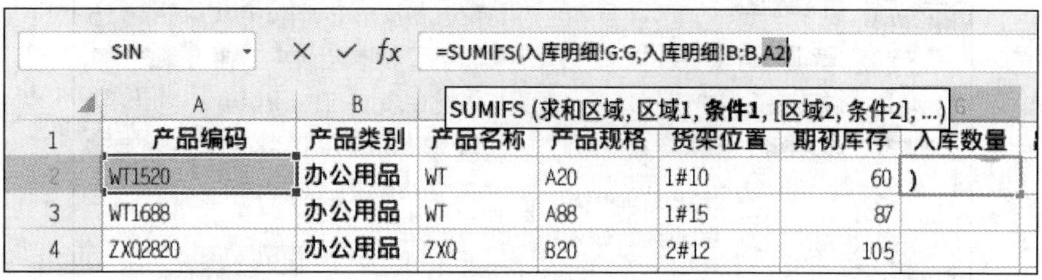

图 4-3-17　G2 单元格编辑公式

步骤 2：选中 H2 单元格，在编辑栏中输入公式“=SUMIFS(出库明细!G:G,出库明细!B:B,A2)”，按 Enter 键执行，如图 4-3-18 所示。

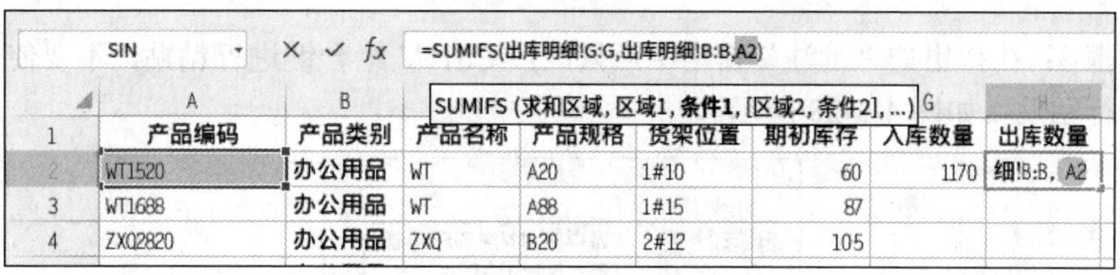

图 4-3-18　H2 单元格编辑公式

步骤 3：选中 I2 单元格，在编辑栏中输入公式“=F2+G2−H2”，按 Enter 键执行，如图 4-3-19 所示。

步骤 4：选中区域 G2:I2，双击或拖动右下角“填充柄”进行填充，如图 4-3-20 所示。

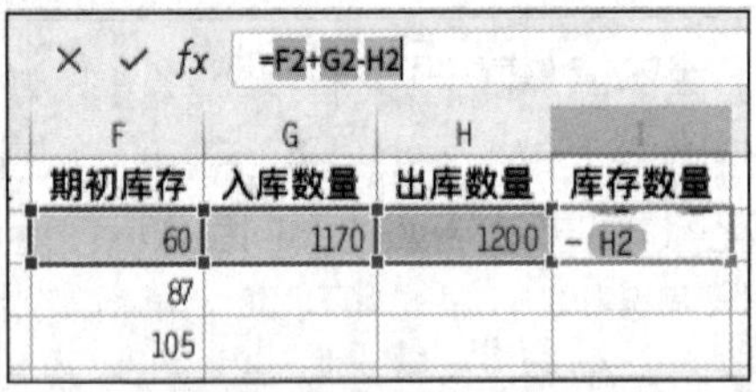

图 4-3-19　I2 单元格编辑公式

图 4-3-20　G2:I2 区域填充柄填充

任务 5 子任务①操作步骤如下。

步骤 1：先选中 L7 单元格中的文本，右击，在弹出的快捷菜单中选择“复制”命令，如图 4-3-21 所示。

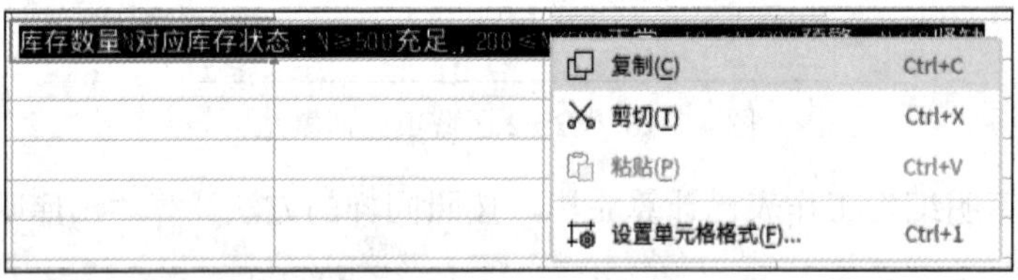

图 4-3-21　复制文本

步骤 2：选中 J1 单元格，单击“审阅”→“新建批注”按钮，如图 4-3-22 所示。

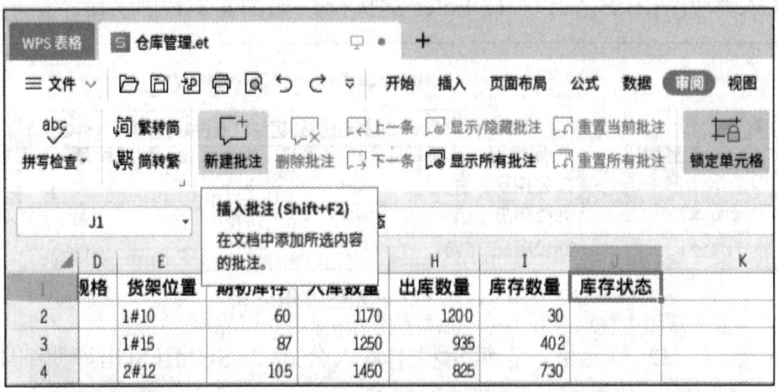

图 4-3-22　新建批注

步骤 3：在弹出的“批注”窗格中，只能按 Ctrl+V 组合键进行粘贴，不要使用鼠标右键进行粘贴，如图 4-3-23 所示。

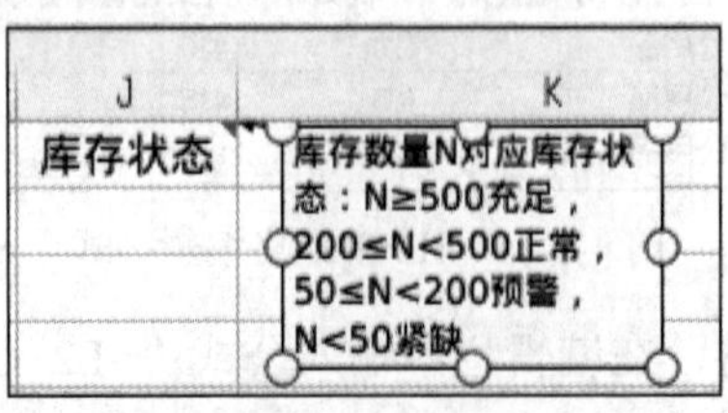

图 4-3-23　粘贴批注内容

任务 5 子任务②操作步骤如下。

步骤 1：选中区域 I2:I9，单击“开始”→“条件格式”按钮，在打开的下拉列表中选择“图标集”选项，在打开的窗格中选择“其他规则”选项，如图 4-3-24 所示。

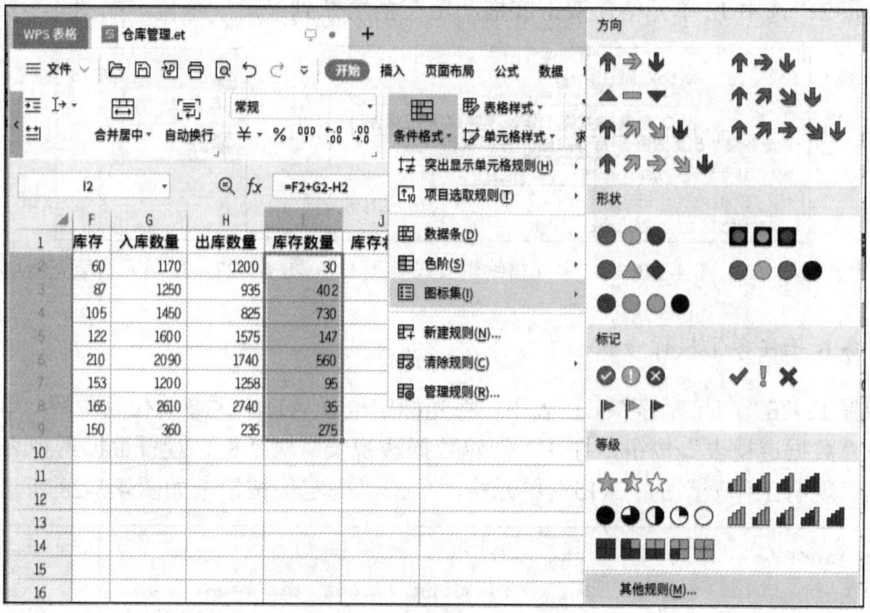

图 4-3-24 “条件格式”列表

步骤 2：打开“新建格式规则”对话框，格式样式选择“图表题”，图标样式选择“四等级”，类型选择“数字”，输入批注内容中的值，如图 4-3-25 所示。

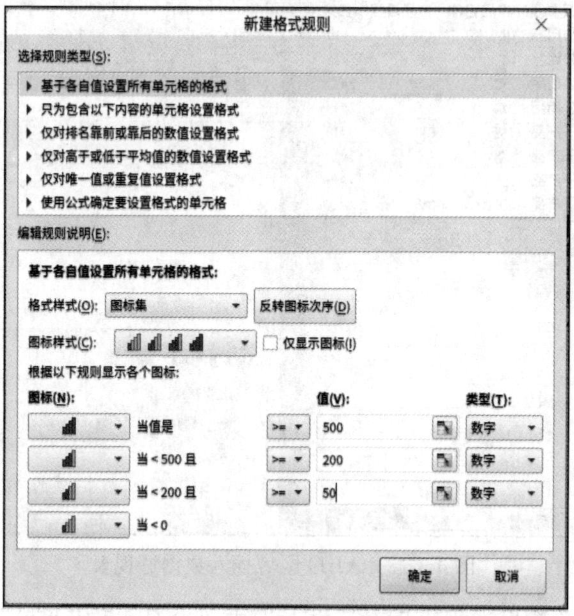

图 4-3-25 “新建格式规则”对话框

任务 5 子任务③操作步骤如下。

步骤 1：选中 J2 单元格，在编辑栏中输入公式“=VLOOKUP(I2,L:M,2,1)”，按 Enter 键执行，如图 4-3-26 所示。

步骤 2：选中 J2 单元格，双击或拖动填充柄填充到最后一个值，如图 4-3-27 所示。

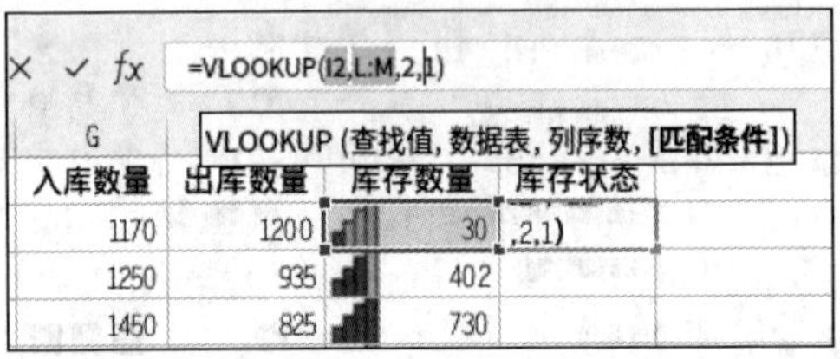

图 4-3-26 J2 单元格编辑公式

图 4-3-27 J2 单元格填充柄填充

任务 6 子任务①操作步骤如下。

步骤 1：在“产品库存”工作表中，将光标定位于 A1:J9 区域的任意位置，单击“插入”→“数据透视表”按钮，打开“创建数据透视表”对话框，设置数据透视表的存储位置在“现有工作表”的“A15”单元格，单击“确定”按钮，如图 4-3-28 所示。

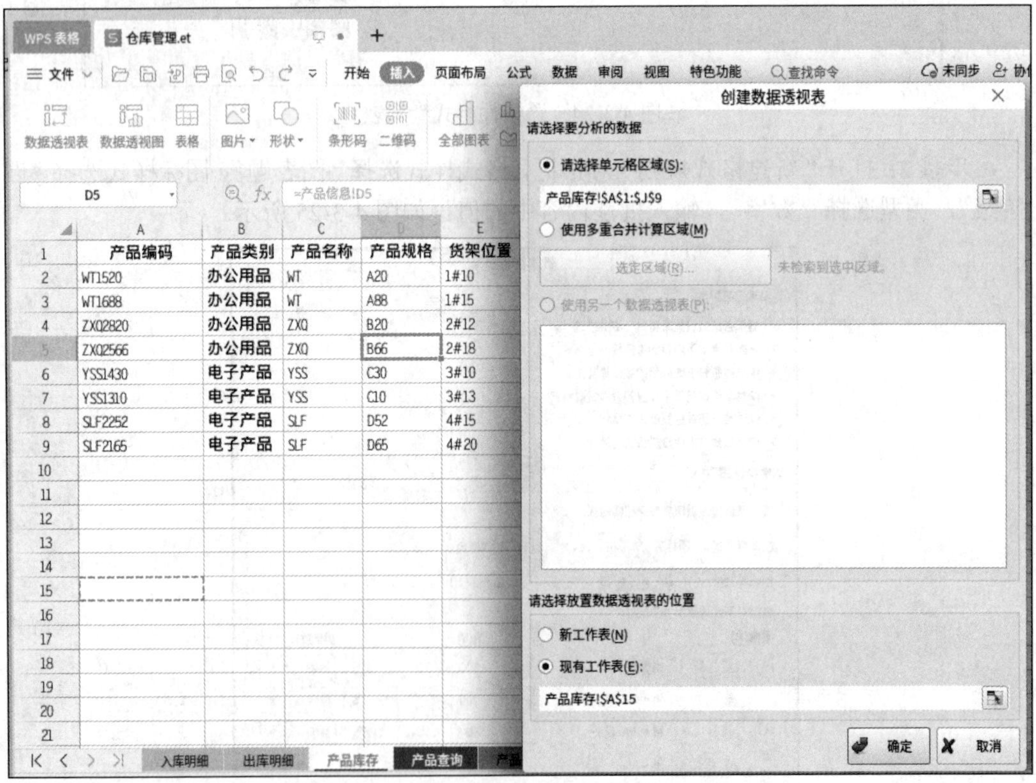

图 4-3-28 A1:J9 区域插入数据透视表

步骤 2：打开“数据透视表”对话框，选中“产品名称”“产品规格”“库存数量”

“库存状态”复选框，拖动“产品名称”和“产品规格”至“行”列表框，拖动“库存状态”至“列”列表框，拖动“库存数量”至“值”列表框，如图 4-3-29 所示。

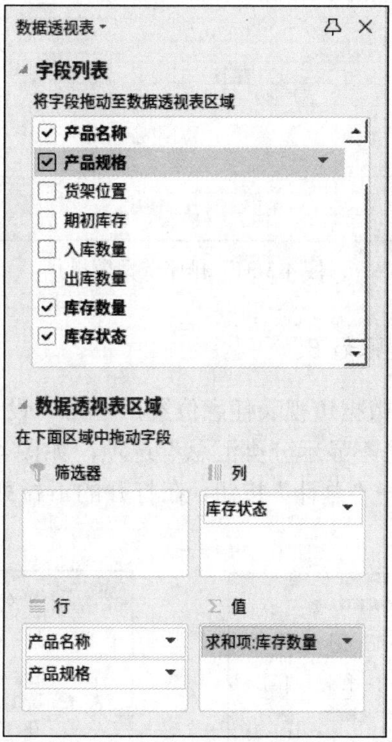

图 4-3-29　数据透视表中设置字段

任务 6 子任务②操作步骤如下。

步骤 1：在数据透视表中，拖动“紧缺”列数据至“充足”列之前，该位置使用鼠标拖动的方式，如图 4-3-30 所示

求和项:库存数量		库存状态				
产品名称	产品规格	充足	紧缺	预警	正常	总计
⊟SLF	D52		35			35
	D65				275	275
SLF 汇总			35		275	310
⊟WT	A20		30			30
	A88				402	402
WT 汇总			30		402	432
⊟YSS	C10			95		95
	C30	560				560
YSS 汇总		560		95		655
⊟ZXQ	B20	730				730
	B66			147		147
ZXQ 汇总		730		147		877
总计		1290	65	242	677	2274

图 4-3-30　移动位置

步骤 2：从左到右依次为“紧缺”“预警”“正常”“充足”，如图 4-3-31 所示。

求和项:库存数量		库存状态				
产品名称	产品规格	紧缺	预警	正常	充足	总计
⊟SLF	D52	35				35
	D65			275		275
SLF 汇总		35		275		310
⊟WT	A20	30				30
	A88			402		402
WT 汇总		30		402		432
⊟YSS	C10		95			95
	C30				560	560
YSS 汇总			95		560	655
⊟ZXQ	B20				730	730
	B66		147			147
ZXQ 汇总			147		730	877
总计		65	242	677	1290	2274

图 4-3-31 排序依据效果

任务 6 子任务③操作步骤如下。

步骤 1：将光标定位于数据透视表任意位置，单击“设计”→“分类汇总”按钮，在打开的下拉列表中选择“不显示分类汇总”选项，如图 4-3-32 所示。

步骤 2：单击“设计”→“总计”按钮，在打开的下拉列表中选择“对行和列禁用”选项，如图 4-3-33 所示。

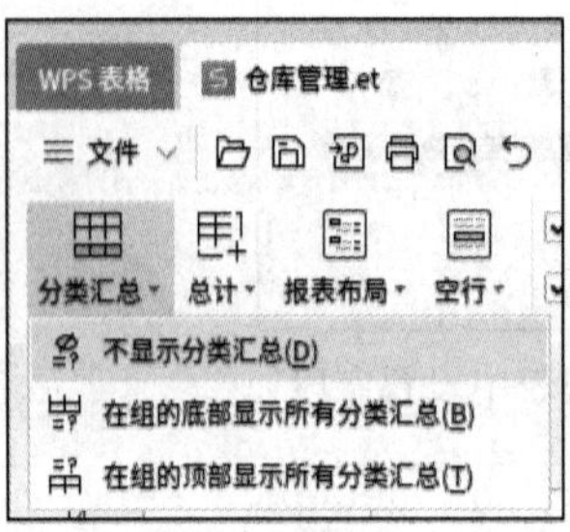

图 4-3-32 不显示分类汇总

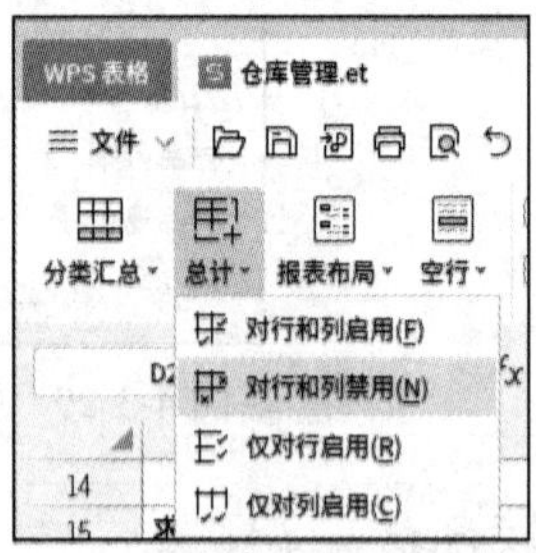

图 4-3-33 对行和列禁用总计

任务 7 子任务①操作步骤如下。

步骤 1：光标放置于数据透视表基础上（4-3-34），单击“分析”→“数据透视图”按钮。

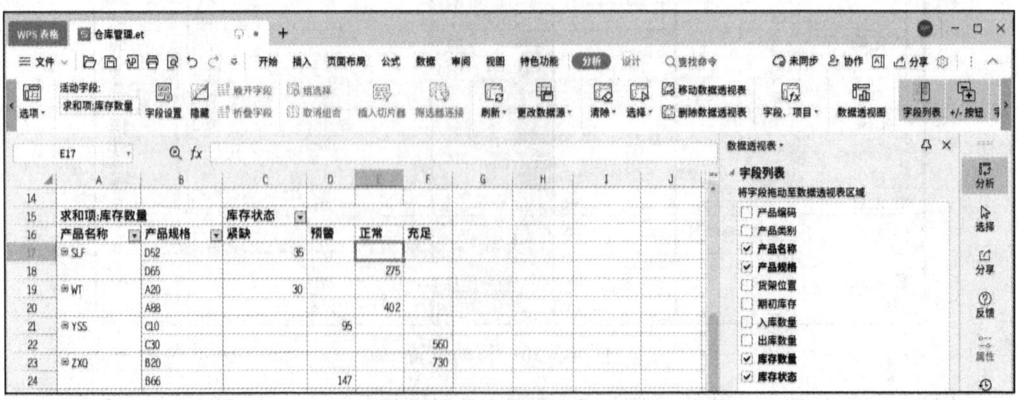

图 4-3-34 插入数据透视图

步骤 2：打开“插入图表”对话框，选择“柱形图”中的“堆积柱形图”类别，单击“插入”按钮，如图 4-3-35 所示。

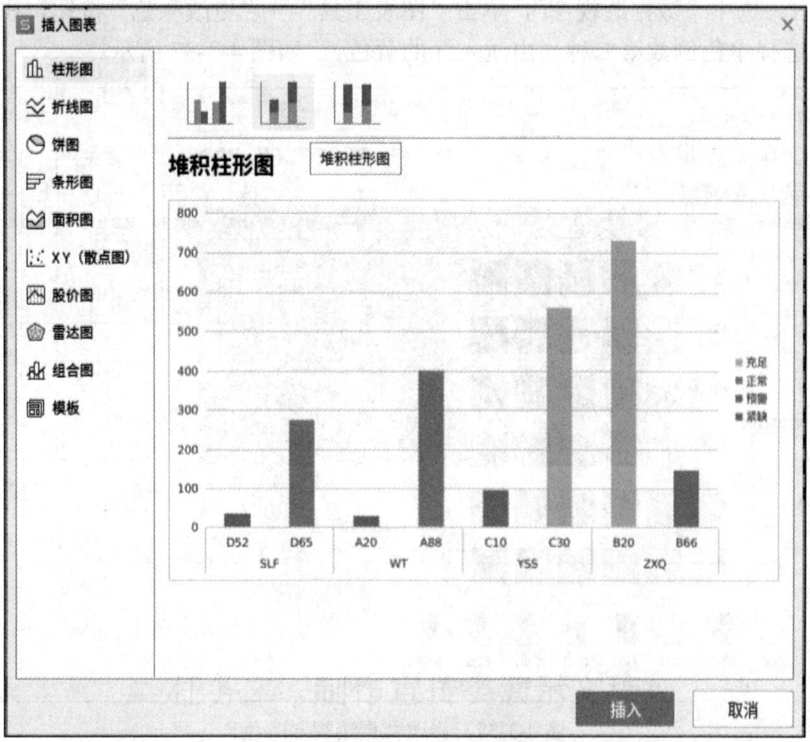

图 4-3-35　选择数据透视图类别

步骤 3：将透视图移动到 A15 单元格区域，使其覆盖在数据透视表之上，如图 4-3-36 所示。

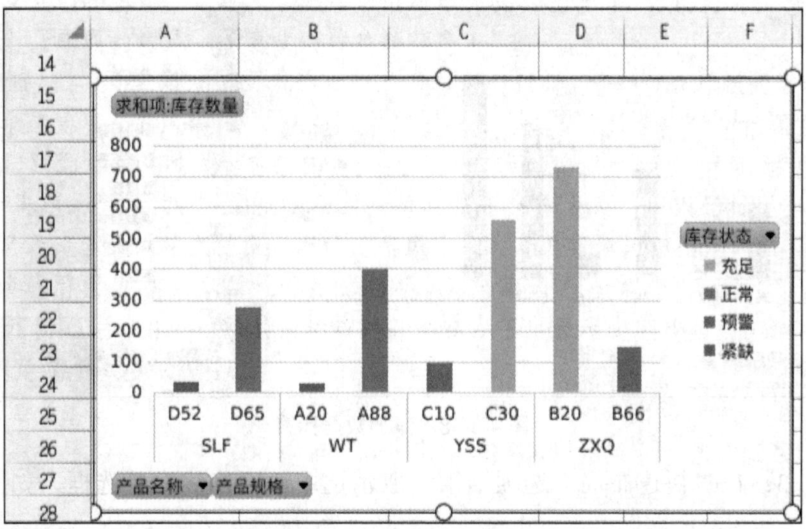

图 4-3-36　移动数据透视图

任务 7 子任务②操作步骤如下。

步骤 1：选中“数据透视图”，单击“图表工具”→“更改颜色”按钮，在打开的下拉列表中选择单色倒数第二种（由浅入深的蓝色），如图 4-3-37 所示。

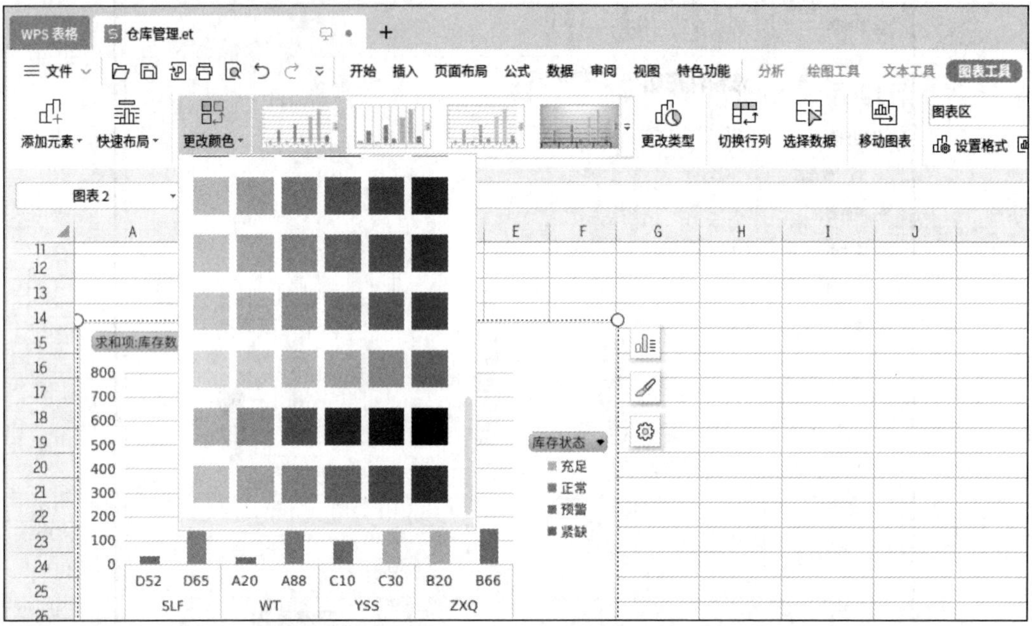

图 4-3-37 修改数据透视图颜色

步骤 2：单击“数据透视图”右侧“图表元素”按钮，在打开的下拉列表中选择“图表元素”→“数据标签”→“居中”方式，添加数据标签，如图 4-3-38 所示。

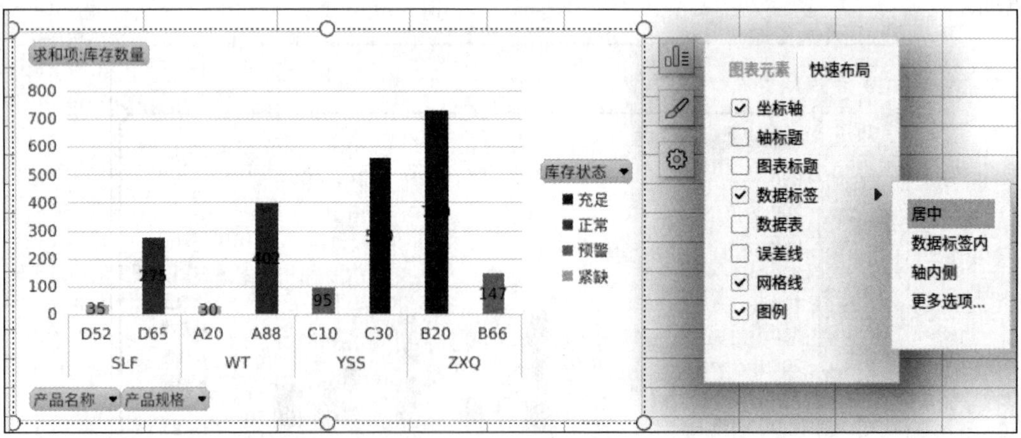

图 4-3-38 添加数据标签

步骤 3：在“快速布局”选项卡下，取消选中“网格线”复选框，如图 4-3-39 所示。

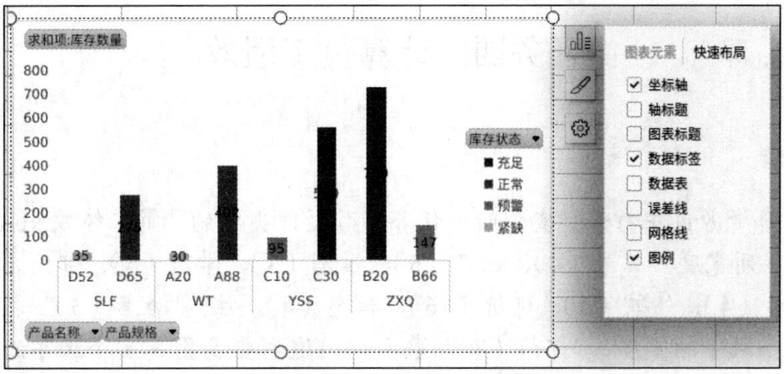

图 4-3-39　取消网格线

任务 8 操作步骤如下。

步骤 1：将光标定位于 B2 单元格，在编辑栏输入公式“=IFERROR(VLOOKUP($A$2,产品库存!$A:$J,COLUMN(),0),"产品编码错误")”，按 Enter 键执行，如图 4-3-40 所示。

图 4-3-40　B2 单元格编辑公式

步骤 2：选中 B2 单元格后，双击或鼠标拖动填充柄进行向右填充，如图 4-3-41 所示。

图 4-3-41　B2 单元格填充柄向右填充

任务 9 操作步骤如下。

步骤：切换至“首页”工作表，在“视图”选项卡下取消选中“显示网格线”复选框和“显示行号列标”复选框，如图 4-3-42 所示。

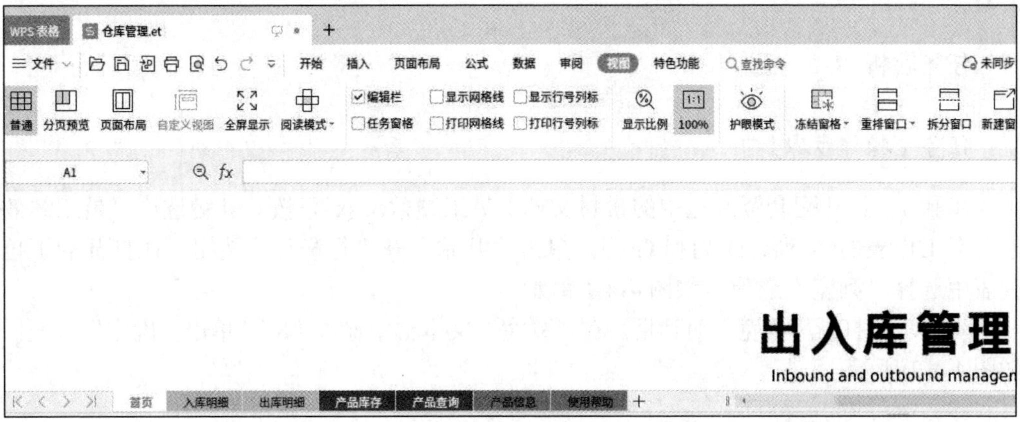

图 4-3-42　取消网格线和行号列标设置

任务四　计算员工绩效

任务要求

1. 在配套资源包中打开“实训四—任务四”文件夹中的“员工绩效.xlsx”文档，按照要求调整各列宽度：工号（4）、姓名（5）、性别（3）、学历（4）、部门（8）、入职日期（6）、工龄（4）、绩效（4）、评价（16）、状态（4）。注：“姓名（5）”表示姓名这列要设置成 5 个汉字的宽度，“部门（8）”表示部门这列要设置成 8 个汉字的宽度，其他同此。

2. 在“员工绩效汇总”工作表中，将“入职日期”中的日期（F2:F201）统一调整成如“2020-10-01”的数字格式。注意：年月日的分隔符号为短横线“-”，且“月”和“日”都显示为 2 位数字。

3. 在“员工绩效汇总”工作表中，利用条件格式功能，将“姓名”列（B2:B201）中包含重复值的单元格突出显示为浅红填充色深红色文本。

4. 在“员工绩效汇总”工作表的 G1 单元格上增加一个批注，内容为“工龄计算，满一年才加 1。例如：2018-11-22 入职，到 2020-10-01，工龄为 1 年。”

5. 在“员工绩效汇总”工作表的“工龄”列的空白单元格（G2:G201）中输入公式，使用函数 DATEDIF 计算截至今日的“工龄”。注意，每满一年工龄加 1，“今日”是指每次打开本工作簿的动态时间。

6. 为方便在“员工绩效汇总”工作表中查看数据，请设置在滚动翻页时，标题行（第 1 行）始终显示。

7. 请对“员工绩效汇总”工作表进行打印设置，确保纸张打印方向保持为纵向的前提下，实现水平居中打印在纸上。

8. 在“统计”工作表的 B2 单元格中输入公式，统计“员工绩效汇总”工作表中研发中心博士后的人数。然后，将 B2 单元格中的公式复制粘贴到 B2:G4 区域（请注意单元格引用方式），统计研发中心、生产部、质量部这三个主要部门中不同学历的人数。

任务解析

任务 1 操作步骤如下。

步骤 1：打开配套资源包中的素材文档“员工绩效.xlsx”，按 Ctrl 键选中“员工绩效汇总”工作表的 A 列、D 列和 G 列，单击“开始”→“行和列”按钮，在打开的下拉列表中选择“列宽”选项，如图 4-4-1 所示。

步骤 2：打开“列宽”对话框，在“列宽”文本框中输入“8”，单击“确定”按钮，如图 4-4-2 所示。

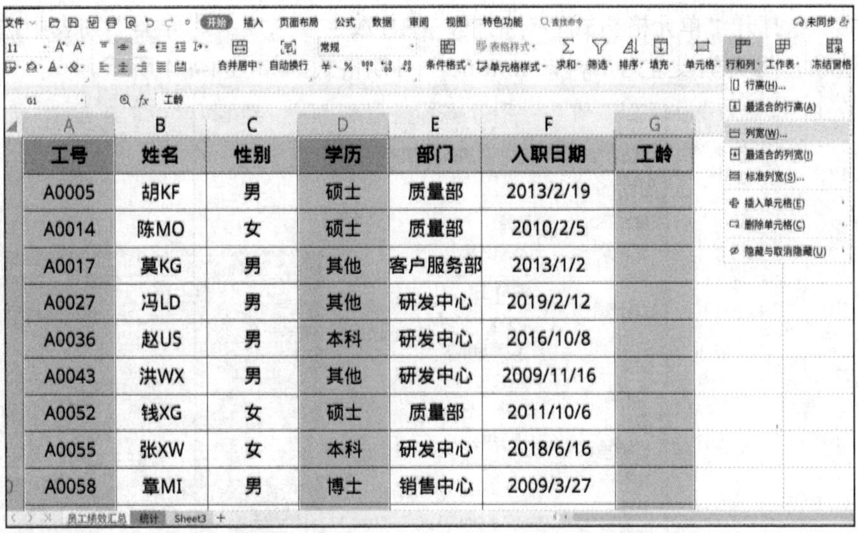

图 4-4-1　A 列、D 列和 G 列的列宽设置

步骤 3：选中“员工绩效汇总”工作表的 B 列，单击“开始”→“行和列”按钮，在打开的下拉列表中选择“列宽”选项。

步骤 4：打开“列宽”对话框，在“列宽”文本框中输入“10”，单击“确定”按钮。

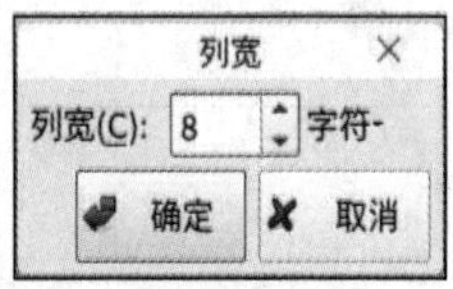

图 4-4-2　设置列宽为 8 字符

使用同样的方法，修改“性别”列的列宽为 6 字符，“部门”列的列宽为 16 字符、“入职日期”列的列宽为 12 字符。

任务 2 操作步骤如下。

步骤 1：选中 F 列，右击，在弹出的快捷菜单中选择的“设置单元格格式”命令，如图 4-4-3 所示。

图 4-4-3　设置单元格格式

步骤 2：打开“单元格格式”对话框，在“数字”选项卡“分类”列表中选择“自定义”选项，将类型设置为“yyyy-mm-dd”日期格式，如图 4-4-4 所示。

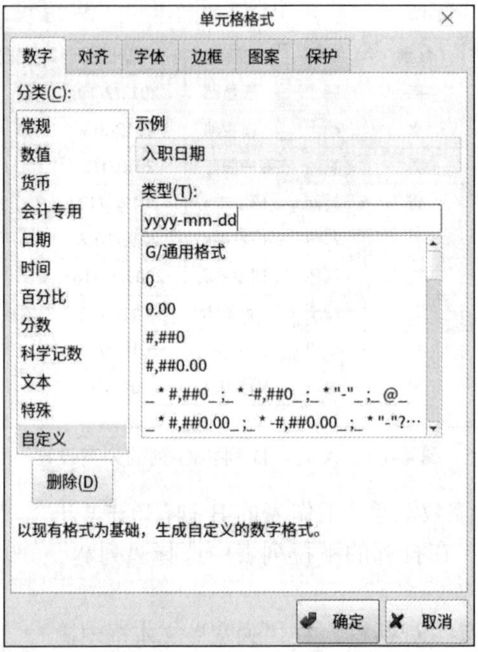

图 4-4-4 自定义日期格式设置

任务 3 操作步骤如下。

步骤 1：选中 B 列，单击“开始”→“条件格式”按钮，在打开的下拉列表中选择“突出显示单元格规则”→“重复值”选项，如图 4-4-5 所示。

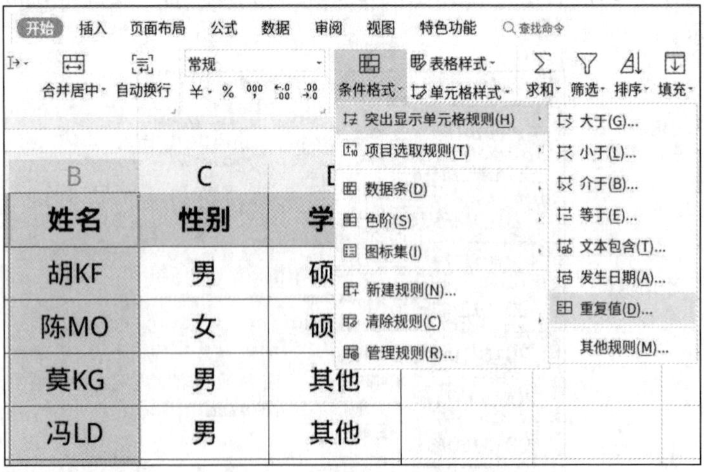

图 4-4-5 “条件格式”列表

步骤 2：打开“重复值”对话框，将重复值设置为浅红填充色深红色文本，单击“确定”按钮，如图 4-4-6 所示。

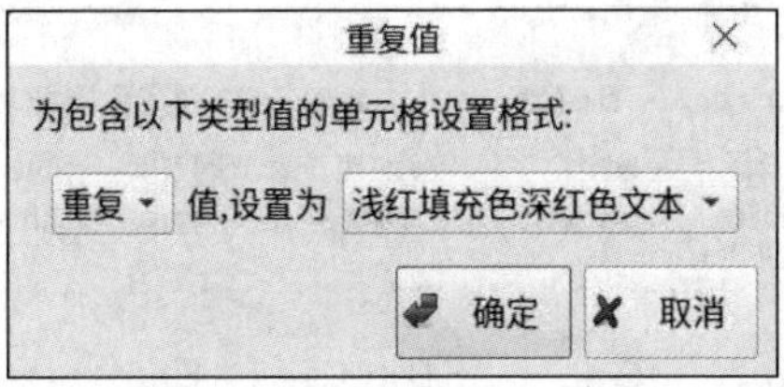

图 4-4-6　“重复值”对话框

任务 4 操作步骤如下。

步骤：选中 G1 单元格，单击“审阅”→“新建批注”按钮，在弹出的批注文本框中输入“工龄计算，满一年才加 1。例如：2018-11-22 入职，到 2020-10-01，工龄为 1 年。”如图 4-4-7 所示。

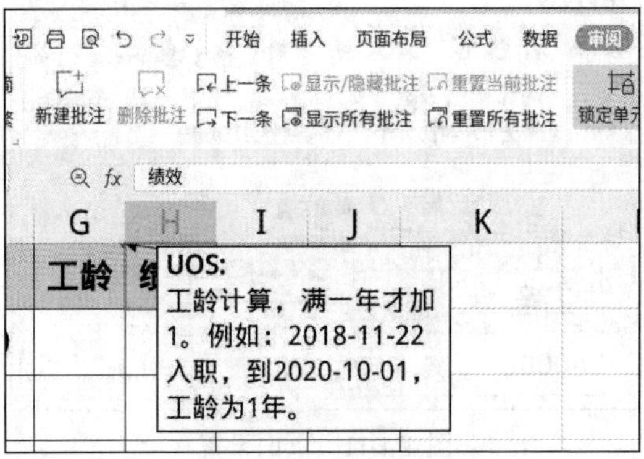

图 4-4-7　新建批注

任务 5 操作步骤如下。

步骤 1：选中 G2 单元格，在编辑栏中输入公式“=DATEDIF(F2,TODAY(),"y")”，按 Enter 键执行，如图 4-4-8 所示。

步骤 2：选中 G2 单元格，双击或拖动填充柄进行填充，如图 4-4-9 所示。

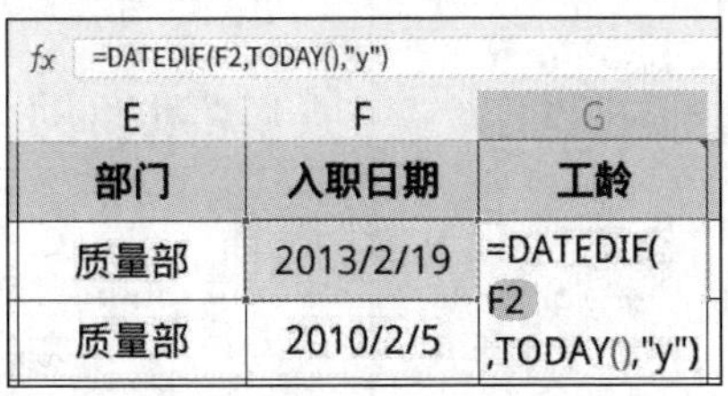

图 4-4-8　G2 单元格编辑公式

图 4-4-9　G2 单元格填充柄填充

任务 6 操作步骤如下。

步骤：单击“视图”→“冻结窗格”按钮，在打开的下拉列表中选择“冻结首行”选项，如图 4-4-10 所示。

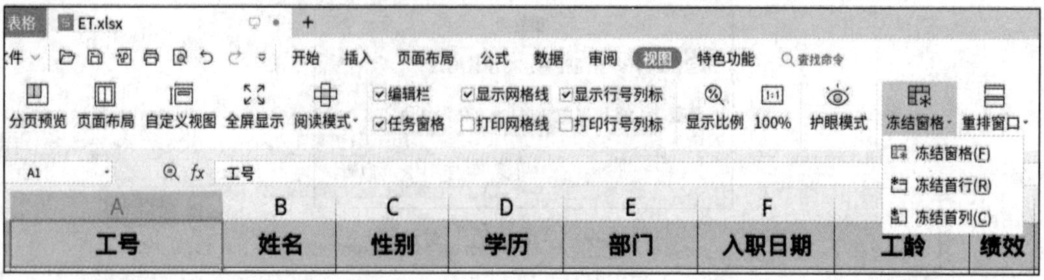

图 4-4-10 冻结首行

任务 7 操作步骤如下。

步骤 1：单击“页面布局”选项卡下的页面设置对话框启动器按钮，如图 4-4-11 所示。

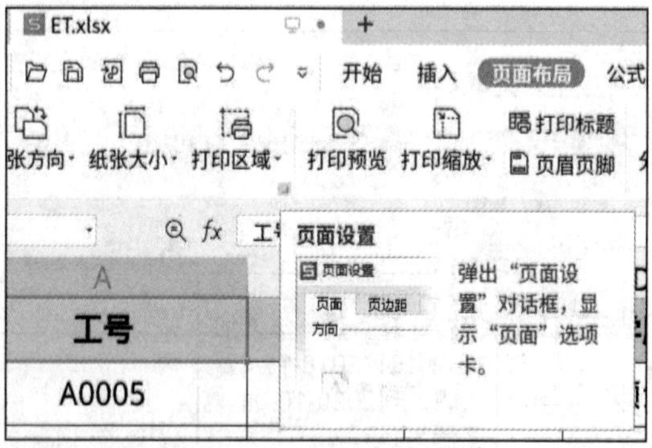

图 4-4-11 页面设置

步骤 2：打开“页面设置”对话框，在“页边距”选项卡“居中方式”栏中选择“水平”复选框，如图 4-4-12 所示。

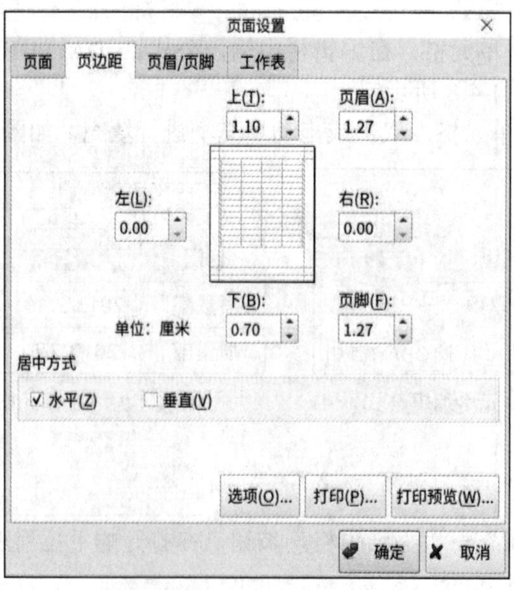

图 4-4-12 水平居中设置

任务 8 操作步骤如下。

步骤 1：切换至“统计”工作表，选中 B2 单元格，在编辑栏输入公式“=COUNTIFS(员工绩效汇总!$E$2:$E$201,$A2,员工绩效汇总!$D$2:$D$201,B$1)”，按 Enter 键执行，如图 4-4-13 所示。

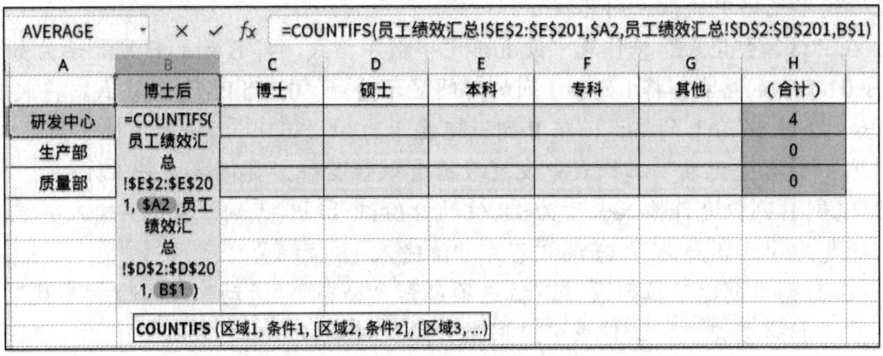

图 4-4-13 B2 单元格编辑公式

步骤 2：拖动填充柄向下填充，如图 4-4-14 所示。

步骤 3：再拖动填充柄向右填充，如图 4-4-15 所示。

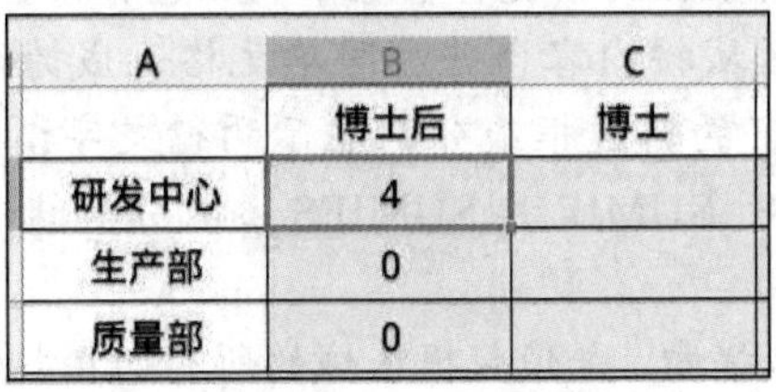

图 4-4-14 向下填充

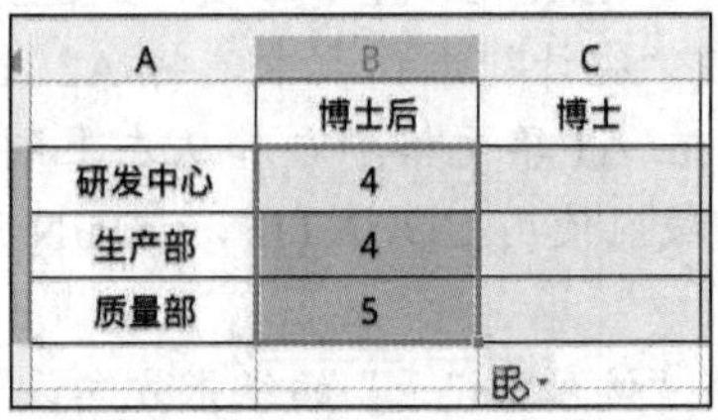

图 4-4-15 向右填充

步骤 4：填充之后，统计出研发中心、生产部、质量部这三个主要部门中不同学历的人数，如图 4-4-16 所示。

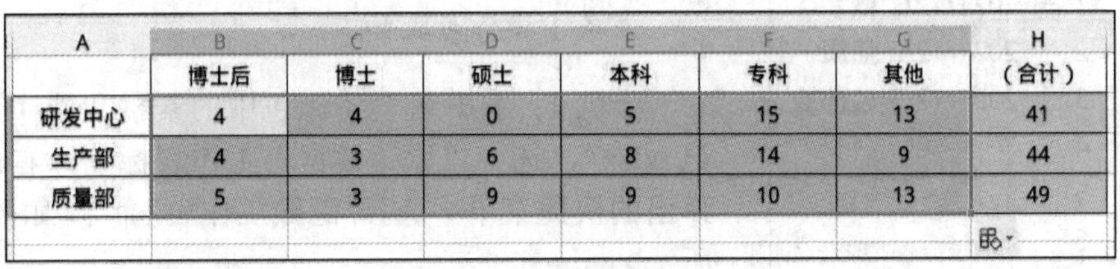

图 4-4-16 数据统计效果

任务五 分析访客登记

任务要求

1. 在配套资源包中打开“实训四—任务五”文件夹中的“访客登记 xlsx”文档，隐藏“原始数据”工作表以防数据丢失，将“访客登记表”工作表标签颜色设置为主题颜色中的“钢蓝，着色 5”，“统计”工作表标签颜色设置为“浅绿，着色 6”。

2. 为“访客登记表”工作表中的数据区域套用预设的“表样式浅色 13”，要求仅套用表格样式而不转换成表格，并且冻结数据列表的标题行，使其在滚动时保持可见。

3. 在“访客登记表”工作表中的 F、G、H、Q 列区域使用函数，计算规则遵循各列字段标题单元格中的批注内容提示。

4. 在“访客登记表”工作表中设置单元格数字格式，将 B 列的日期显示为如“2021 年 12 月 01 日”的格式，将 I 列和 J 列的时间显示为如“03:55 PM”的格式，将 K 列时间显示为如“2 时 56 分”的格式，将 P 列数值显示为如“36.0”的保留 1 位小数格式。

5. 在“访客登记表”工作表中设置数据有效性验证。具体要求如下：

① 限制 E 列仅允许输入长度为 18 位的身份证号码，否则“停止”输入并显示出错警告：标题为“位数出错”，错误信息为“请输入 18 位编号”。

② 在 L 列中创建下拉列表，下拉选项包括“公务”“活动”“会议”“参观”。

6. 在“访客登记表”工作表中应用条件格式规则。具体要求如下：

① 在 K 列中应用预设条件格式“数据条-渐变填充-蓝色数据条”。

② 在 A2:Q51 区域中设置“使用公式确定要设置格式的单元格”条件格式规则，要求将状态（Q 列）为“异常”的数据行填充标准色中的黄色背景，将同时满足行程码（O 列）为“红”且体温（P 列）为“>37.3”的数据行填充标准色中的红色背景。

7. 在“统计”工作表中，将 A2:A5 区域按内容合并相同单元格，成为两个大型单元格，在 A1 单元格中添加从左上到右下的斜边框线分割显示两行文字；然后，在 C2:F5 区域内使用 COUNTIF、COUNTIFS、SUMIF 和 SUMIFS 函数分别进行计数和求和。

8. 将“访客登记表”的纸张方向设置为横向，并使数据区域的所有列在打印时缩放到一页纸。

图 4-5-1　隐藏工作表

任务解析

任务 1 操作步骤如下。

步骤 1：打开配套资源包中的素材文档“访客登记 xlsx”，选中“原始数据”工作表标签，右击，在弹出的快捷菜单中选择“隐藏工作表”命令，如图 4-5-1 所示。

步骤 2：选中“访客登记表”工作表标签，右击，在弹出的快捷菜单中选择“工作表标签颜色”命令，在打开的列表中选择主题颜色中的“钢蓝，着色 5”，如图 4-5-2 所示。

步骤 3：选中“统计”工作表标签，右击，在弹出的快捷菜单中选择“工作表标签颜色”命令，在打开的列表中选择主题颜色中的“浅绿，着色 6”。

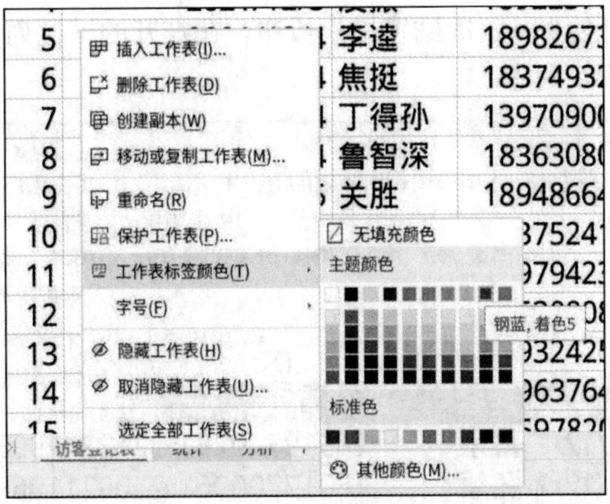

图 4-5-2　“访客登记表”工作表标签颜色设置

任务 2 操作步骤如下。

步骤 1：将光标定位于“访客登记表”工作表中任意数据单元格，单击“开始”→“表格样式”按钮，在打开的下拉列表的“浅”栏中选择“表样式浅色 13”，如图 4-5-3 所示。

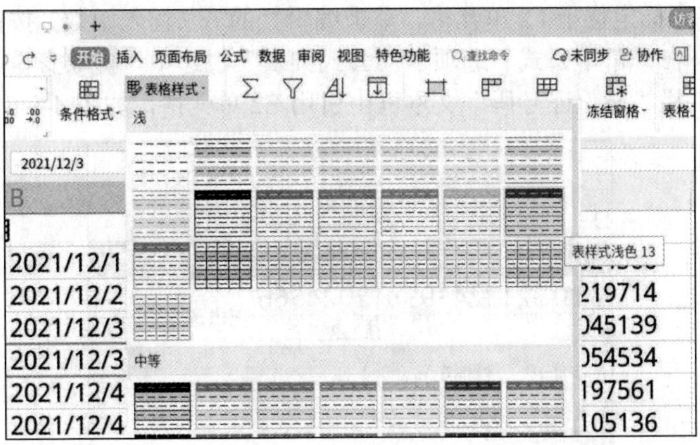

图 4-5-3　表格样式设置

步骤 2：在打开的“套用表格样式”对话框中，选中“仅套用表格样式”单选按钮，如图 4-5-4 所示。

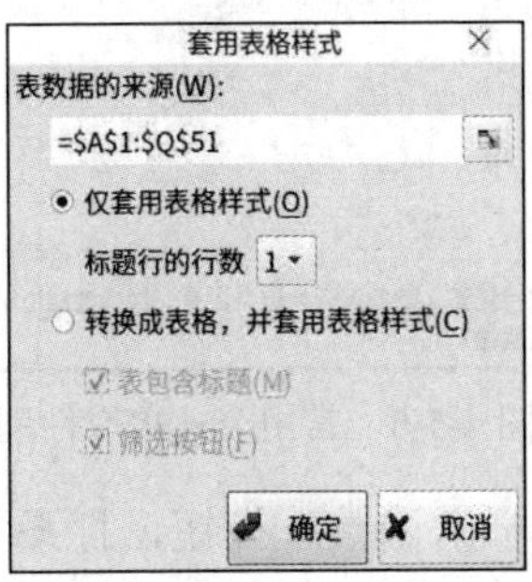

图 4-5-4　“套用表格样式”对话框

步骤3：单击“开始”→“冻结窗格”按钮，在打开的下拉列表中选择“冻结首行”选项，如图4-5-5所示。

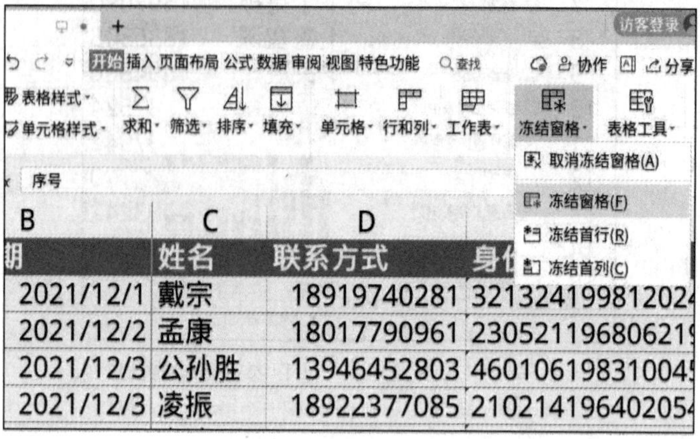

图4-5-5 冻结首行

任务3操作步骤如下。

步骤1：将光标定位于F2单元格，单击编辑栏的*fx*（插入函数）按钮，打开“插入函数”对话框，在“常用公式”选项卡“公式列表”栏选中“提取身份证性别”选项，在“参数输入”栏“身份证号码”文本框中引用E2单元格，如图4-5-6所示。

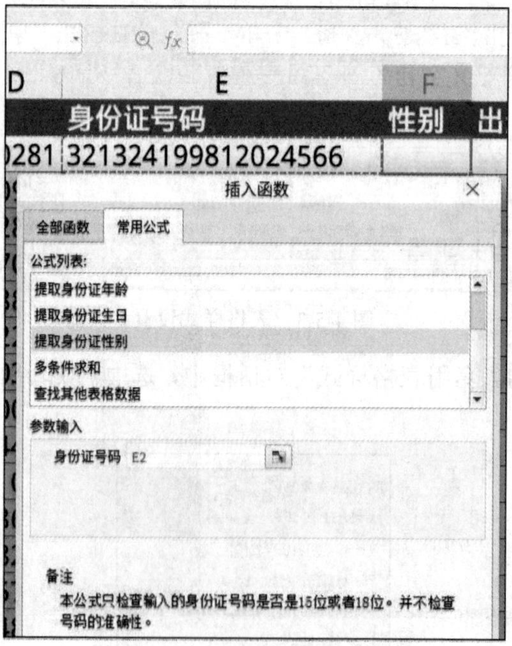

图4-5-6 常用公式提取性别

步骤2：单击编辑栏的*fx*（插入函数）按钮，打开“插入函数”对话框，在“常用公式”选项卡“公式列表”栏选中“提取身份证生日”选项，在“参数输入”栏“身份证号码”文本框中引用 E2 单元格。

步骤 3：将光标定位于 H2 单元格，在编辑栏输入公式“=DATEDIF(G2,B2,"y")”，按 Enter 键执行，如图 4-5-7 所示。

步骤 4：选中 F2:H2 区域，双击或拖动填充柄填充到最后一行，如图 4-5-8 所示。

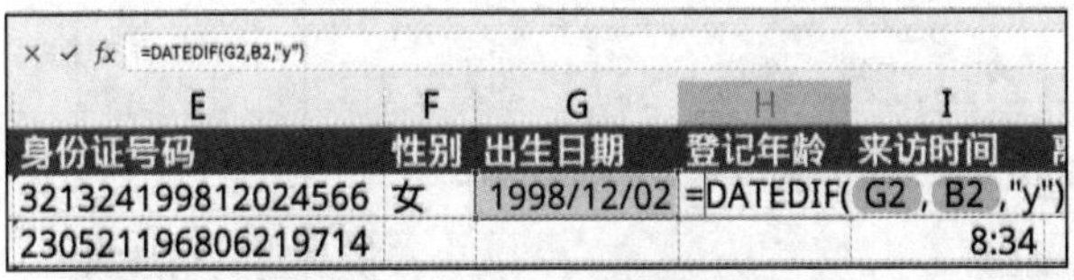

图 4-5-7　H2 单元格编辑公式

图 4-5-8　F2:H2 区域填充柄填充数据

步骤 5：将光标定位于 Q2 单元格，在编辑栏输入公式“=IF(OR(N2="是",O2="红",P2>37.3),"异常","正常")”，按 Enter 键执行，如图 4-5-9 所示。

步骤 6：选中 Q2 单元格，双击或拖动填充柄填充到最后一行，如图 4-5-10 所示。

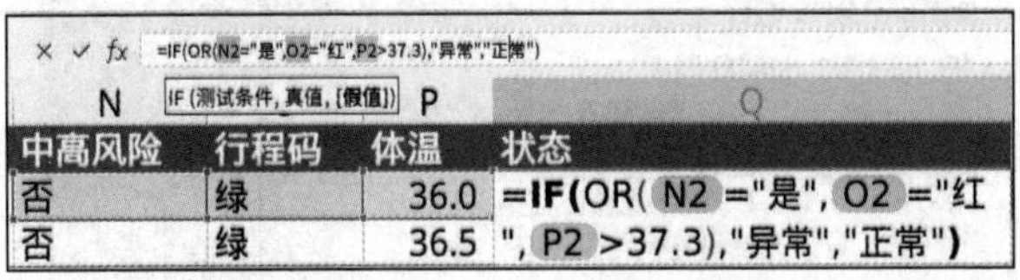

图 4-5-9　Q2 单元格编辑公式

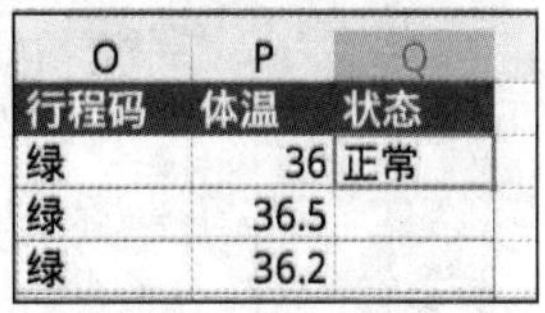

图 4-5-10　Q2 单元格填充柄填充数据

任务 4 操作步骤如下。

步骤 1：在“访客登记表”工作表中，选中 B 列，右击，在弹出的快捷菜单中选择“设置单元格格式”命令，如图 4-5-11 所示。

图 4-5-11　设置单元格格式

步骤 2：打开“单元格格式”对话框，在“数字”选项卡“分类”栏中选择“自定义”选项，在“类型”文本框中输入“yyyy"年"mm"月"dd"日"”，单击“确定”按钮，如图 4-5-12 所示。

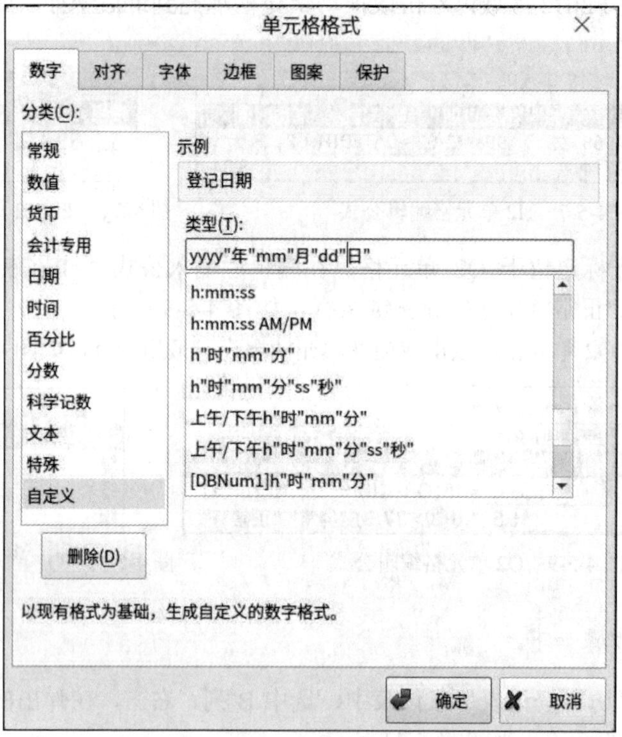

图 4-5-12 日期类型设置

步骤 3：同时选中 I 列和 J 列，右击，在弹出的快捷菜单中选择“设置单元格格式”命令。

步骤 4：打开“单元格格式”对话框，在“数字”选项卡“分类”栏中选择“自定义”选项，在“类型”文本框中编辑“hh:mm AM/PM”，单击“确定”按钮。

步骤 5：选中 K 列，右击，在弹出的快捷菜单中选择“设置单元格格式”命令。

步骤 6：打开“单元格格式”对话框，在“数字”选项卡“分类”栏中选择“时间”选项，在“类型”列表框中选择“16 时 22 分”，单击“确定”按钮。

步骤 7：选中 P 列，右击，在弹出的快捷菜单中选择“设置单元格格式”命令。

步骤 8：打开“单元格格式”对话框，在“数字”选项卡“分类”栏中选择“数值”选项，设置小数位数为“1”，单击“确定”按钮。

任务 5 子任务①操作步骤如下。

步骤 1：选中 E 列，单击“数据”→“有效性”按钮，在打开的下拉列表中选择“有效性”选项，如图 4-5-13 所示、

步骤 2：打开“数据有效性”对话框，在“设置”选项卡“允许”栏中选择“文本

长度”，“数据”栏中选择“等于”，“数值”文本框中输入“18”，如图 4-5-14 所示。

图 4-5-13 “有效性”列表

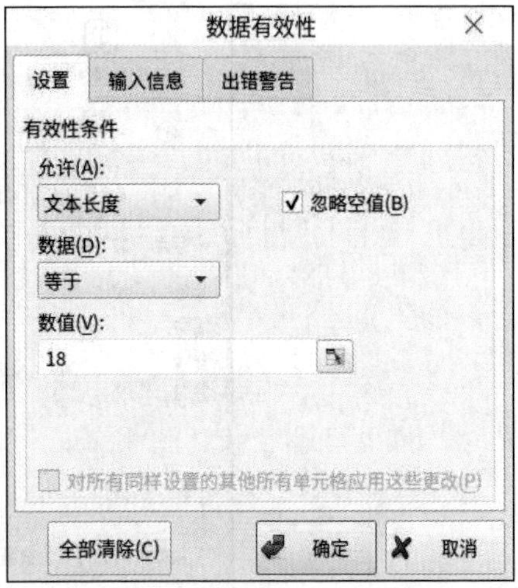

图 4-5-14 数据有效性设置

步骤 3：在“出错警告”选项卡“样式”栏中选择“停止”，“标题”文本框中输入“位数出错”，“错误信息”文本框中输入“请输入 18 位编号”，单击“确定”按钮，如图 4-5-15 所示

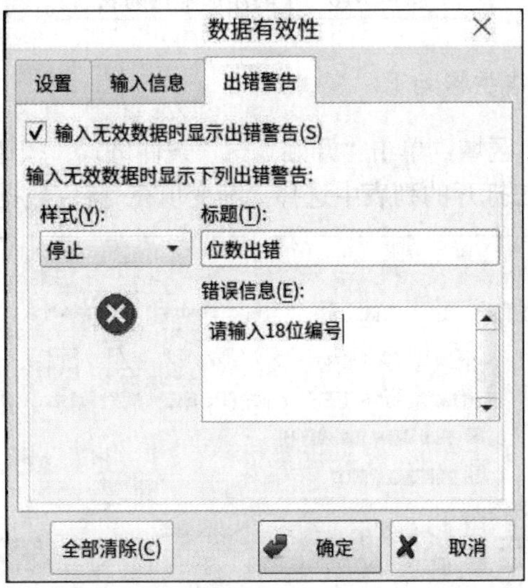

图 4-5-15 出错警告

任务 5 子任务②操作步骤如下。

步骤：选中 L2:L51 区域，单击“数据”→“下拉列表”按钮，打开“插入下拉列表”对话框，选择“手动添加下拉选项”单选按钮，在其下文本框中输入“公务”“活动”“会议”“参观”，单击“确定”按钮，如图 4-5-16 所示。

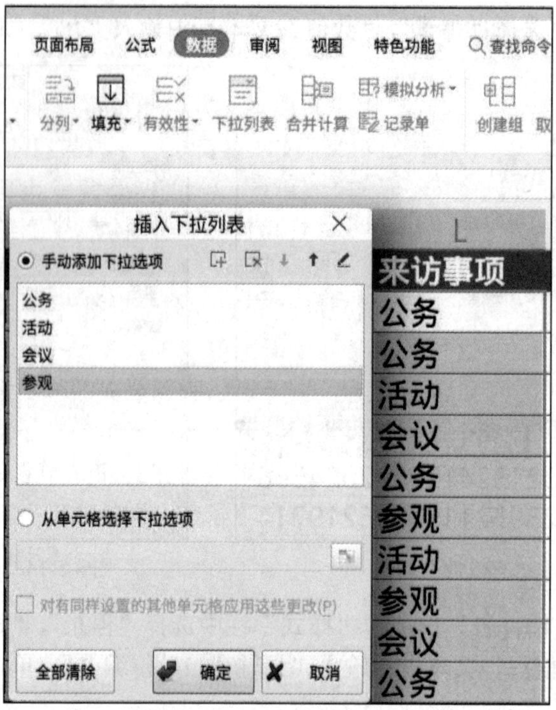

图 4-5-16 手动添加下拉列表

任务 6 子任务①操作步骤如下。

步骤：选中 K2:K51 区域，单击“开始”→“条件格式”按钮，在打开的下拉列表中选择“数据条”选项，在打开的列表中选择“渐变填充-蓝色数据条”，如图 4-5-17 所示。

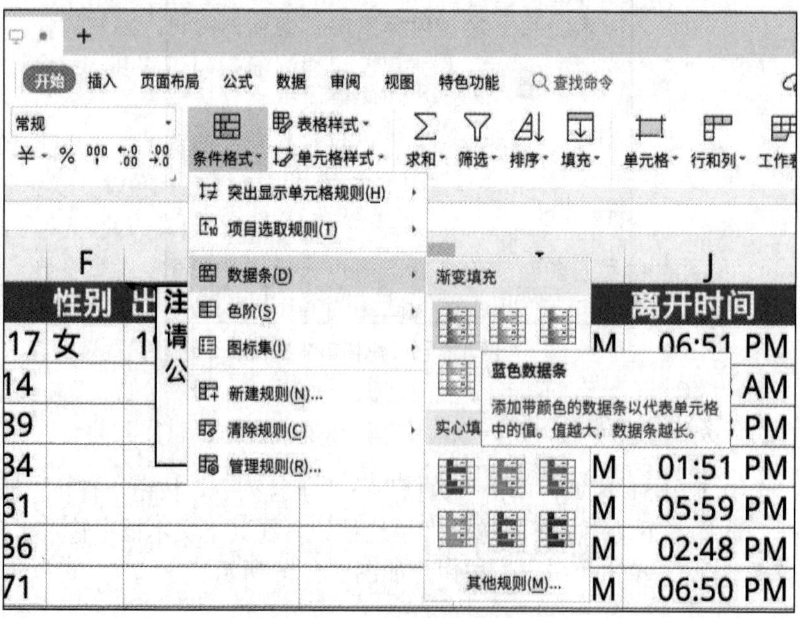

图 4-5-17 条件格式-数据条

任务 6 子任务②操作步骤如下。

步骤 1：选中 A2:Q51 区域，单击“开始”→“条件格式”按钮，在打开的下拉列表中选择“新建规则”选项，如图 4-5-18 所示。

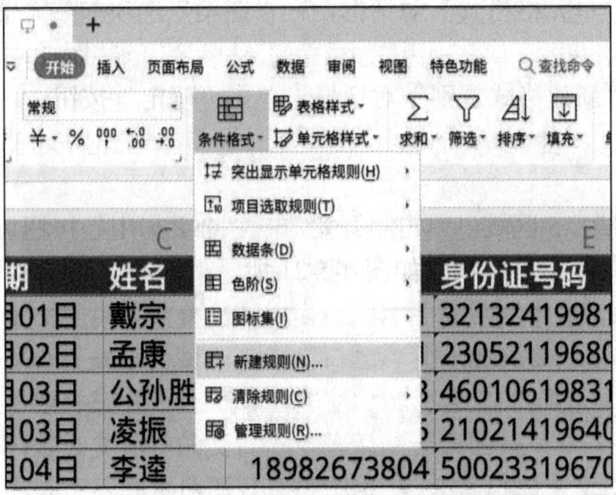

图 4-5-18 条件格式-新建规则

步骤 2：打开“新建格式规则”对话框，在“选择规则类型”栏中选择“使用公式确定要设置格式的单元格”选项，并在“只为满足以下条件的单元格设置格式”文本框中输入公式“=$Q2="异常"”，单击“格式”按钮，如图 4-5-19 所示。

步骤 3：打开“单元格格式”对话框，在“图案”选项下设置单元格底纹颜色为“标准色-黄色”，如图 4-5-20 所示。

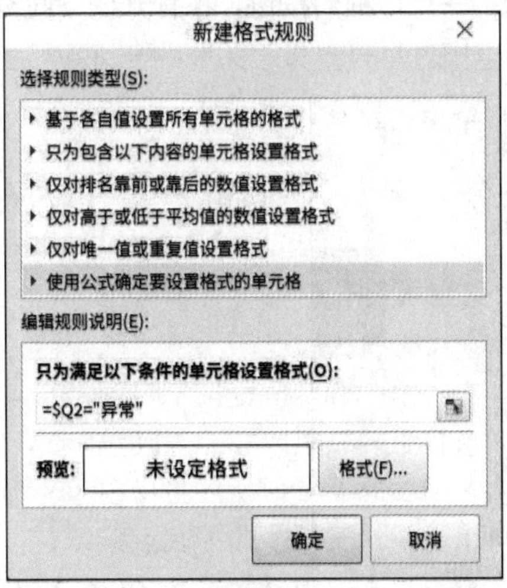

图 4-5-19 “新建格式规则”对话框

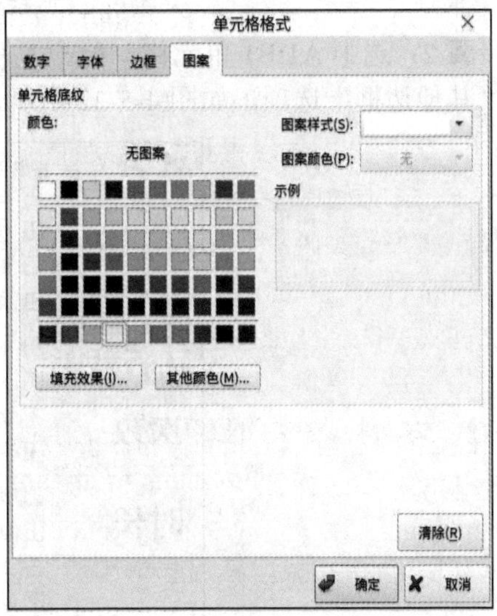

图 4-5-20 单元格底纹颜色设置

步骤 4：返回“新建格式规则”对话框，单击“确定”按钮。

步骤 5：选中 A2:Q51 区域，单击“开始”→“条件格式”按钮，在打开的下拉列表表中选择“新建规则”选项。

步骤 6：打开“新建格式规则”对话框，在“选择规则类型”栏中选择“使用公式确定要设置格式的单元格”选项，并在“只为满足以下条件的单元格设置格式”文本框中输入公式“=and($O2=”红”,$P2>37.3)”，单击“格式”按钮。

步骤 7：打开“单元格格式”对话框，在“图案”选项卡下设置单元格底纹颜色为“标准色-红色”。

步骤 8：返回“新建格式规则”对话框，单击“确定”按钮。

任务 7 操作步骤如下。

步骤 1：选中 A2:A5 区域，单击“开始”→“合并居中”按钮，在打开的下拉列表中选择“合并相同单元格”选项，如图 4-5-21 所示。

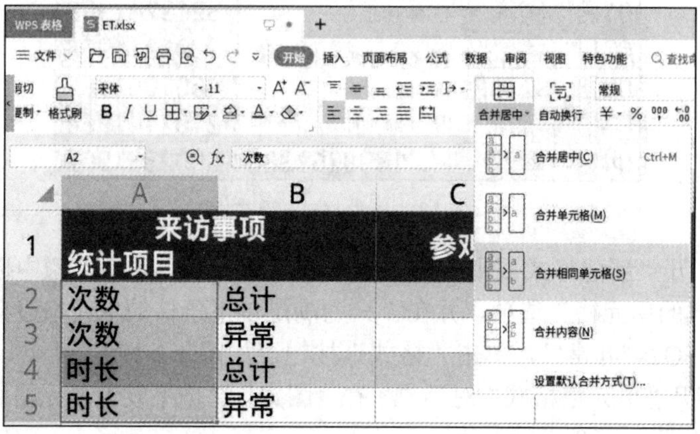

图 4-5-21 “合并居中”列表

步骤 2：选中 A1:B1 单元格，单击“开始”→“边框”按钮，在打开的下拉列表中选择“其他边框”选项，如图 4-5-22 所示。

图 4-5-22 “边框”列表

步骤 3：打开“单元格格式”对话框，在“边框”选项卡“边框”栏中选择“斜边框线”，单击“确定”按钮，如图 4-5-23 所示。

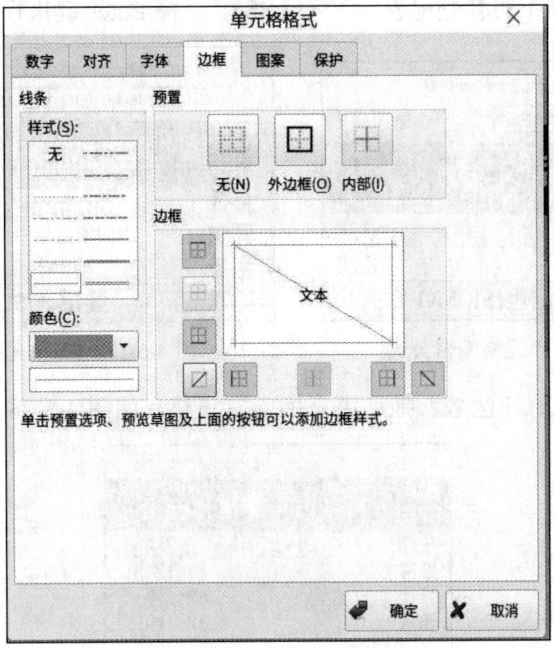

图 4-5-23　斜边框线

步骤 4：将光标定位于 C2 单元格，在编辑栏输入公式“=COUNTIF(访客登记表!$L:$L,C$1)”，按 Enter 键执行，如图 4-5-24 所示。

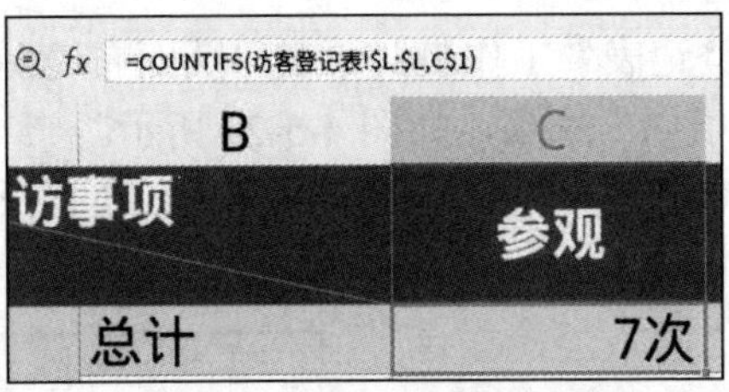

图 4-5-24　C2 单元格编辑公式

步骤 5：将光标定位于 C3 单元格，在编辑栏输入公式“=COUNTIFS(访客登记表!$L:$L,C$1,访客登记表!$Q:$Q,$B$3)”，按 Enter 键执行，如图 4-5-25 所示。

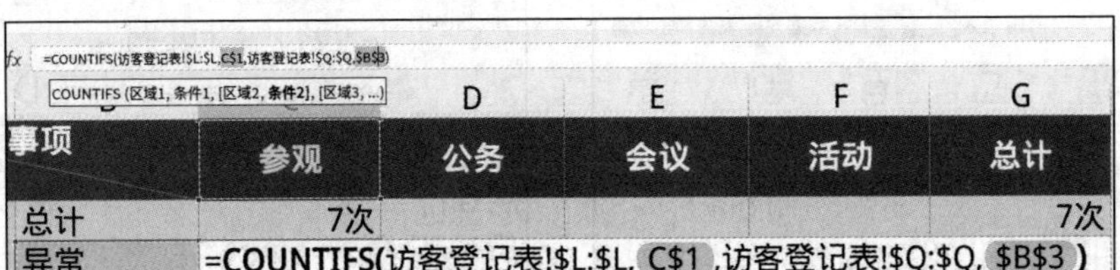

图 4-5-25　C3 单元格编辑公式

步骤 6：将光标定位于 C4 单元格，在编辑栏输入公式“=SUMIF(访客登记表!$L:$L,C$1,访客登记表!$K:$K)”，按 Enter 键执行，如图 4-5-26 所示。

步骤 7：将光标定位于 C5 单元格，在编辑栏输入公式“=SUMIFS(访客登记表!$K:$K,访客登记表!$L:$L,C$1,访客登记表!$Q:$Q,$B$5)”，按 Enter 键执行，如图 4-5-27 所示。

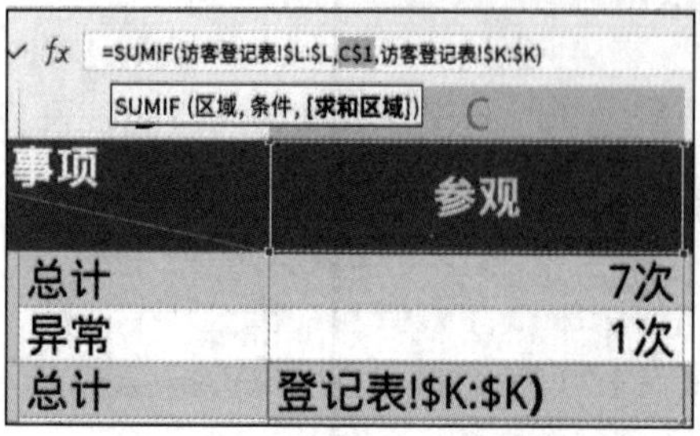

图 4-5-26　C4 单元格编辑公式

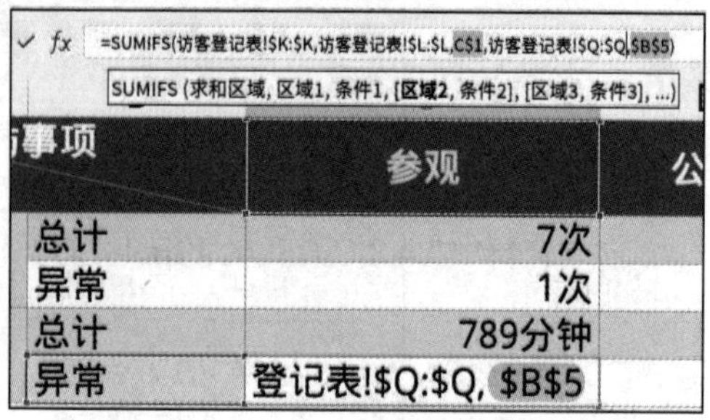

图 4-5-27　C5 单元格编辑公式

步骤 8：选中 C2:C5 区域，拖动填充柄向右填充，如图 4-5-28 所示。

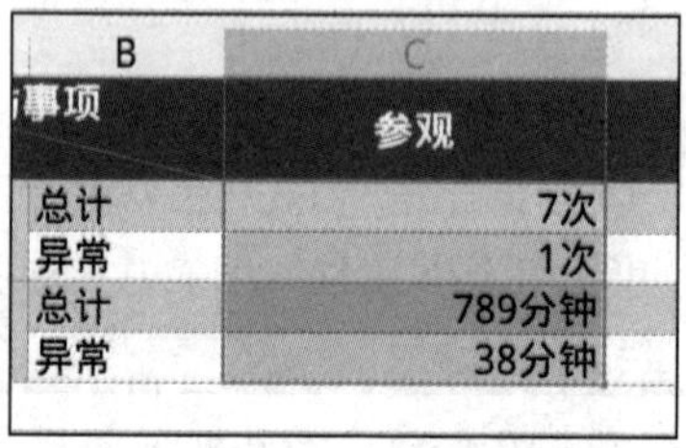

图 4-5-28　C2:C5 区域填充柄向右填充

任务 8 操作步骤如下。

步骤 1：打开“访客登记表”工作表，单击“页面布局”→“纸张方向”按钮，在打开的下拉列表中选择“横向”选项，如图 4-5-29 所示。

步骤 2：单击“页面布局”→“打印缩放”按钮，在打开的下拉列表选择“将所有列打印在一页”选项，如图 4-5-30 所示。

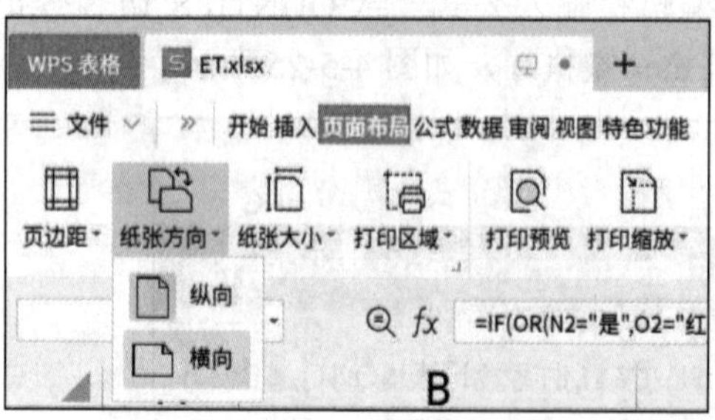

图 4-5-29　设置纸张为横向

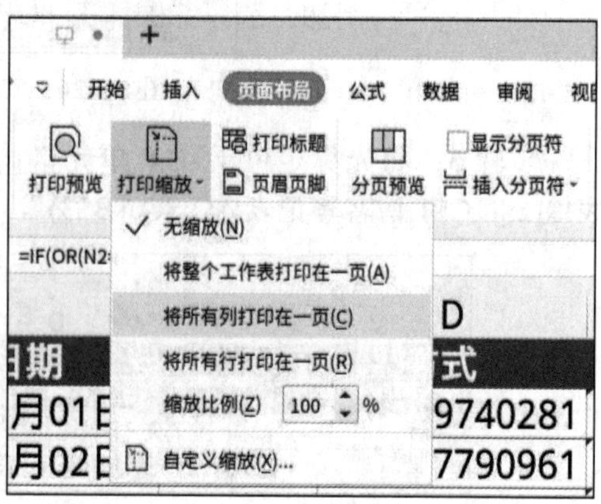

图 4-5-30　“打印缩放”列表

实训五　WPS 演示

任务一　制作比赛类演示文稿

任务要求

在配套资源包中打开“实训五—任务一”文件夹中的“WPP.pptx”文档，结合相关素材文档和图片，完成以下操作。

1. 为使演示文稿有统一的设计风格，请按照要求编辑幻灯片母版：在母版右上角插入考生文件夹中的“背景图.png”，编辑母版标题样式，使字符间距加宽 5 磅。

2. 按照下列要求，在幻灯片母版中编辑标题幻灯片版式：

① 背景颜色设置为向下的从“黑色，文本 1”到“黑色，文本 1，浅色 15%”的线性渐变填充，并隐藏母版背景图形。

② 主标题和副标题全部应用“渐变填充-番茄红”预设艺术字样式，添加相同动画效果，要求在单击时主标题和副标题依次开始非常快地展开进入，动画文本按字母 20% 延迟发送。

3. 按照下列要求在幻灯片母版中编辑节标题版式：标题和文本占位符中的文字方向全部改为竖排，占位符的尺寸均设置高度为 15cm、宽度为 3cm，将占位符移至幻灯片右侧区域，保持版面美观。标题和文本添加相同的动画效果，在单击时标题和文本依次开始快速自顶部擦除进入。

4. 为各张幻灯片分别选择合适的版式：幻灯片 3、5、9 应用节标题版式，幻灯片 2、10、11、12、13 应用空白版式，幻灯片 4、6、7、8 应用仅标题版式。

5. 按照要求设计交互动作方案：在幻灯片 2（目录）中设置导航动作，单击各条目录时可以导航到对应的节标题幻灯片；在节标题版式中统一设置返回动作，返回动作统一设置为在节标题版式中单击左下角的图片后可以返回幻灯片 2（目录）。

6. 在幻灯片 4 中，插入样式为梯形列表的智能图形，以美化多段文字（保持内容之间的上下级关系），智能图形采用彩色第 4 种预设颜色方案，整体尺寸设置高度为 10cm、宽度为 30cm。

7. 按照下列要求设计内容页动画效果方案。

① 幻灯片 6：右下角的四方连续图形，单击时开始进入，非常快地、忽明忽暗地强调，重复 3 次；衬底的边线纹路图片，与上一动画同时、并延迟 0.5 秒开始，快速渐变

式缩放进入。

② 幻灯片 7：右下角的十二章纹图案从上到下共四组图案，单击时同时开始、快速飞入进入，飞入方向依次为自左上部、自右上部、自左下部、自右下部，并且全部平稳开始、平稳结束。

③ 幻灯片 8：衬底的渐变色背景形状，单击时开始、快速自右侧向左擦除进入；右下角的四合如意云龙纹图片，与上一动画同时开始，快速放大 150%并在放大后自动还原大小（自动翻转）。

8. 按照下列要求设计幻灯片切换效果方案：幻灯片 1、14 应用溶解切换，幻灯片 11、13 应用平滑切换，其余幻灯片应用向上推出切换，全部幻灯片都以 5 秒间隔自动换片放映。

任务解析

任务 1 操作步骤如下。

步骤 1：打开配套资源包中的素材文档 WPP.pptx，单击“视图”→“幻灯片母版”按钮，如图 5-1-1 所示。

图 5-1-1 选择幻灯片母版

步骤 2：打开“幻灯片母版”窗格，选中第 1 张幻灯片母版，单击“插入”→“图片”按钮，在打开的下拉列表中选择“本地图片”选项，打开“插入图片”窗口，如图 5-1-2 所示；选择素材中的图片“背景图.png”，双击“背景图.png”，插入此图，如图 5-1-3 所示。

图 5-1-2　“插入图片”窗口

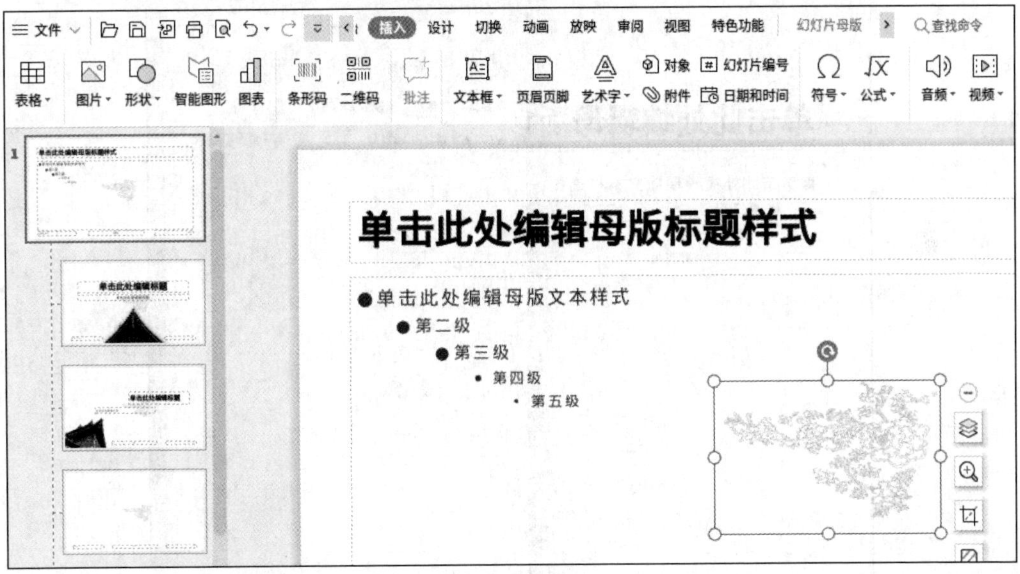

图 5-1-3　插入背景图片

步骤 3：选中“背景图.png”，单击“图片工具”→“对齐”按钮，在打开的下拉列表中选择“右对齐”或“靠上对齐”选项，如图 5-1-4 所示。

步骤 4：选中母版标题样式，切换到“开始”选项卡，单击字体组的快速启动器按钮，打开“字体”对话框，在“字符间距”选项卡下，将间距设置为加宽，数值为 5 磅，如图 5-1-5 所示。

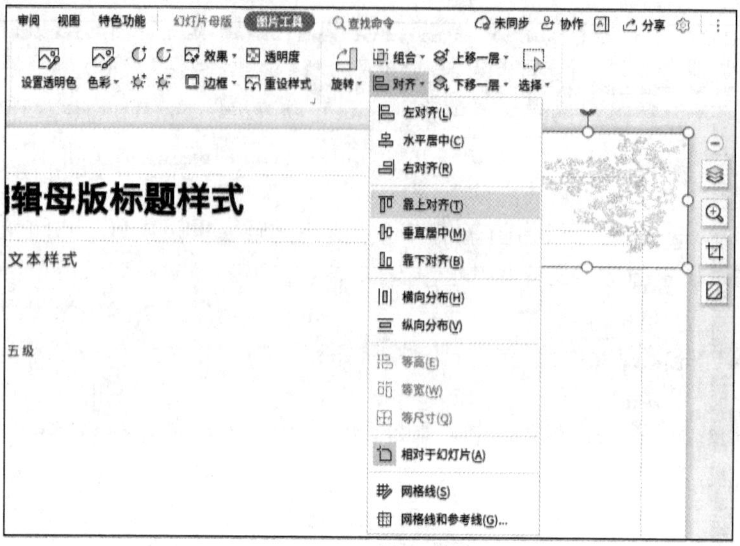

图 5-1-4 背景图位置设置

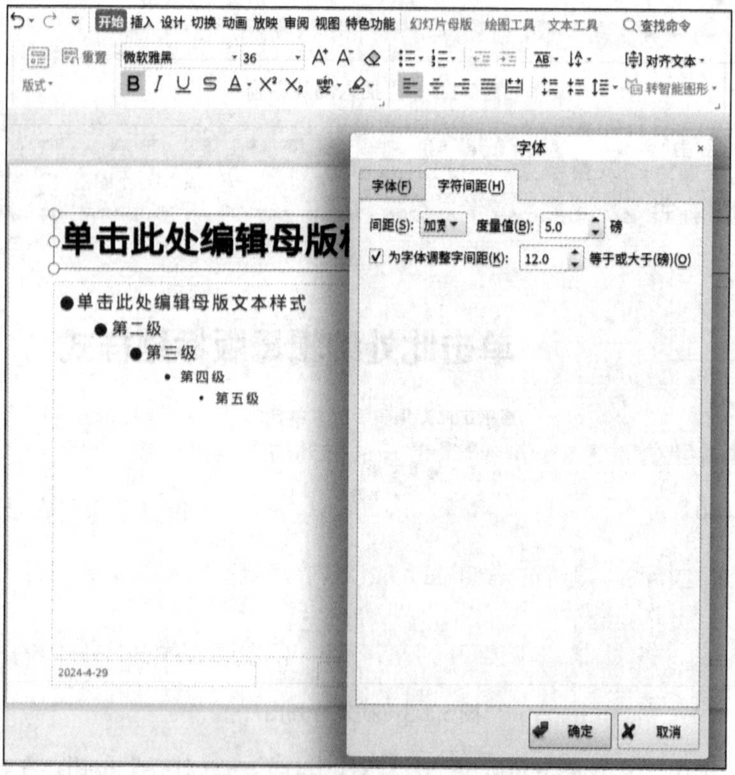

图 5-1-5 标题字符间距设置

任务 2 子任务①操作步骤如下。

步骤：选中幻灯片母版中的标题幻灯片，单击“幻灯片母版”→“背景”按钮，打开“对象属性”窗格，选择“渐变填充”单选按钮，将渐变样式更改为线性渐变向下，删除颜色线条中间的两个停止点，然后选中左侧“停止点”并设置颜色为“黑色，文本1”，再选中右侧“停止点”并设置颜色为“黑色，文本1，浅色15%”，选中“隐藏背景图形”复选框，如图5-1-6所示。

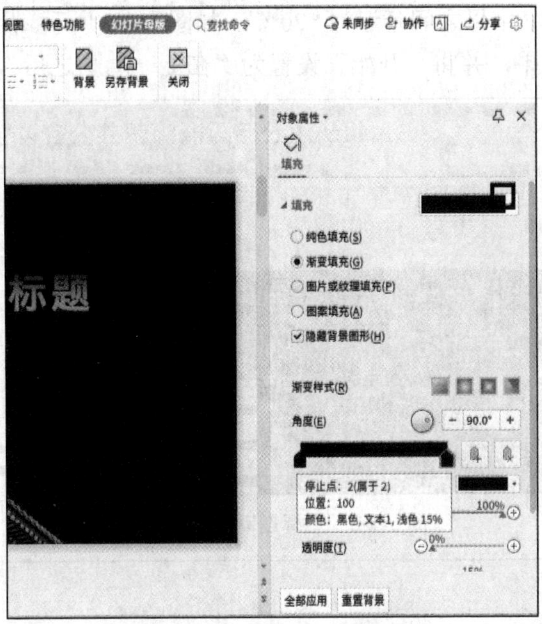

图5-1-6　标题幻灯片背景设置

任务2子任务②操作步骤如下。

步骤1：选中主标题内容，弹出“文本工具”选项卡，单击填充样式下拉按钮，在打开的窗格“预设样式”栏中选择“渐变填充-番茄红”选项，同样设置副标题内容，如图5-1-7所示。

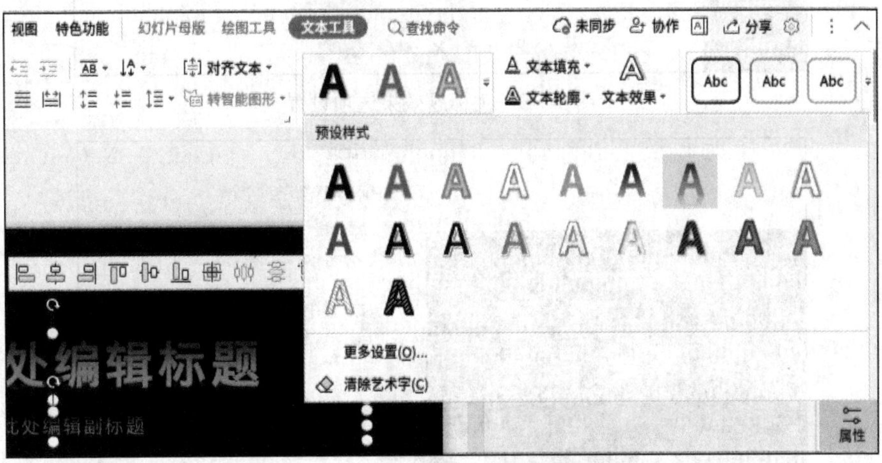

图5-1-7　主标题和副标题应用预设样式

步骤2：选中主标题内容，切换到“动画”选项卡，单击“动画样式”下拉按钮，在打开的列表中选择“进入”栏中的“展开”效果，并单击“动画”→“动画窗格”按钮，打开“动画窗格”对话框，将速度设置为“非常快”，如图 5-1-8 所示。双击“标题占位符 1：单击此处编辑”动画，打开“展开”对话框，在“效果”选项卡下将“动画文本”设置为“按字母”、字母之间延迟为“20%”，如图 5-1-9 所示。用同样的方法设置“副标题内容”的动画效果，并将“开始”设置为“在上一动画之后”，如图 5-1-10 所示。

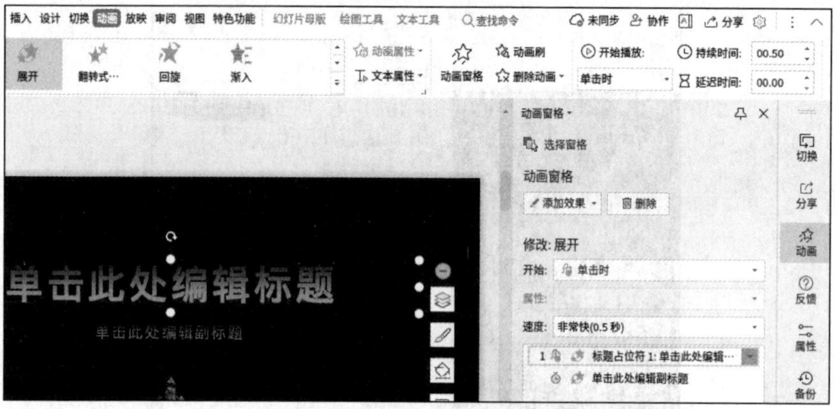

图 5-1-8　主标题动画效果设置

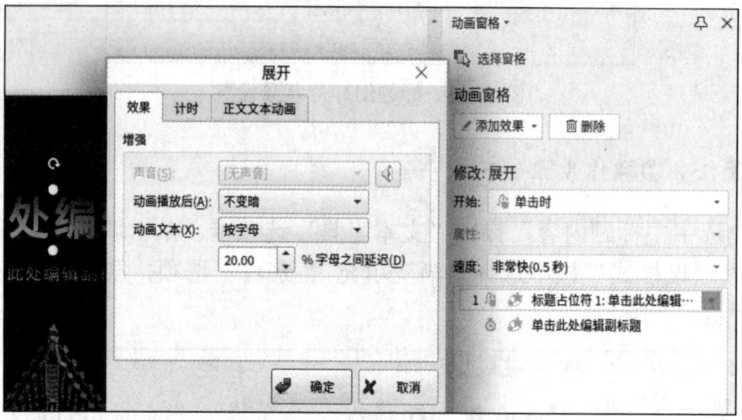

图 5-1-9　主标题效果选项设置

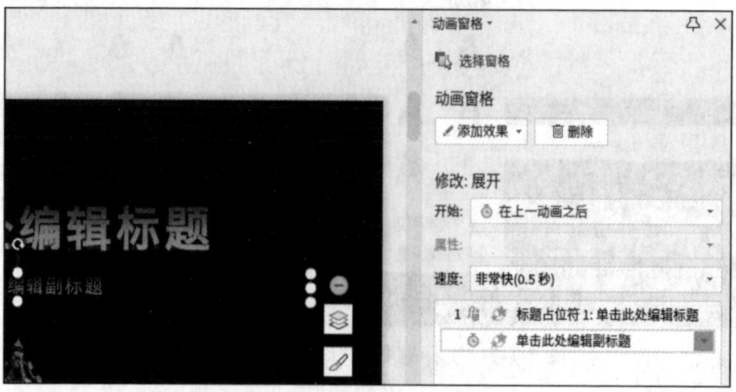

图 5-1-10　副标题动画效果设置

任务 3 操作步骤如下。

步骤 1：选中幻灯片母版中的节标题版式，单击标题占位符，切换到“文本工具”选项卡，单击“文字方向”按钮，在打开的下拉列表中选择“竖排（从右向左）”选项，如图 5-1-11；再切换到“绘图工具”选项卡，设置高度和宽度分别为 15cm 和 3cm，图 5-1-12 所示。用同样的方法设置其他文本占位符，并将两个占位符移动至幻灯片右侧。

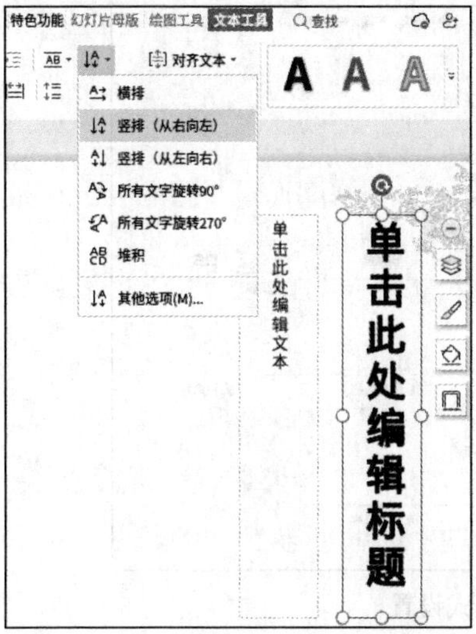

图 5-1-11　占位符中文字方向设置

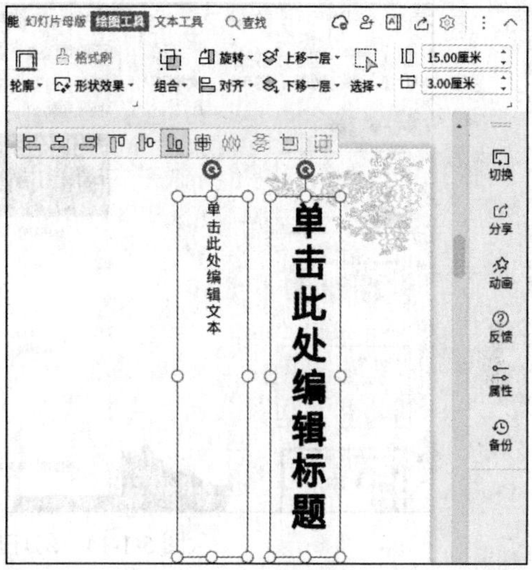

图 5-1-12　占位符的尺寸设置

步骤 2：选中标题占位符，切换到“动画”选项卡，单击“动画样式”下拉按钮，在打开的列表中选择“进入”栏中的“擦除”效果，单击“动画窗格”按钮，打开“动画窗格”窗格，将速度设置为“快速”，方向设置为“自顶部”。用同样的方法设置文本占位符，并将“开始”设置为“在上一动画之后”，如图 5-1-13 所示。

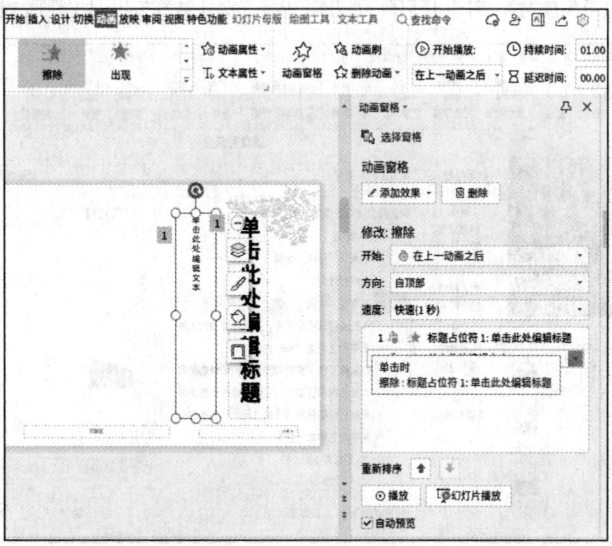

图 5-1-13　节标题版式的标题和文本占位符动画设置

任务 4 操作步骤如下。

步骤：设置幻灯片的版式。先选中第 3 张幻灯片，按住 Ctrl 键，再单击第 5 张和第 9 张幻灯片，单击“开始”→“版式”按钮，在打开的列表中选择“节标题”选项，如图 5-1-14 所示。用同样的操作方法完成其余幻灯片的版式设置，幻灯片 2、10、11、12、13 应用空白版式，幻灯片 4、6、7、8 应用仅标题版式。

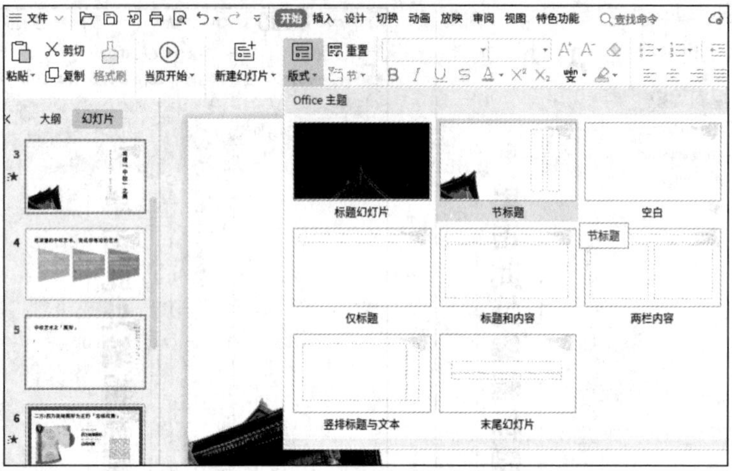

图 5-1-14　幻灯片版式设置

任务 5 操作步骤如下。

步骤 1：选择第 2 张幻灯片，选中“第壹章　发现中纹之美”文本，切换到“插入”选项卡，单击“超链接”按钮，在打开的下拉列表中选择“本文档幻灯片页”选项，打开“编辑超链接”对话框，在“本文档中的位置”选项卡下选择“3. 发现「中纹」之美”，单击“确定”按钮，如图 5-1-15 所示。用同样的方法将第贰章和第叁章的超链接设置到对应幻灯片。

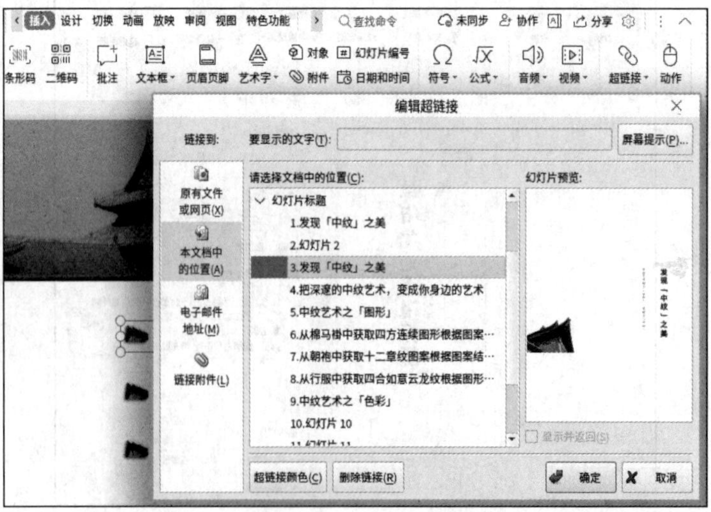

图 5-1-15　超链接设置

步骤 2：切换到“视图”选项卡，单击“幻灯片母版”按钮，打开“幻灯片母版”窗格，选择“节标题”选项，选中左下角图片，切换到“插入”选项卡，单击“动作”按钮，打开“动作设置”对话框，选中“超链接到”单选按钮，在下拉列表中选择“幻灯片 2”，单击“确定”按钮，如图 5-1-16 所示。

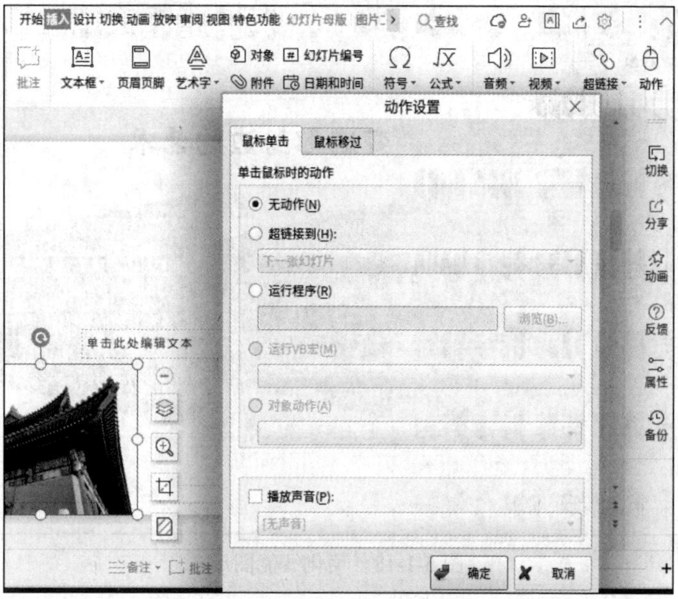

图 5-1-16　在幻灯片母版里设置返回动作

任务 6 操作步骤如下。

步骤 1：在第 4 张幻灯片中，将光标定位在文本占位符内，切换到“开始”选项卡，单击“转智能图形”按钮，打开“选择智能图形”对话框，在“列表”栏选择“梯形列表”图形，单击“插入”按钮，如图 5-1-17 所示。

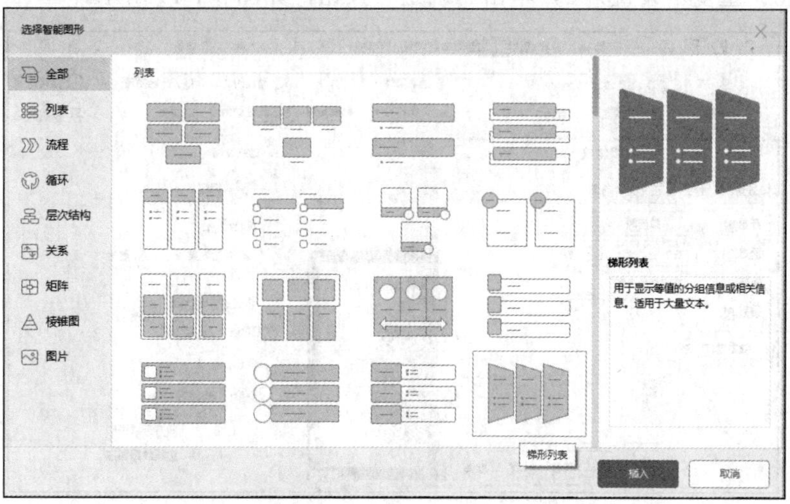

图 5-1-17　文本转智能图形设置

步骤 2：选中梯形列表，切换到“设计”选项卡，单击“更改颜色”按钮，在打开的列表中选择“彩色”栏中的第 4 种颜色方案，设置高度为 10cm，宽度为 30cm，如图 5-1-18 所示。

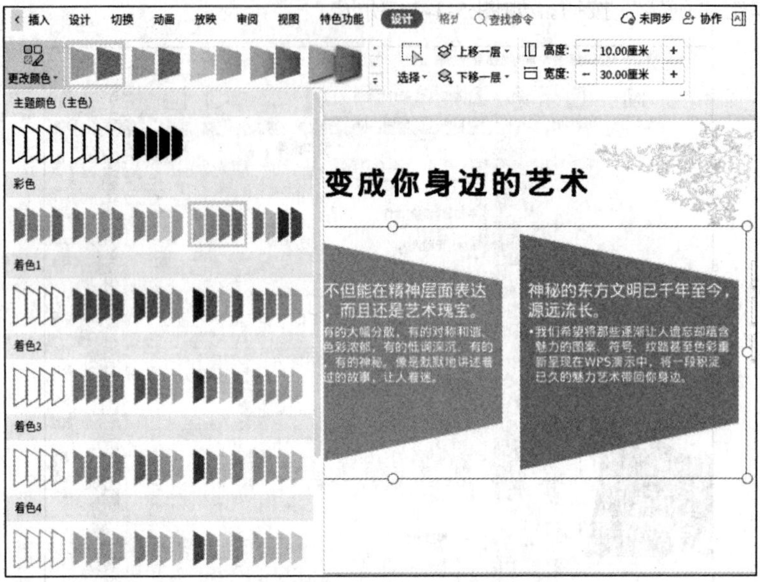

图 5-1-18　美化智能图形

任务 7 子任务①操作步骤如下。

步骤 1：选中第 6 张幻灯片右下角的四方连续图形，切换至“动画”选项卡，单击“动画样式”下拉按钮，在打开的窗格中选择“强调”栏中的“忽明忽暗”效果，单击“动画窗格”按钮，打开“动画窗格”窗格，在“开始”栏中选择“单击时”，“速度”栏中选择“非常快”。双击“四方连续图形”动画，打开“忽明忽暗”对话框，在“计时”选项卡下将“重复”设置为 3，单击“确定”按钮，如图 5-1-19 所示。

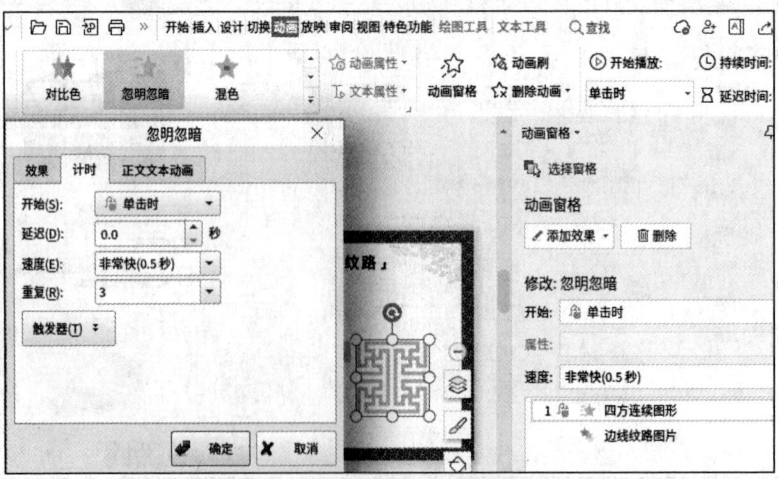

图 5-1-19　四方连续图形动画设置

步骤 2：选中衬底的边线纹路图片，切换至“动画”选项卡，单击“动画样式”下拉按钮，在打开的列表中选择“进入”栏中的“渐变式缩放”效果，单击“动画窗格”按钮，打开“动画窗格”窗格，在“开始”栏中选择“与上一动画同时”，“速度”栏中选择“快速”。双击“边框纹路图片”动画，打开“渐变式缩放”对话框，在“计时”选项卡下将“延迟”设置为 0.5 秒，单击“确定”按钮，如图 5-1-20 所示。

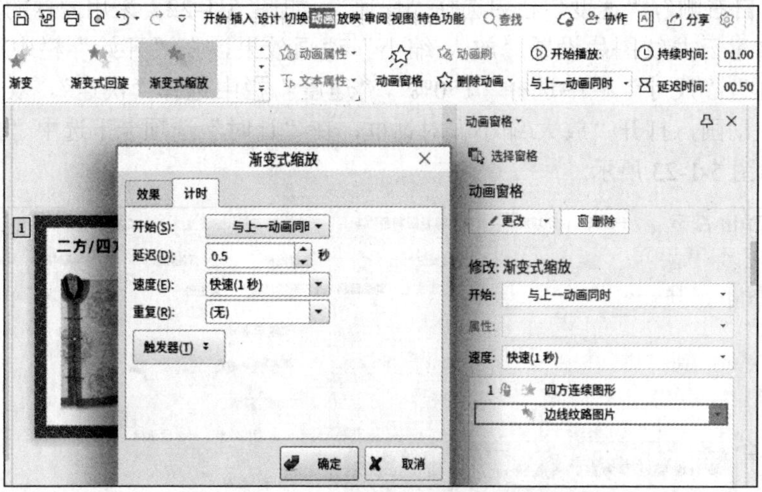

图 5-1-20　衬底的边线纹路图片动画设置

任务 7 子任务②操作步骤如下。

步骤：选中第 7 张幻灯片，同时选中幻灯片右边四组图案，切换至“动画”选项卡，单击“动画样式”下拉按钮，在打开的列表中选择“进入”栏中的“飞入”效果，单击“动画窗格”按钮，打开“动画窗格”窗格，在“速度”栏中选择“快速”。双击“十二章纹图案 1”动画，打开“飞入”对话框，在“计时”选项卡下将“方向”更改为自左上部，并选中“平稳开始”和“平稳结束”复选框，如图 5-1-21 所示。用同样的方法设置剩下三组图案。

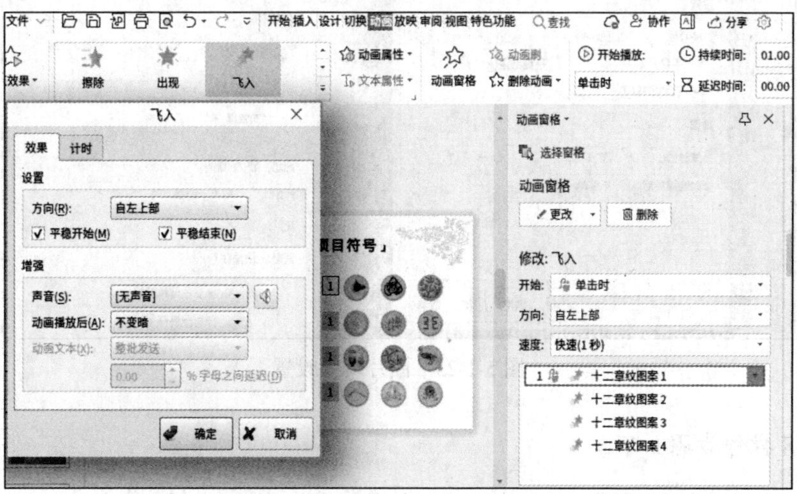

图 5-1-21　四组图案动画设置

任务 7 子任务③操作步骤如下。

步骤：选中第 8 张幻灯片，单击幻灯片空白处，选中整张图片，切换至“动画”选项卡，单击“动画样式”下拉按钮，在打开的列表中选择“进入”栏中的“擦除”效果，单击“动画窗格”按钮，打开“动画窗格”窗格，在“开始”栏中选择“单击时”，“方向”栏中选择“自右侧”，“速度”栏中选择“快速”，如图 5-1-22。采用同样的方法，为幻灯片四合如意云龙纹图片设置“放大/缩小”动画效果，在“开始”栏中选择“与上一动画同时”，“尺寸”栏中选择“150%”，“速度”栏中选择“快速”。双击“四合如意云龙纹”动画，打开“放大/缩小”对话框，在“计时”选项卡下选中“自动翻转”复选框，如图 5-1-23 所示。

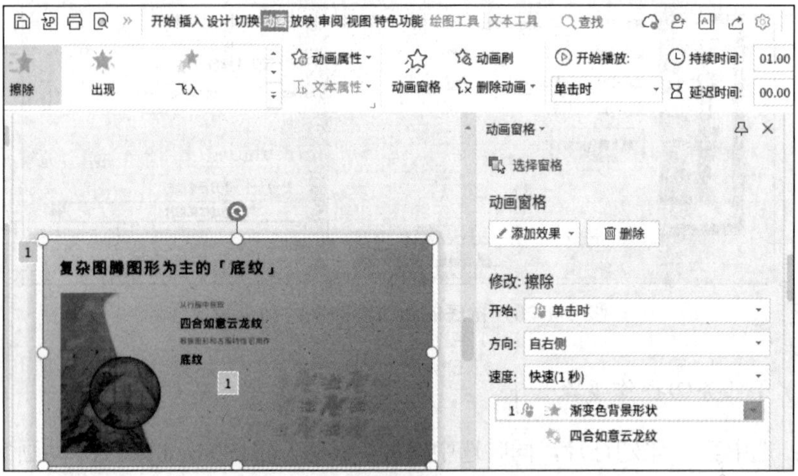

图 5-1-22 衬底的渐变色背景动画设置

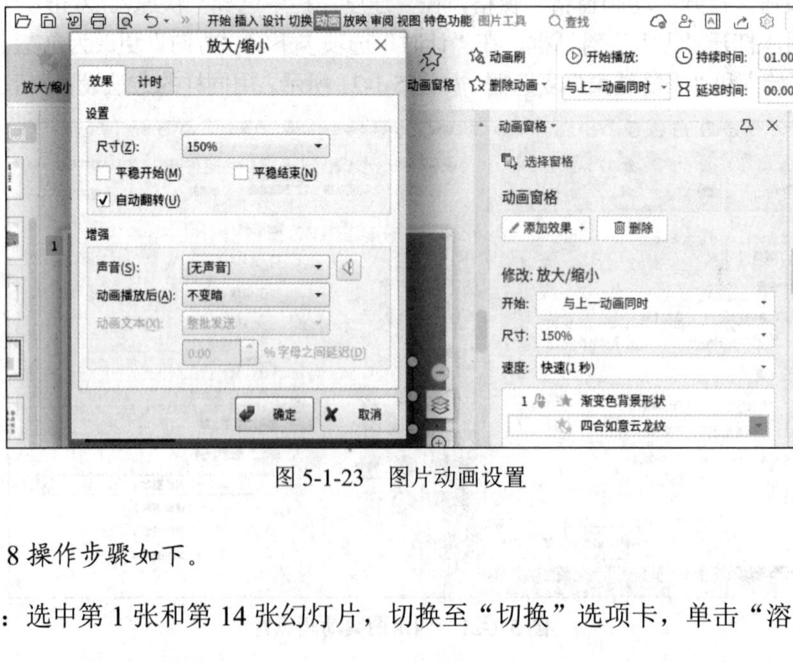

图 5-1-23 图片动画设置

任务 8 操作步骤如下。

步骤：选中第 1 张和第 14 张幻灯片，切换至“切换”选项卡，单击“溶解”按钮，用同样的方法设置其余幻灯片的切换效果。设置完成后，选中所有幻灯片，在“切换”选项卡下选中“自动换片”复选框，将时间设置为5秒，单击“应用到全部”按钮，如图5-1-24所示。

图5-1-24　幻灯片切换效果设置

任务二　制作宣传类演示文稿

任务要求

在配套资源包中打开“实训五—任务二”文件夹中的“世界海洋日.pptx”文档，结合相关素材文档和图片，完成以下操作（该演示文稿共包含11张幻灯片，制作过程中请不要新增、删减幻灯片，或更改幻灯片的顺序）。

1. 按照如下要求，对演示文稿的幻灯片母版进行设计：将幻灯片母版的名称“Office主题”重命名为“世界海洋日”。使用“实训五—任务二”文件夹中的“标题页.jpg”图片作为“标题幻灯片”版式的背景图片；使用“章节页.jpg”作为“节标题”版式的背景图片。“标题幻灯片”版式的标题和副标题占位符、“节标题”版式的标题和文本占位符，按照要求设置文本格式：中文字体为华文中宋、西文字体为Calibri，文字颜色为主题色“白色，背景1”，文本效果设置发光为“矢车菊蓝，5pt发光，着色2”。

2. 除了标题幻灯片外，给其他幻灯片分别在左下角显示固定日期“2021年6月8日”，右下角显示幻灯片编号。

3. 将第3张幻灯片、第6张幻灯片和第8张幻灯片的版式改为“节标题”。

4. 在第5张幻灯片中，同时选中左侧图片和右侧文字内容，添加“进入-温和型”中的“渐入”动画，放映时图片最先出现，文本在图片动画完成后延迟1秒自动出现。

5. 在幻灯片7中插入一个2列13行的表格，用来显示占位符中的内容，表格的标题分别为“年份”和“主题”，原本显示文本的内容占位符须彻底删除；单元格中的所有内容设置为居中对齐，且不换行显示；表格样式修改为“浅色样式 3 强调 2”，标题行的填充颜色修改为主题颜色中的“矢车菊蓝，着色 2，浅色 40%”。

6. 在第 10 张幻灯片中通过内容占位符插入一个嵌入视频“海底世界.mp4”，设置放映时全屏播放，并将“视频.jpg”作为视频的预览图片。

7. 新建 3 个自定义放映方案，分别为“Part1 设立起源”包含幻灯片 3～5，“Part2 历年主题”包含幻灯片 6、7，“Part3 环保知识”包含幻灯片 8、9。

8. 将第 2 张幻灯片作为目录页，按照以下操作完成超链接设置：

① 点击目录中的“Part1 世界主题日的设立起源”内容时，跳转到自定义放映“Part1 设立起源”；点击“Part2 世界主题日的历年主题”，跳转到自定义放映“Part2 历年主题”；点击“Part3 世界主题日的环保知识”，跳转到自定义放映“Part3 环保知识”。并全部设置播放完返回目录页。

② 为目录的三个选项修改超链接颜色：“超链接颜色”修改为主题色中的“白色，背景 1”，“已访问超链接颜色”修改为主题色中的“暗石板灰，文本 2，浅色 90%”，并选中“链接无下划线”。

9. 为演示文稿中的幻灯片 3～11 应用切换效果，幻灯片切换效果为形状，效果选项为圆形，速度设置为 1 秒，每张的自动换片时间为 10 秒。

任务解析

任务 1 操作步骤如下。

步骤 1：打开素材文档“世界海洋日.pptx”，单击“视图”→“幻灯片母版”按钮，打开“幻灯片母版”窗格，如图 5-2-1 所示。

图 5-2-1 幻灯片母版设置

步骤 2：选中第 1 张幻灯片母版，单击“重命名”按钮，打开“重命名”对话框，将幻灯片母版的名称重命名为“世界海洋日”，如图 5-2-2 所示。

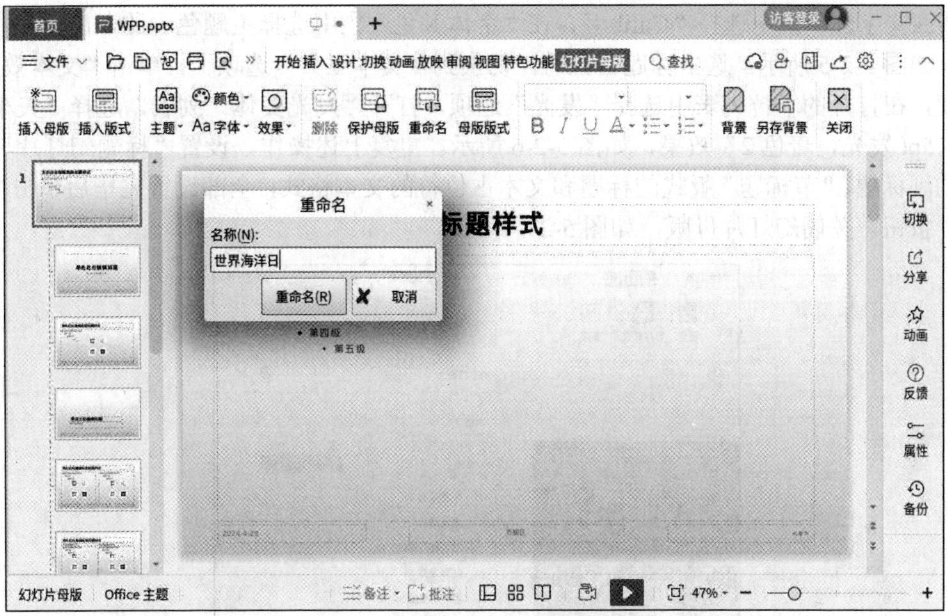

图 5-2-2　幻灯片母版重命名

步骤 3：选中“标题幻灯片”版式，单击“设计”→“背景”按钮，打开“对象属性”窗格，在“填充”选项卡下选择“图片或纹理填充”单选按钮，在“图片填充”文本框中选择“请选择图片”选项，单击“本地文件”按钮，即可到指定文件夹中选择“标题页.jpg”图片，如图 5-2-3 所示。重复上述操作，设置“节标题”版式的背景，如图 5-2-4 所示。

图 5-2-3　“标题幻灯片”版式的背景设置

步骤 4：单击“标题幻灯片”版式，选中标题占位符，切换到“开始”选项卡，单击字体快速启动器按钮，打开“字体”对话框，在“中文字体”栏中选择“华文中宋”、在“西文字体”栏中选择“Calibri”，在“字体颜色”栏中选择主题色中的“白色，背景1”，如图 5-2-5 所示。选中标题占位符，切换到“文本工具”选项卡，单击“文本效果”按钮，在打开的下拉列表中选择“发光”选项，打开“发光变体”列表，选择“矢车菊蓝，5pt 发光，着色 2”效果，如图 5-2-6 所示。重复上述操作，设置“标题幻灯片”版式的副标题、“节标题”版式的标题和文本占位符的文本格式，全部设置完毕后单击“关闭”按钮，关闭幻灯片母版，如图 5-2-7 所示。

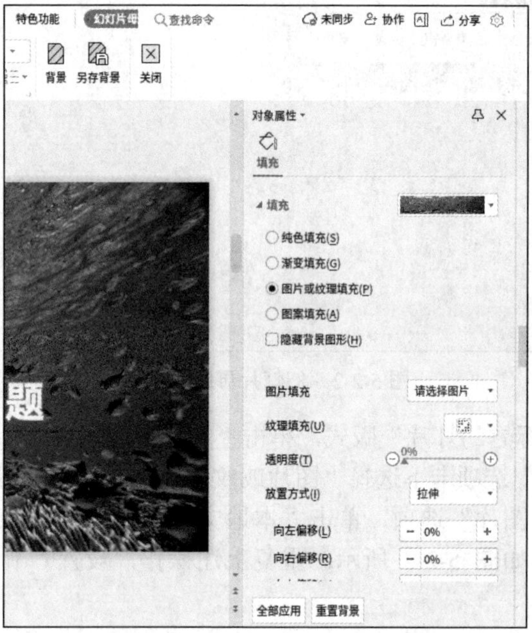

图 5-2-4 “节标题”版式的背景设置

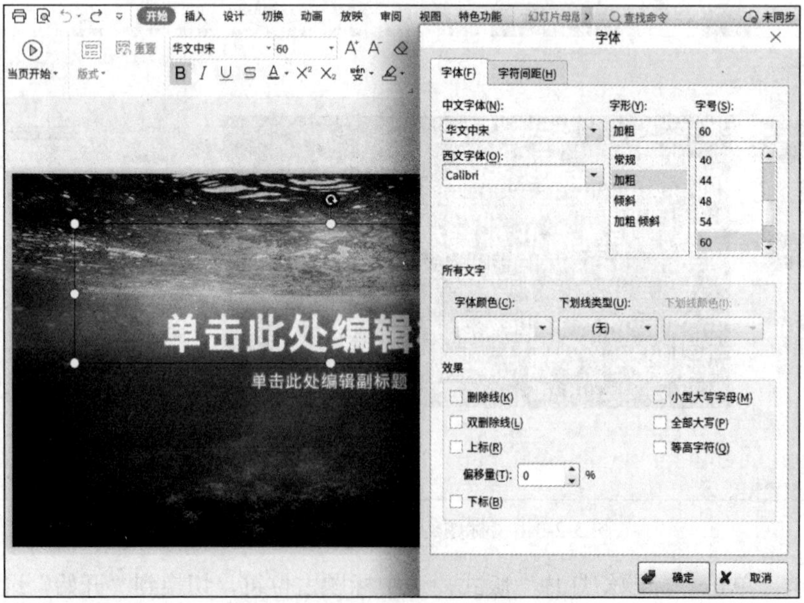

图 5-2-5 标题样式的字体及颜色设置

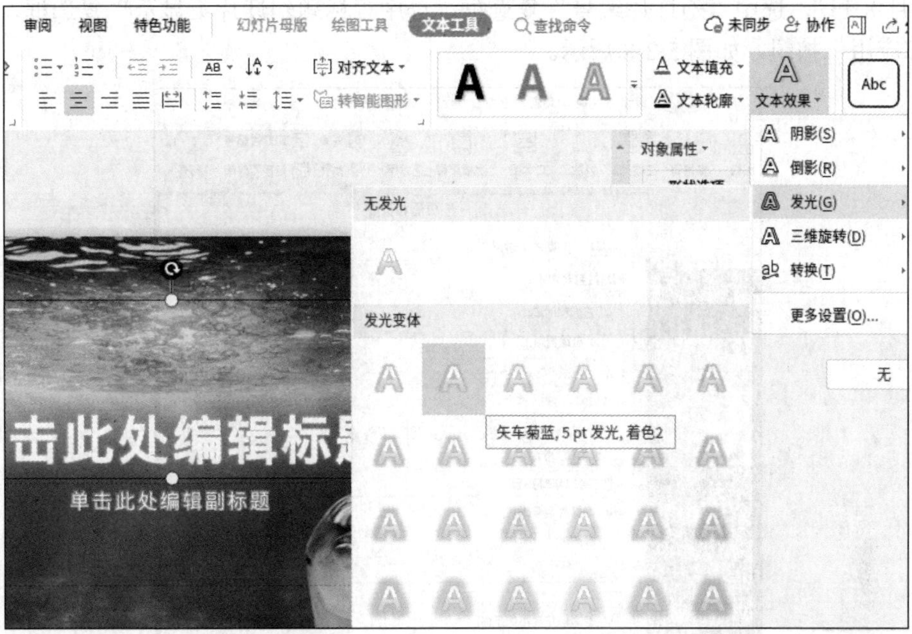

图 5-2-6　标题样式的文本效果设置

图 5-2-7　关闭幻灯片母版

任务 2 操作步骤如下。

步骤：单击“插入”→“日期和时间”按钮，打开“页眉和页脚”对话框，在“幻灯片”选项卡下选中“日期和时间”复选框，选择“固定”单选按钮并输入日期“2021

年 6 月 8 日”，选中“幻灯片编号”复选框，选中“标题幻灯片不显示”复选框，单击“全部应用”按钮，如图 5-2-8 所示。

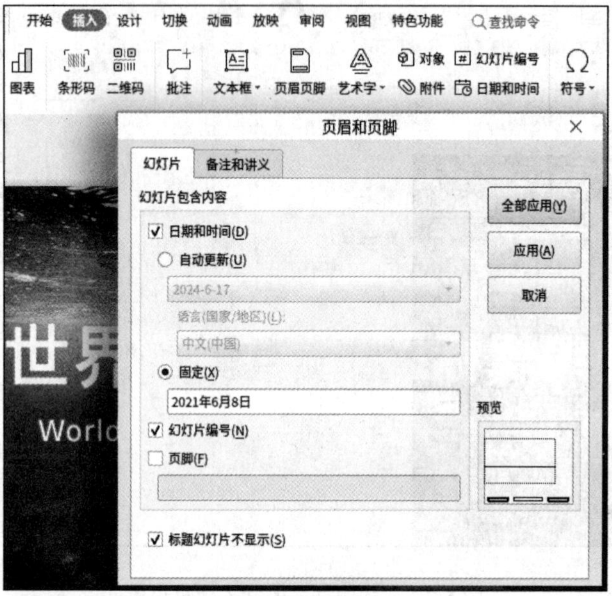

图 5-2-8 幻灯片的日期和编号设置

任务 3 操作步骤如下。

步骤：选中第 3 张幻灯片，按住 Ctrl 键选中第 6 张和第 8 张幻灯片后，单击“开始”→“版式”按钮，在打开的下拉列表中选择“节标题”选项，如图 5-2-9 所示。

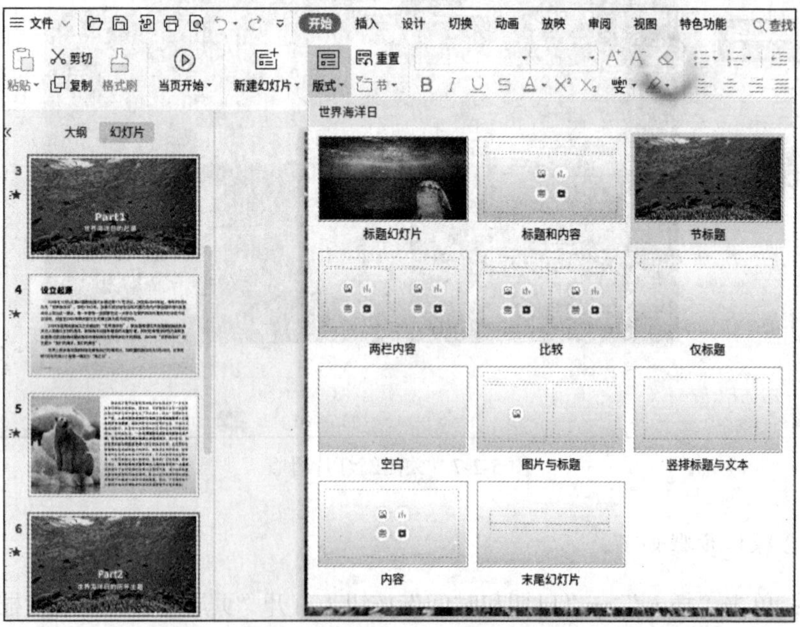

图 5-2-9 幻灯片的节标题版式设置

任务 4 操作步骤如下。

步骤 1：选中第 5 张幻灯片，按住 Ctrl 键单击右边的文字，单击“动画”选项卡下的动画样式快速启动器按钮，在打开的列表中选择“温和型”栏中的“渐入”效果，如图 5-2-10 所示。

图 5-2-10 “温和型-进入”渐入动画设置

步骤 2：单击“动画”→“动画窗格”按钮，打开“动画窗格”窗格，右击“内容占位符 2：联合国环境开…”动画，在弹出的快捷菜单中选择“效果选项”命令，打开“渐入”对话框，在“计时”选项卡下“开始”文本框中选择“上一动画之后”选项，在“延迟”文本框中输入“1.0”，单击“确定”按钮，如图 5-2-11 所示。单击“动画”→“预览效果”按钮，查看设置好的动画效果。

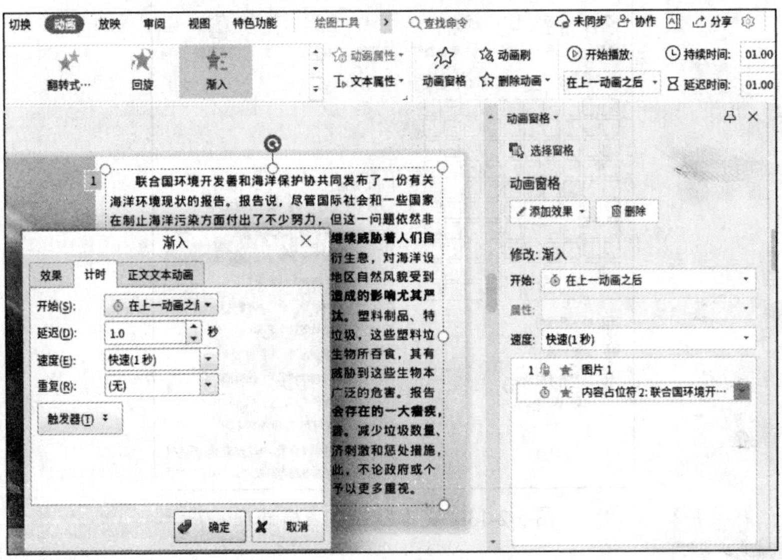

图 5-2-11 效果选项设置

任务 5 操作步骤如下。

步骤 1：选中第 7 张幻灯片，选中占位符中的内容，按 Ctrl+C 组合键复制“历年主题”下面的占位符中的内容，如图 5-2-12 所示，单击标题栏 + 按钮，新建 WPS 文本。

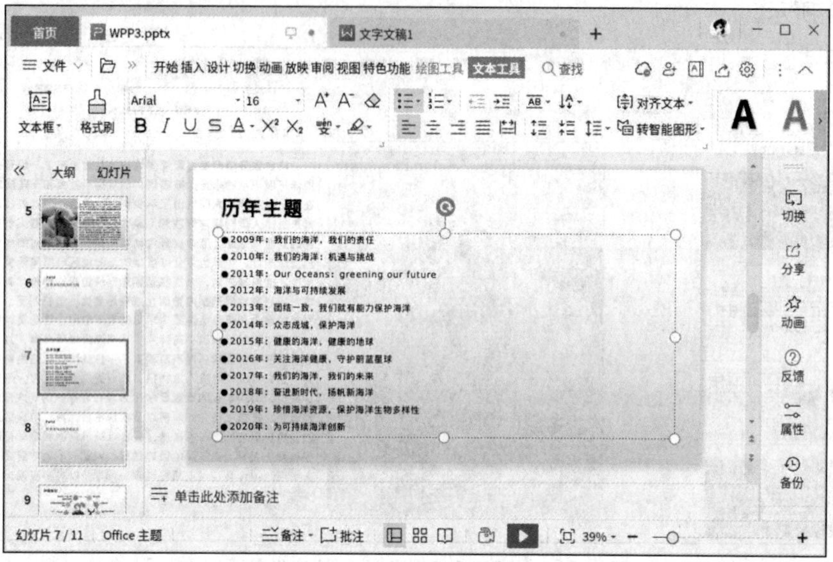

图 5-2-12 新建 WPS 文本

步骤 2：按 Ctrl+V 组合键粘贴文字，并在文字的最上方空出一行，输入“年份：主题”。单击“插入”→“表格”按钮，在打开的下拉列表中选择“文本转换成表格”选项，如图 5-2-13 所示。

图 5-2-13 文本转换成表格选项

步骤 3：打开“将文字转换成表格”对话框，选中“其他字符”单选按钮，输入“：”，单击“确定”按钮，即可将文本转换成表格，如图 5-2-14 所示。将该表格复制到 WPS 演示中。

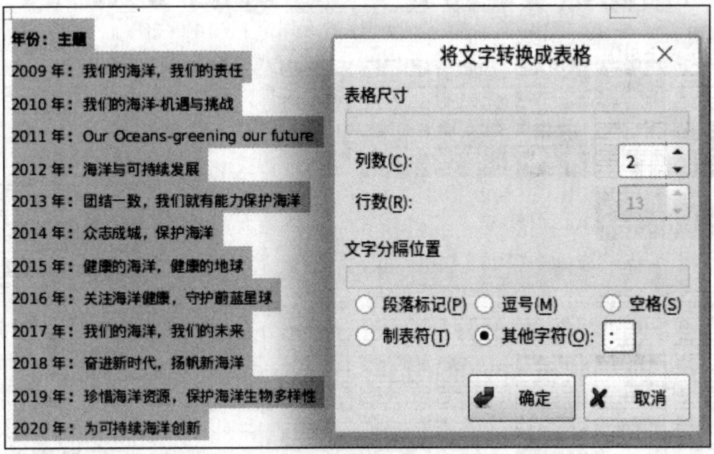

图 5-2-14　“将文本转换成表格”对话框

步骤 4：选中第 7 张幻灯片，单击内容占位符，按 Delete 键，删除文本框，按 Ctrl+V 组合键粘贴制作好的表格，适当拉大表格，使文字不换行显示。单击该表格后功能区会自动出现“表格工具”选项卡，单击“居中对齐”按钮和“水平居中”按钮，如图 5-2-15 所示。

图 5-2-15　表格的对齐方式设置

步骤 5：选中表格，单击“表格样式”→“预设样式”下拉按钮，在打开的下拉列表中选择“淡”栏中的“浅色样式 3 强调 2”，如图 5-2-16 所示。

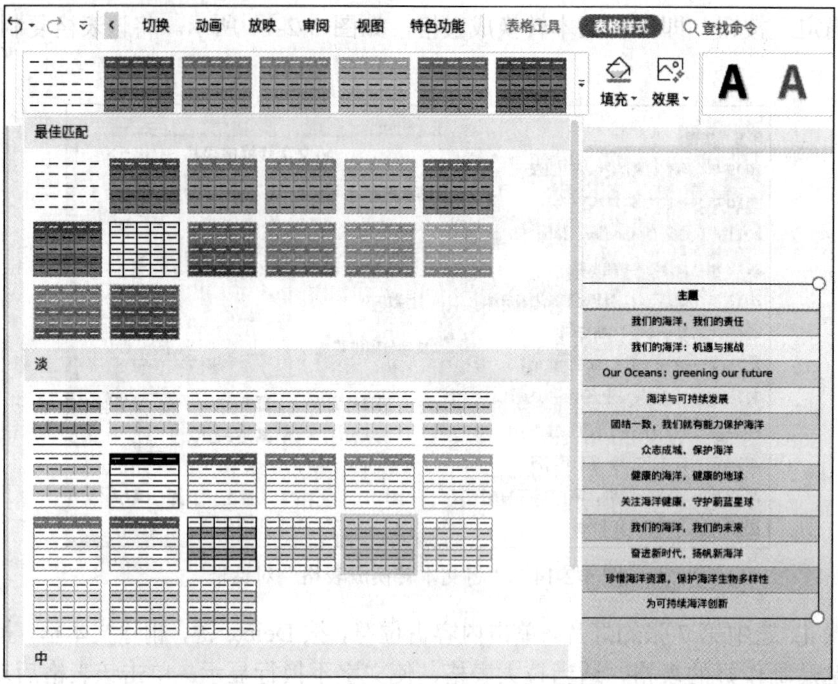

图 5-2-16 表格样式设置

步骤 6：选中表格的第一行，单击“填充”按钮，在打开的列表中选择“主题颜色”栏中的“矢车菊蓝，着色 2，浅色 40%”，如图 5-2-17 所示。

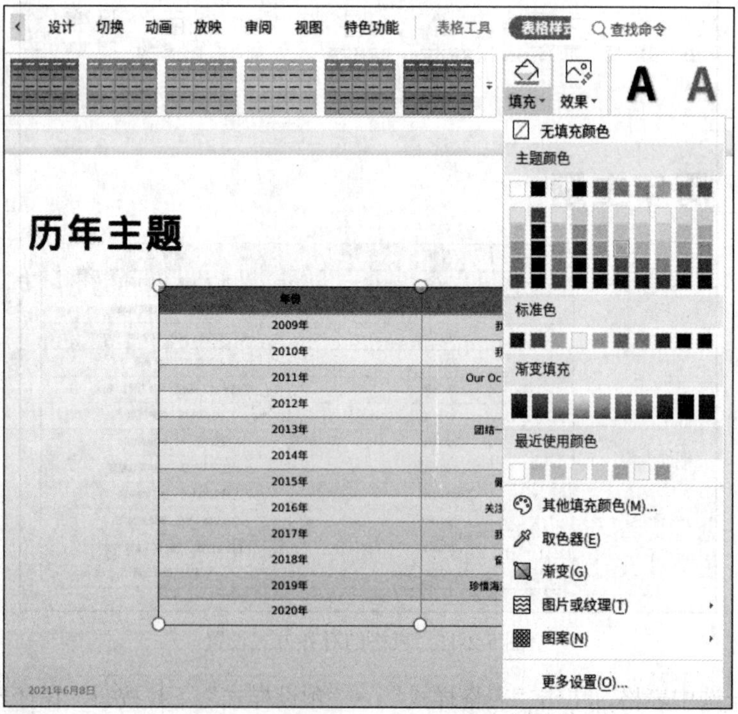

图 5-2-17 填充标题行的背景颜色

任务 6 操作步骤如下。

步骤 1：选中第 10 张幻灯片，单击“内容占位符”中的“插入媒体”图标，在配套资源包中选择“海底世界”视频，单击“打开”按钮，即可将视频插入“内容占位符”中，如图 5-2-18 所示。

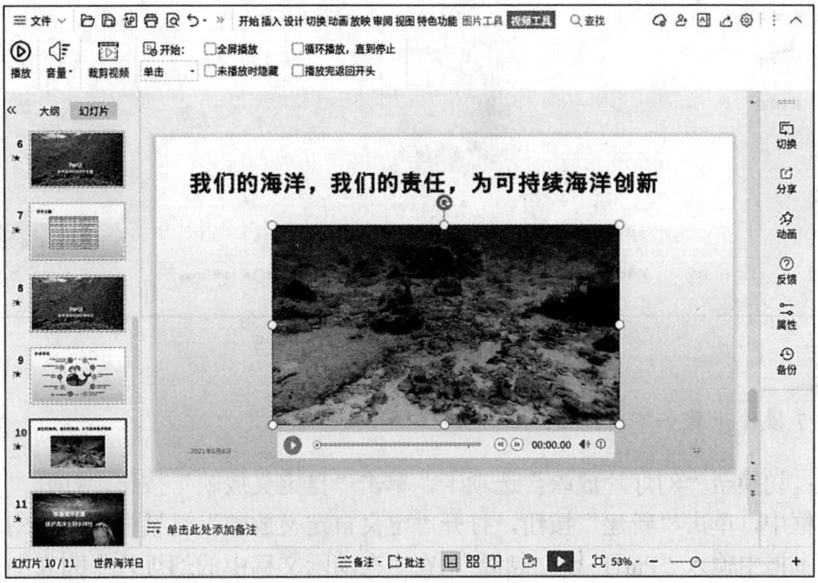

图 5-2-18　插入视频

步骤 2：选中视频，在功能区出现“视频工具”选项卡，选中“全屏播放”复选框，如图 5-2-19 所示。单击视频封面，单击“图片工具”→“替换图片”按钮，在打开的对话框中选择配套资源包中的“视频.jpg”，单击“打开”按钮，将该图片设置为视频封面的预览图片，如图 5-2-20 所示。

图 5-2-19　视频的全屏播放设置

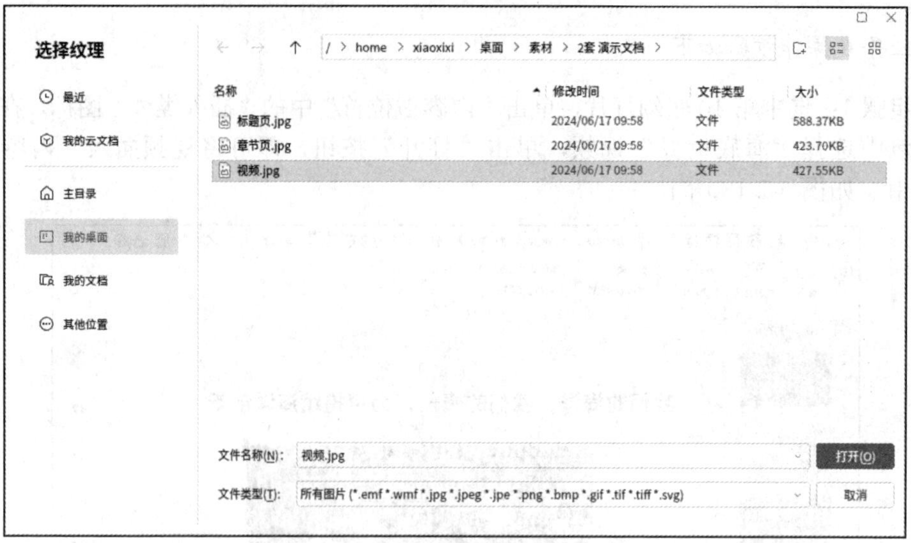

图 5-2-20　视频的预览图片设置

任务 7 操作步骤如下。

步骤：切换至“幻灯片放映”选项卡，单击“自定义放映”按钮，打开“自定义放映”对话框中，单击“新建”按钮，打开“定义自定义放映”对话框，在“幻灯片放映名称”文本框中输入“Part1 设立起源”，在“在演示文稿中的幻灯片”列表中同时选中第 3、4、5 张幻灯片，单击“添加”按钮，单击“确定”按钮。用同样的方法设置“Part2 历年主题”和“Part3 环保知识”。全部设置完后，在“自定义放映”对话框中单击“关闭”按钮，如图 5-2-21 所示。

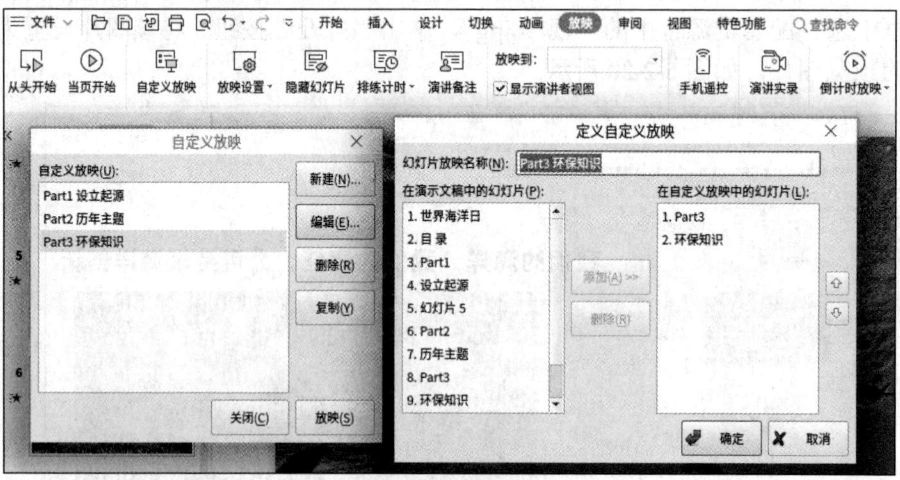

图 5-2-21　自定义放映方案设置

任务 8 操作步骤如下。

步骤 1：选中第 2 张幻灯片，选择“Part1 世界主题日的设立起源”文字，切换到“插入”选项卡，单击“超链接”按钮，打开“插入超链接”对话框，在“本文档中的位置”选项卡下选中“自定义放映”栏中的“Part1 设立起源”，并选中“显示并返回”复选框，单击“确定”按钮，如图 5-2-22 所示。用同样的方法设置“Part2 世界主题日的历年主题”的超链接。

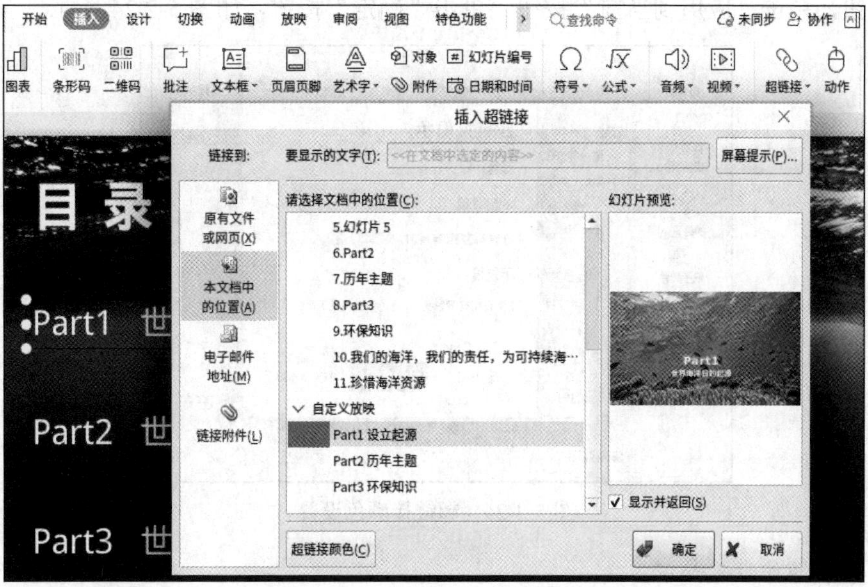

图 5-2-22 Part 1 插入超链接设置

步骤 2：选中第 2 张幻灯片，选择“Part3 世界主题日的环保知识”文字，切换到“插入”选项卡，单击“超链接”按钮，打开“插入超链接”对话框，在“本文档中的位置”选项卡“幻灯片标题”栏中选择“8.Part3”，单击“确定”按钮，如图 5-2-23 所示。

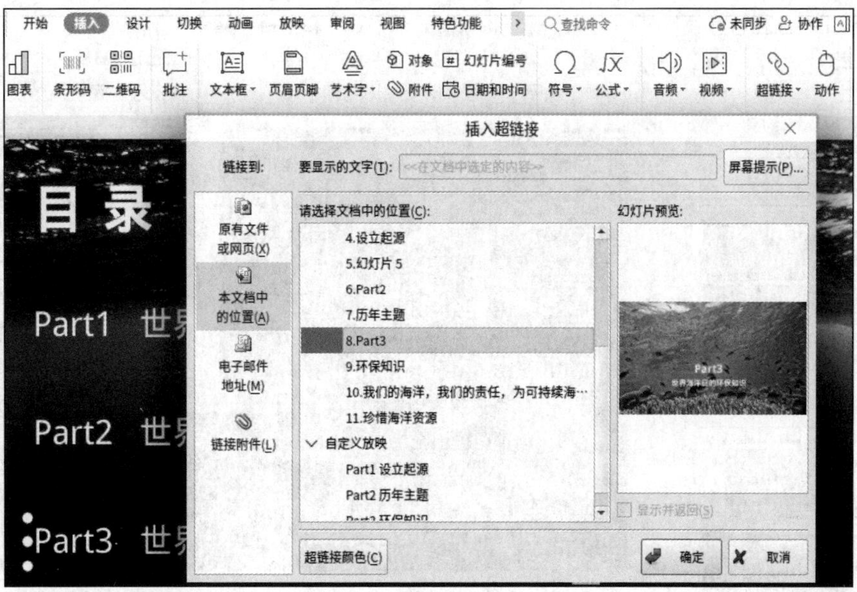

图 5-2-23 Part 3 超链接设置

步骤 3：选中第 2 张幻灯片，选择“Part1 世界主题日的设立起源”文字，切换到“插入”选项卡，单击“超链接”按钮，打开“插入超链接”对话框，单击“超链接颜色”按钮，打开“超链接颜色”对话框，设置“超链接颜色”为主题色“白色，背景 1”，“已访问超链接颜色”为主题色“暗石板灰，文本 2，浅色 90%”，选中“链接无下划线”单选按钮，单击“应用到当前”按钮，单击“确定”按钮，如图 5-2-24 所示。

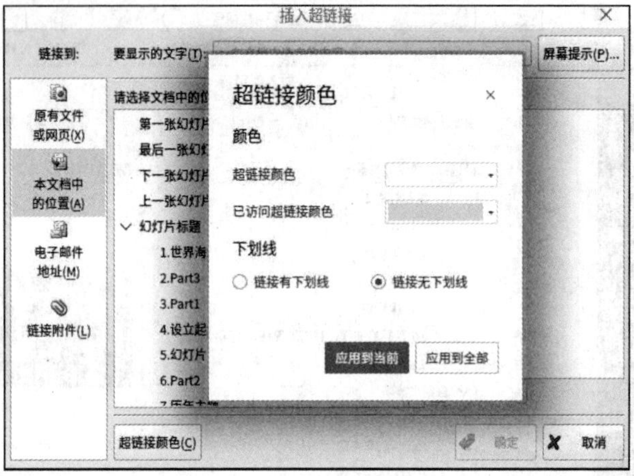

图 5-2-24 超链接颜色设置

任务 9 操作步骤如下。

步骤：选中第 3 张幻灯片，按住 Shift 键并单击第 11 张幻灯片，选中 3～11 张幻灯片，切换到“切换”选项卡，单击“形状”图标，单击“效果选项”按钮，在打开的下拉列表中选择“圆形”选项，将“速度”设置为 1s，选中“自动换片”复选框，并设置自动换片时间为 10s，如图 5-2-25 所示。

图 5-2-25 幻灯片切换效果设置

附　录

附录一　WPS Office 选择题

1. WPS 首页的最近列表中，包含的内容是（　　）。
   A. 最近打开过的文档　　B. 最近访问过的文件夹
   C. 最近浏览过的网页　　D. 最近联系过的同事
2. WPS 首页的共享列表中，不包含的内容是（　　）。
   A. 其他人通过 WPS 共享给我的文件夹
   B. 在操作系统中设置为“共享”属性的文件夹
   C. 其他人通过 WPS 共享给我的文件
   D. 我通过 WPS 共享给其他人的文件
3. 在 WPS 中，PDF 文件不支持的保护形式是（　　）。
   A. 文档打开密码　　B. 文档保存密码
   C. 文档编辑密码　　D. 电子证书签名
4. WPS 工作界面的底部有状态栏，下面不包含在状态栏的是（　　）。
   A. 状态信息区　　B. 视图切换按钮
   C. 缩放比例控制区　　D. 任务窗格
5. WPS 支持的文件格式互相转换操作，不包括（　　）。
   A. PDF 与 Office 互相转换　　B. PDF 与视频互相转换
   C. 图片与 Office 互相转换　　D. PDF 与图片互相转换
6. 关于 WPS 首页的全局搜索框，描述正确的是（　　）。
   A. 只能搜索本地计算机的文档
   B. 只能搜索云文档
   C. 不支持直接访问网址
   D. 通过全文检索关键词，可以搜索云文档
7. 关于 WPS 云文档，描述错误的是（　　）。
   A. 云文档支持多人实时在线共同编辑
   B. 云文档可以预览和恢复历史版本
   C. 云文档需要通过 WPS Office 客户端进行编辑
   D. 云文档可以通过链接分享给他人
8. 关于云文档的说法中，错误的是（　　）。
   A. 云文档是 WPS 为用户提供的硬盘文档存储服务
   B. 用户可以将文档保存在其中，跨设备无缝同步和访问

C. 在开启文档云同步后，可在所有登录了同一账号的设备上无缝同步和访问打开过的文档

D. 云文档可以通过链接的形式分享给其他用户

9. 在 WPS 整合窗口模式下，不支持的文档切换方法是（　　）。

A. 通过 Alt+Tab 组合键切换

B. 直接单击标签栏的对应标签进行切换

C. 通过 Ctrl+Tab 组合键切换

D. 通过系统任务栏按钮悬停时展开的缩略图进行切换

10. 关于 WPS 云办公服务，下列说法错误的是（　　）。

A. 可以实现文档的安全管理

B. 可以让电子文档实现同步更新，但必须是同一个终端

C. 可以实现多人实时在线协作编辑

D. 可以打破终端、时间、地理和文档处理环节的限制

11. WPS 不支持的操作是（　　）。

A. 屏幕录制　　B. 图片转文字

C. PDF 转视频　　D. PDF 转图片

12. 默认情况下，WPS 文档都以标签形式打开。下列有关标签的叙述中，错误的是（　　）。

A. 重要文档可以使用“固定标签”命令将其固定在标签栏的左侧

B. 被固定的标签不显示“关闭”按钮

C. 通过拖动标签操作，可以调整文档标签的位置

D. 使用 Shift+Tab 组合键，可以实现在标签之间的轮流切换

13. 下列关于 WPS“远程会议”的叙述中，错误的是（　　）。

A. 会议发起人可以在需要时锁定会议，禁止其他人加入会议

B. 会议发起人可以将他人移出会议

C. 只有会议发起人可以演示文档

D. 可以通过二维码方式邀请他人加入会议

14. 下列关于 WPS“协同编辑”的叙述中，错误的是（　　）。

A. 多人可以同时编辑同一文档

B. 只有“协同编辑”发起人可以查看当前文档的在线协作人员

C. 参与人可以随时收到更新的消息通知

D. 参与人可以随时查看文档的协作记录

15. 下列关于 WPS 工作窗口管理模式的描述，错误的是（　　）。

A. 整合模式支持将多窗口多标签自由拆分与组合

B. 多组件模式是按文件类型分窗口组织文档标签

C. 整合模式支持标签列表保存为工作区跨设备同步

D. 多组件模式支持标签列表保存为工作区跨设备同步

16. WPS 中的“取色器”功能可以实现的操作不包括（　　）。

A. 提取多种颜色并混合成新颜色　　B. 提取 WPS 工作窗口以外的颜色

C. 提取图形中的颜色　　D. 提取图片中的颜色

17. WPS 云文档中若将被他人误编辑的团队文档恢复到原始状态，正确的操作是（　　）。

A. 在回收站中找回　　B. 通过历史版本恢复

C. 从最近访问列表中找回　　D. 通过分享链接找回

18. WPS 新建窗口中提供了多种办公组件或应用，下列无须联网即可本地使用的是（　　）。

A. 文字/演示/表格/PDF　　B. 流程图/脑图

C. 图片设计　　D. 表单

19. 下列关于 WPS 中工作窗口模式和文档标签管理的描述，错误的是（　　）。

A. WPS 中所有的文档都默认以标签的形式打开

B. WPS 多个文档标签默认在工作窗口顶部的标签栏中显示

C. WPS 在整合模式下，每个工作窗口都有独立的标签列表，称为工作区

D. WPS 在多组件模式下，每个工作窗口都有独立的标签列表，称为工作区

20. 若要编辑 WPS 云文档中的文件，下列说法错误的是（　　）。

A. 云文档无须下载到本地即可直接调用 WPS 客户端进行编辑

B. 云文档必须下载到本地之后才能调用 WPS 客户端进行编辑

C. 云文档无须依赖本地 WPS 客户端也可网页端编辑

D. 云文档可以在网页中进行多人实时在线协作编辑

21. 在 WPS 云办公中，说法正确的是（　　）。

A. 通过链接分享的文件，可以设置链接有效时间

B. WPS 云文档一旦删除，就不能被找回

C. WPS 云文档一旦保存，就不能查看既往的版本

D. 通过链接分享的文件，不可以进行权限管控

22. WPS 云办公关于设置分享权限层级的说法中，错误的是（　　）。

A. 可以设置为任何人　　B. 可以设置为本企业成员

C. 可以设置为仅指定人　　D. 可以设置为管理员

23. WPS 首页，文档列表区域的默认展示为“最近列表”。下列关于“最近列表”叙述中，错误的是（　　）。

A. 用户可直接从最近列表找到打开过的文档，快速延续上次未完成的文档处理工作，无须再去目录中检索

B. 开启文档云同步后，用户在各个登录设备上打开过的文档，将实时更新到最近列表，方便用户跨设备访问同一文档

C. 访问过的文件默认按文件名排序

D. 最近列表的访问记录跟随用户账号，退出账号后其他人不可查看和访问

24. 在 WPS 文字文档中，不可以将文档直接输出为（　　）。

A. PDF 文件　　B. 图片

C. 电子邮件正文　　D. 扩展名为.PPTX 的文件

25. 在 WPS 文字文档中，针对设置段落间距的操作，下列说法正确的是（　　）。

A. 一旦设置，即全文生效

B. 如果没有选定文字，则设置无效

C. 如果选定了文字，则设置只对选定文字所在的段落有效

D. 一旦设置，不能更改

26. 在 WPS 文字文档中，为了将一部分文本内容移动到另一个位置，首先要进行的操作是（　　）。

A. 光标定位　　B. 选定内容　　C. 复制　　D. 粘贴

27. 在 WPS 文字文档中填写问卷时需要插入带√方框，错误的操作是（　　）。

A. 直接单击方框即可显示√

B. 插入自定义符号栏中预设的带√方框

C. 输入√并应用带圈字符

D. 只能通过输入法特殊输入

28. 在 WPS 文字文档中填写合同时需要将小写数字金额转换为人民币汉字大写，错误的操作是（　　）。

A. 插入编号并选择“壹元整...”数字格式

B. 插入公式域并选择“人民币大写”数字格式

C. 在 WPS 文字表格中应用“人民币大写”数字格式后再复制到文字文档

D. 只能通过输入法特殊输入

29. 下列不属于 WPS 文档模板文件扩展名的是（　　）。

A. .docx　　B. .dot　　C. .dotx　　D. .wpt

30. 小明需要将 WPS 文字文档内容以稿纸格式输出，最优的操作方法是（　　）。

A. 利用“文档网格”功能

B. 利用“稿纸设置”功能

C. 利用“插入表格”功能绘制稿纸，然后将文字内容复制到表格中

D. 适当调整文档内容的字体和段落格式，然后将其直接打印到稿纸上

31. 小李正在编辑一篇包含 15 个章节的书稿，他希望每一章都能自动从新的页开始，最好的操作方法是（　　）。

A. 在每一章最后插入分页符

B. 在每一章最后连续按 Enter 键，直到下一页面开始处

C. 将每一章标题指定为标题样式，并将样式的段落格式修改为“段前分页”

D. 将每一章标题的段落格式设为“段前分页”

32. 对于 WPS 文字文档，下列关于页眉、页脚的描述中，正确的是（　　）。

A. 编辑页眉、页脚时，可以同时编辑正文

B. 不可以插入时间和日期

C. 可以为文档各节创建不同的页眉、页脚

D. 页眉、页脚在各种视图中都可以编辑

33. 关于 WPS 文字的文档标签，说法正确的是（　　）。

A. 可以固定在标签栏右侧　　B. 可以固定在标签栏左侧

C. 可以固定在标签栏中间　　D. 不可以固定

34. 要在多个设备之间同步最近打开过的文件，正确的操作方法是（　）。

A. 开启“文档云同步”功能　　B. 使用“历史版本”功能

C. 使用“分享”功能　　D. 设置“同步文件夹”

35. 在 WPS 文字文档中为所选单元格设置斜线表头，最优的操作方法是（　　）。

A. 插入线条形状　　B. 自定义边框

C. 绘制斜线表头　　D. 拆分单元格

36. 小王在 WPS 文字中编辑一篇摘自互联网的文章，他需要将文档每行后面的手动换行符全部删除，最优的操作方法是（　　）。

A. 在每行的结尾处，逐个手动删除

B. 长按 Ctrl 键依次选中所有手动换行符后，再按 Delete 键删除

C. 通过查找和替换功能删除

D. 通过文字工具删除换行符

37. 在 WPS 文字的功能区中，不包含的选项卡是（　　）。

A. 审阅　　B. 邮件　　C. 章节　　D. 引用

38. 使用 WPS 文字撰写包含若干章节的长篇论文时，若要使各章内容自动从新的页面开始，最优的操作方法是（　）。

A. 在每章结尾处连续按 Enter 键使插入点定位到新的页面

B. 在每章结尾处插入一个分页符

C. 依次将每章标题的段落格式设为“段前分页”

D. 将每章标题指定为标题样式，并将样式的段落格式修改为“段前分页”

39. 在 WPS 文字中，关于尾注说法错误的是（　）。

A. 尾注可以插入到文档的结尾处　　B. 尾注可以插入到节的结尾处

C. 尾注可以插入到页脚中　　D. 尾注可以转换为脚注

40. 高一各班的成绩分别保存在独立的工作簿中，老师需要将这些数据合并到一个工作簿中统一管理，最优的操作方法是（　　）。

A. 使用复制、粘贴命令　　B. 使用移动或复制工作表功能

C. 使用合并表格功能　　D. 使用插入对象功能

41. 在 WPS 表格中，若要在一个单元格中输入两行数据，最优的操作方法是（　　）。

A. 将单元格设置为“自动换行”，并适当调整列宽

B. 输入第一行数据后，直接按 Enter 键换行

C. 输入第一行数据后，按 Shift+Enter 组合键换行

D. 输入第一行数据后，按 Alt+Enter 组合键换行

42. 在 WPS 表格中，需要展示公司各部门的销售额占比情况，比较适合的图表是（　　）。

A. 柱形图　　B. 条形图　　C. 饼图　　D. 雷达图

43. 在 WPS 表格中，公司的“报价单”工作表使用公式引用了商业数据，发送给客户时需要仅呈现计算结果而不保留公式细节，错误的做法是（　　）。

A. 通过工作表标签右键菜单的“移动或复制工作表”命令，将“报价单”工作表复制到一个新的文件中

B. 将“报价单”工作表输出为PDF格式文件

C. 复制原文件中的计算结果，以“粘贴为数值”的方式，把结果粘贴到空白报价单中

D. 将“报价单”工作表输出为图片

44. WPS表格的工作表C列保存了11位手机号码信息，为保护个人隐私，需要将手机号码的后4位均用*表示。以C3单元格为例，可以实现的公式是（　　）。

A. =MID(C3,7,4,"****")　　B. =MID(C3,8,4,"****")

C. =REPLACE(C3,7,4,"****")　　D. =REPLACE(C3,8,4,"****")

45. 以下公式中，错误的是（　　）。

A. =AVERAGE（B3:3E）*F3　　B. =AVERAGE（B3:E*$F$3）

C. =AVERAGE（B3:E*F$3）　　D. =AVERAGE（B3:$E*F3）

46. 在WPS表格中，如果工作表的某单元格中有公式“=销售情况!A5”，则其中的“销售情况”是指（　　）。

A. 工作簿名称　　B. 工作表名称

C. 单元格区域名称　　D. 单元格名称

47. 在WPS表格中，某单元格公式的计算结果应为一个大于0的数，但却显示了错误信息“#####”。为了使结果正常显示，且又不影响该单元格的数据内容，应进行的操作是（　　）。

A. 使用“复制”命令　　B. 重新输入公式

C. 加大该单元所在行的行高　　D. 加大该单元所在列的列宽

48. 在WPS表格中限制输入重复数据，最快捷的功能是（　　）。

A. 数据有效性　　B. 拒绝输入重复项

C. 高亮显示重复项　　D. 条件格式

49. 在WPS表格中提取18位身份证号码中的8位出生日期数字，错误的操作是（　　）。

A. 使用分列功能　　B. 使用公式功能

C. 使用拆分表格功能　　D. 使用智能填充功能

50. 下列不属于WPS表格视图的是（　　）。

A. 分页预览视图　　B. 全屏显示视图

C. 阅读模式视图　　D. 大纲视图

51. 在WPS表格中，A1单元格中有公式“=SUM(B$2:C$3)”，将其复制到D4单元格，则D4中的公式为（　　）。

A. “=SUM(E$5:F$6)”　　B. “=SUM(B$2:C$3)”

C. “=SUM(E$2:F$3)”　　D. “ =SUM(B$5:C$6)”

52. 在WPS表格的A1单元格里存放了18位身份证号码，其中7～10位表示出生年份。在A2单元格中利用公式计算该人的年龄，正确的公式是（　　）。

A. “=YEAR(TODAY())-MID(A1,6,4)”

B. “=YEAR(TODAY())-MID(A1,7,4)”

C. “=YEAR(TODAY())-MID(A1,6,8)”

D. “=YEAR(TODAY())-MID(A1,7,8)”

53. 在工作表单元格中输入公式时，F$2 的单元格引用方式称为（　　）。

A. 交叉地址引用　　B. 相对地址引用

C. 绝对地址引用　　D. 混合地址引用

54. 如果需要在一个演示文稿的每页幻灯片左下角相同位置插入公司的 LOGO 图片，最优的操作方法是（　　）。

A. 打开幻灯片放映视图，将图片插入幻灯片中

B. 打开幻灯片普通视图，将图片插入幻灯片中

C. 打开幻灯片母版视图，将图片插入母版中

D. 打开幻灯片浏览视图，将图片插入幻灯片中

55. 在 WPS 演示中，不可以使用（　　）。

A. 视频　　B. 超链接　　C. 书签　　D. 图表

56. WPS 演示文稿中为全部幻灯片页批量添加校徽图片，最优的操作是（　　）。

A. 编辑母版　　B. 粘贴图片　　C. 分页插图　　D. 插入图片

57. WPS 演示中，如果对某页幻灯片中的文本框进行编辑修改，则需要进入（　　）。

A. 普通视图　　B. 幻灯片浏览视图

C. 阅读视图　　D. 放映视图

58. 在 WPS 演示中，不支持插入的对象是（　　）。

A. 图片　　B. 视频　　C. 音频　　D. 书签

59. 在 WPS 演示中，关于幻灯片浏览视图的用途，描述正确的是（　　）。

A. 对幻灯片的内容进行编辑修改及格式调整

B. 对所有幻灯片进行整理编排或顺序调整

C. 对幻灯片的内容进行动画设计

D. 观看幻灯片的播放效果

60. 在 WPS 演示中，需要将所有幻灯片中设置为“宋体”的文字全部修改为“微软雅黑”，最优的操作是（　　）。

A. 通过“替换字体”功能，将“宋体”批量替换为“微软雅黑”

B. 在幻灯片中逐个找到设置为“宋体”的文本，并通过“字体”对话框将字体修改为“微软雅黑”

C. 将“主题字体”设置为“微软雅黑”

D. 在幻灯片母版中通过“字体”对话框，将标题和正文占位符中的字体修改为“微软雅黑”

61. 下列关于在 WPS 中新建 PDF 文件的描述，错误的是（　　）。

A. 支持从文件新建 PDF　　B. 支持从扫描仪新建 PDF

C. 支持从视频新建 PDF　　D. 支持新建空白页

62. WPS 中提供了多种 PDF 页面管理功能，下列描述错误的是（　　）。

A. 支持提取部分页面生成一个新的 PDF 文件

B. 支持将其他 PDF 文件中的页面插入到本文件中

C. 支持使用其他 PDF 文件中的页面替换本文件中的页面

D. 支持统一旋转整个文档，无法旋转单个页面

63. WPS 中提供了多种 PDF 处理工具，下列无须联网即可使用的是（　　）。

A. 全文翻译　　B. 提取文字（从扫描件）

C. 文档加密（密码加密）　　D. PDF 转 WORD

64. 下列关于 WPS 中 PDF 图片资源压缩的描述，正确的是（　　）。

A. 压缩等级划分中普通级的压缩力度是最大的

B. 压缩等级划分中标准级的压缩力度是最大的

C. 压缩等级划分中高清级的压缩力度是最大的

D. 每次只能压缩一个文件

65. 下列关于在 WPS 中管理 PDF 页面的描述，错误的是（　　）。

A. 支持合并或拆分页面　　B. 尚不支持裁剪或分割页面

C. 支持提取或插入页面　　D. 支持替换或删除页面

66. WPS 中，将 PDF 文件转为文档格式时，不支持的格式为（　　）。

A. .dotx　　B. .doc　　C. .RTF　　D. .docx

67. 在 WPS 中可以创建多种类型的 PDF 签名，不支持的是（　　）。

A. 语音签名　　B. 文字签名　　C. 图片签名　　D. 手写签名

68. 在 WPS 中打开 PDF 文件，通过左侧导航窗格无法查看的文档信息是（　　）。

A. 书签　　B. 缩略图

C. 文档历史版本　　D. 文档附件

69. 在 WPS 中，可以对 PDF 文件的内容添加批注，但不包含（　　）。

A. 注解　　B. 音频批注　　C. 文字批注　　D. 形状批注

70. WPS 可以对 PDF 页面进行的操作不包括（　　）。

A. 将部分页面提取为独立的 PDF 文件

B. 删除部分页面

C. 设置页面边距

D. 插入空白页

附录二　全国计算机等级考试项目清单

级别	名称
一级	一级计算机基础及 WPS Office 应用
	一级计算机基础及 MS Office 应用
	一级计算机基础及 Photoshop 应用
	一级网络安全素质教育
二级	二级公共基础知识
	二级 C 语言程序设计
	二级 Java 语言程序设计
	二级 Access 数据库程序设计

续表

级别	名称
二级	二级 C++语言程序设计
	二级 MySQL 数据库程序设计
	二级 Web 程序设计
	二级 MS Office 高级应用与设计
	二级 Python 语言程序设计
	二级 WPS Office 高级应用与设计
	二级 open Gauss 数据库程序设计
三级	三级网络技术
	三级数据库技术
	三级信息安全技术
	三级嵌入式系统开发技术
四级	四级操作系统原理
	四级计算机组成与接口
	四级计算机网络
	四级数据库原理

附录三　全国计算机等级考试二级 WPS Office 高级应用与设计考试大纲

（2023 年版）

基本要求

1. 正确采集信息并能在 WPS 中熟练应用。
2. 掌握 WPS 处理文字文档的技能，并熟练应用于编制文字文档。
3. 掌握 WPS 处理电子表格的技能，并熟练应用于分析计算数据。
4. 掌握 WPS 处理演示文稿的技能，并熟练应用于制作演示文稿。
5. 掌握 WPS 处理 PDF 文件的技能，并熟练应用于处理版式文档。
6. 熟悉 WPS 在线办公的概念，并了解相关产品功能和应用场景。

考试内容

一、WPS 综合应用基础

1. WPS 功能界面和窗口视图设置。

2. 文件的新建、保存、加密、打印等基本操作。
3. PDF 的阅读、批注、编辑、处理、保护、转换等操作。
4. WPS 在线办公的概念，在文档上云、共享协作、创新应用等相关产品功能。

二、WPS 处理文字文档

1. 文档的创建、输入编辑、查找替换、打印等基础操作。
2. 设置字体和段落格式、应用文档样式和主题、调整页面布局等排版操作。
3. 文档中表格的制作与编辑。
4. 文档中图形、图像（片）对象的编辑和处理，文本框和文档部件的使用，符号与数学公式的输入与编辑。
5. 文档的分栏、分页和分节操作，文档页眉、页脚的设置，文档内容引用操作。
6. 文档审阅和修订。
7. 利用邮件合并功能批量制作和处理文档。
8. 多窗口和多文档的编辑，文档视图的使用。
9. 分析图文素材，并根据需求提取相关信息引用到 WPS 文字文档中。

三、WPS 处理数据表格

1. 工作簿和工作表的基本操作，工作视图的控制，工作表的打印和输出。
2. 工作表数据的输入和编辑，单元格格式化操作，数据格式的设置。
3. 数据的排序、筛选、对比、分类汇总、合并计算、数据有效性和模拟分析。
4. 单元格的引用，公式、函数和数组的使用。
5. 表的创建、编辑与修饰。
6. 数据透视表和数据透视图的使用。
7. 工作簿和工作表的安全性和跟踪协作。
8. 多个工作表的联动操作。
9. 分析数据素材，并根据需求提取相关信息引用到 WPS 表格文档中。

四、WPS 设计演示文稿

1. 演示文稿的基本功能和基本操作，幻灯片的组织与管理，演示文稿的视图模式和使用。
2. 演示文稿中幻灯片的主题应用、背景设置、母版制作和使用。
3. 幻灯片中文本、艺术字、图形、智能图形、图像（片）、图表、音频、视频等对象的编辑和应用。
4. 幻灯片中对象动画、幻灯片切换效果、链接操作等交互设置。
5. 幻灯片放映设置，演示文稿的打包和输出。
6. 分析图文素材，并根据需求提取相关信息引用到 WPS 演示文档中。

考试方式

上机考试，考试时长 120 分钟，满分 100 分。

一、题型及分值

单项选择题 20 分（含公共基础知识部分 10 分）。
WPS 处理文字文档操作题 30 分。
WPS 处理电子表格操作题 30 分。
WPS 处理演示文稿操作题 20 分。

二、软件环境

操作系统：中文版 Windows7 或以上，推荐 Windows10。
考试环境：WPS 教育考试专用版。

参考文献

陈伟，2024. 微型计算机组装升级与维护教程[M]. 3版. 北京：清华大学出版社.

何国辉，2021. WPS Office高效办公应用与技巧大全（案例・视频）[M]. 北京：水利水电出版社.

何钰娟，朱烨，2023. 办公软件高级应用：WPS Office[M]. 北京：高等教育出版社.

教育部考试中心，2022. 全国计算机等级考试二级教程：WPS Office高级应用与设计[M]. 北京：高等教育出版社.

林秋虾，文欣，曾冬梅，2021. 大学计算机基础教程[M]. 2版. 西安：西安电子科技大学出版社.

刘云朋，霍晓丽，林邓伟，2024. 计算机组装与维护[M]. 2版・微课视频版. 北京：清华大学出版社.

唐永华，刘鹏，于洋，等，2020. 大学计算机基础[M]. 3版. 北京：清华大学出版社.

王松坤，李明君，王佐兵，2021. 办公自动化实例教程[M]. 北京：高等教育出版社.

王亚利，张婷，任静静，等，2022. 大学计算机基础教程[M]. 北京：清华大学出版社.

文常保，2020. 人工智能概论[M]. 西安：西安电子科技大学出版社.

吴桐，商健光，2023. 人人都应该懂的Web3.0 让Chat GPT和AIGC链接我们的生活[M]. 北京：电子工业出版社.

杨泉波，张巍，2024. 计算机组装与维护[M]. 2版. 北京：高等教育出版社.

张永忠，吴兵，齐元沂，2024. 办公自动化[M]. 8版. 上海：复旦大学出版社.